PostgreSQL数据库实战派

赵渝强◎著

電子工業出版社
Publishing House of Electronics Industry
北京•BEIJING

内 容 简 介

本书是基于作者多年的教学与实践撰写的，重点介绍 PostgreSQL 的核心原理与体系架构，涉及开发、运维、管理与架构等内容。

本书共 12 章，涉及以下几方面内容：PostgreSQL 基础，安装与配置 PostgreSQL，管理数据库与数据库实例，管理数据库对象，并行查询，事务与并发控制，应用程序开发，管理数据库安全，备份与恢复，监控、诊断与优化数据库，PostgreSQL 的高可用架构，以及从 Oracle 迁移到 PostgreSQL。

本书是基于 PostgreSQL 15.3 撰写的，适合对 PostgreSQL 感兴趣的平台架构师、运维管理人员和项目开发人员阅读。无论读者是否接触过数据库技术，只要具备基础的 Linux 知识和 SQL 知识，就能够通过阅读本书快速掌握 PostgreSQL 并累积实战经验。根据本书介绍的实验步骤，读者可以在实际的项目生产环境中快速应用并实施 PostgreSQL。

图书在版编目（CIP）数据

PostgreSQL 数据库实战派 / 赵渝强著. —北京：电子工业出版社，2023.11

ISBN 978-7-121-46602-1

Ⅰ. ①P… Ⅱ. ①赵… Ⅲ. ①关系数据库系统 Ⅳ. ①TP311.132.3

中国国家版本馆 CIP 数据核字（2023）第 213228 号

责任编辑：吴宏伟
印　　刷：北京捷迅佳彩印刷有限公司
装　　订：北京捷迅佳彩印刷有限公司
出版发行：电子工业出版社
　　　　　北京市海淀区万寿路 173 信箱　　邮编：100036
开　　本：787×980　1/16　印张：26.25　字数：633 千字
版　　次：2023 年 11 月第 1 版
印　　次：2024 年 12 月第 4 次印刷
定　　价：118.00 元

凡所购买电子工业出版社图书有缺损问题，请向购买书店调换。若书店售缺，请与本社发行部联系。联系及邮购电话：（010）88254888，88258888。

质量投诉请发邮件至 zlts@phei.com.cn，盗版侵权举报请发邮件至 dbqq@phei.com.cn。

本书咨询联系方式：faq@phei.com.cn。

前言

随着信息技术的不断发展及互联网行业规模的扩大，作为开源数据库的 PostgreSQL 得到了广泛的应用和发展。目前，PostgreSQL 已成为关系型数据库领域中非常重要的一员。本书正是在这样的背景下撰写的。

本书总结了作者在 PostgreSQL 方面的经验，希望对相关从业方向的从业者和学习者有所帮助，同时希望为 PostgreSQL 在国内的发展贡献自己的力量。通过阅读本书，读者不仅可以全面且系统地掌握 PostgreSQL，还可以在实际工作中灵活运用。

1. 本书特色

本书聚焦 PostgreSQL 并基于 PostgreSQL 15.3 撰写，对 PostgreSQL 的相关知识进行全面深入的讲解，并辅以实战。本书有如下几方面特色。

（1）一线技术，系统全面。

本书全面且系统地介绍了目前开源关系型数据库领域中的 PostgreSQL，涉及 PostgreSQL 的方方面面。作者力求用一本书覆盖 PostgreSQL 的核心内容。

（2）精雕细琢，阅读性强。

本书采用通俗易懂的语言，并且经过了多次打磨，力求精确。另外，作者注重前后章节的承上启下，没有数据库方面经验的读者也可以轻松地读懂本书。

（3）从零开始，循序渐进。

本书从最基础的内容开始讲解并逐步深入，因此初级、中级和高级技术人员都可以从中学到“干货”。本书先介绍 PostgreSQL 的基础内容，再全面深入 PostgreSQL 的体系架构，从而真正做到帮助读者从初学者成长为开发高手。

（4）深入原理，言简意赅。

本书深入且全面地介绍了 PostgreSQL 的底层原理和机制。作者力求采用言简意赅的语言，以帮助读者尽可能缩短阅读本书的时间。

（5）由易到难，重点解析。

本书的内容安排遵循由易到难的原则，并且覆盖了 PostgreSQL 的各个方面。本书对重点和难点进行重点讲解，对易错点和注意点进行提示说明，以帮助读者克服在学习过程中遇到的困难。

（6）突出实战，注重效果。

本书采用理论讲解+动手实操的方式撰写，使读者在阅读完本书后具有动手实操的体验。本书中的所有操作步骤都经过了作者的亲测。

（7）实践方案，指导生产。

本书以实践为主，所有的示例拿来即可运行。本书提供了大量的技术解决方案，可以在实际的生产环境中为技术人员提供相应的指导。

2. 阅读本书，您能学到什么

- 掌握 PostgreSQL 的基础内容、安装与配置。
- 掌握 PostgreSQL 的体系架构。
- 掌握 PostgreSQL 的用户管理与访问控制。
- 灵活运用 PostgreSQL 的各种数据库对象。
- 熟练编写 PostgreSQL 的应用程序。
- 掌握 PostgreSQL 的事务与锁。
- 掌握 PostgreSQL 的备份与恢复。
- 掌握 PostgreSQL 的高可用架构。
- 掌握 PostgreSQL 的性能优化与运维管理。
- 掌握 PostgreSQL 的监控。
- 掌握从 Oracle 到 PostgreSQL 的迁移。

希望通过阅读本书，读者可以快速、系统地掌握 PostgreSQL，快速从初学者向精通级的实战派高手迈进。

3. 读者对象

本书既适合 PostgreSQL 的初学者阅读，又适合作为想进一步提升的中级和高级技术人员的参考书。相信不同级别的技术从业者都能从本书中学到“干货”。

本书的读者对象如下。

◎ 初学数据库技术的自学者。
◎ 培训机构的老师和学员。
◎ 数据库管理员。
◎ 相关专业的大学毕业生。
◎ 中级和高级技术人员。
◎ 测试工程师。

- ◎ 开发工程师。
- ◎ PostgreSQL 的爱好者。
- ◎ 高等院校的老师和学生。
- ◎ 技术运维人员。
- ◎ 技术管理人员。

尽管作者在撰写本书时尽可能地追求严谨，但仍难免存在不足之处，欢迎读者通过扫描下面的二维码关注“IT 阅读会”的方式批评与指正。

赵渝强

北京

目录

第 1 章 PostgreSQL 基础

随着开源运动的兴起，作为关系型数据库中非常重要的一员，PostgreSQL 占有重要地位。无论在哪个行业，PostgreSQL 都能发挥举足轻重的作用，这也很好地促进了它的发展。目前，PostgreSQL 的版本已经发展到了 PostgreSQL 16。本章重点讨论 PostgreSQL 的基础知识，包括 PostgreSQL 的功能特性和体系架构等。

1.1 PostgreSQL 简介

PostgreSQL 是一种功能特性非常齐全的关系型数据库管理系统（Relationship Database Management System，RDBMS），类似于传统的关系型数据库 Oracle 和 MySQL。PostgreSQL 是以加利福尼亚大学计算机系开发的 POSTGRES 4.2 为基础演化而来的。

1.1.1 什么是 PostgreSQL

PostgreSQL 是一种功能强大的开源数据库管理系统。经过长达 15 年以上的积极开发和不断改进，PostgreSQL 已在可靠性、稳定性和数据一致性方面获得了业内极高的评价。

目前，PostgreSQL 可以运行在几乎所有主流的操作系统上，并且完整地支持外键、联合主键、视图、触发器和存储过程。PostgreSQL 可以对很多高级开发语言提供原生的编程接口，如 C/C++、Java、.NET、Perl、Python、Ruby、Tcl 和 ODBC 等。作为一种企业级数据库，PostgreSQL 具有多版本并发控制（Multi-Version Concurrency Control，MVCC）、按时间点恢复（Point-In-Time Recovery，PITR），以及为容错而进行的预写日志等高级功能，因此对所能管理的大数据量和所允许的大用户量并发访问时间具有完全的高伸缩性。目前已有很多 PostgreSQL 的系统在实际生产环境下管理着超过 4TB 的数据。PostgreSQL 的极限值如表 1.1 所示。

表 1.1

限制条件	参考值
单个数据库的最大大小	不限
单个数据表的最大大小	32TB
单条记录的最大大小	1.6TB
单个字段的最大大小	1GB
单个表允许的最大记录数	不限
单个表的最大字段数	250～1600 个（取决于字段类型）
单个表的最大索引数	不限

1.1.2 PostgreSQL 的功能特性

1. 具有众多功能和标准兼容性

PostgreSQL 对 SQL 标准高度兼容，其功能完全遵守 ANSI-SQL 2008 标准。它支持完整的子查询、授权读取和可序列化的事务隔离级别。另外，PostgreSQL 是一款具有目录功能的关系型数据库管理系统，支持单数据库的多模式功能，即每个目录可以通过 SQL 标准中定义的字典信息模式进行访问。

PostgreSQL 具有很多扩展模块和更高级的功能。为了更快地访问数据，PostgreSQL 提供了多种类型的索引，包括 B-Tree 索引、R-Tree 索引、哈希索引和 GiST 索引。

> 提示 GiST 索引是一种高级系统算法，将不同的排序算法与包含 B-Tree、B+-Tree、R-Tree、部分汇总树、可加权的 B+-Tree，以及其他多种搜索逻辑结合在一起，并且提供了接口允许创建用户数据类型和扩展的查询方法。GiST 索引提高了用户指定存储和定义新方法进行查询的灵活性。因此，GisT 索引超越了标准 B-Tree、R-Tree 和其他通用搜索逻辑所能提供的功能。
>
> GiST 索引已成为很多使用 PostgreSQL 公共项目的基础，如 OpenFTS（开源全文搜索引擎）项目和 PostGIS 项目。OpenFTS 项目提供在线索引和数据库搜索的相当权重评分；PostGIS 项目为 PostgreSQL 增加了地理信息管理功能，允许用户将 PostgreSQL 作为 GIS 空间地理信息数据库使用，这和专业的 ESRI 公司的 SDE 系统及 Oracle 的空间地理扩展模块的功能相同。

PostgreSQL 的其他高级功能包括表继承、规则和数据库事件响应等，下面进行简单介绍。

（1）表继承功能：可以按照原来的一个表创建一个有关系的新表，这样允许数据库设计人员将一个表作为基表，由基表派生出新表。PostgreSQL 可以使用此方式实现单级或多级的继承。

（2）规则功能：用来调用查询的重算功能，允许数据库设计人员根据不同的表或视图来创建规则，以实现动态改变数据库中数据的功能。

（3）数据库事件响应功能：一项内部通信功能，将系统信息或事件在用户使用的 LISTEN 指令和 NOTIFY 指令后进行传递，并且允许简要的点对点通信或对指定数据库事件的定点通信。由于信息可以从触发器或存储过程中发出，因此 PostgreSQL 的用户可以监控类似于更新、新增或删除的数据库事件。

2. 具有高度可定制性

PostgreSQL 的存储过程可以使用众多的程序语言来开发，如 Java、Perl、Python、Ruby、Tcl、C/C++和自带的 PL/pgSQL。其中，PL/pgSQL 与 Oracle 的 PL/SQL 相似。PostgreSQL 内置了数百个函数，使用这些函数可以完成从基本的算术计算和字符串处理到加密逻辑计算。另外，PostgreSQL 内置的函数与 Oracle 有高度兼容性。触发器和存储过程可以使用 C 语言开发，也可以作为内部库文件加载至数据库内部。开发上的巨大的灵活性扩展了 PostgreSQL 的功能。

PostgreSQL 包括一套框架，允许开发人员定义和创建他们的函数，使用自定义数据类型，以及定义新的操作处理方式。具有这样的功能后，PostgreSQL 现已具有各种高级数据类型，包括几何图形、空间地理、网络地址，甚至 ISBN/ISSN（国际标准书号/国际标准序列号）。

由于在 PostgreSQL 中可以使用很多种程序语言，因此产生了很多的库接口，允许使用各种编译型或解释型的语言，如 Java（JDBC）、ODBC、Perl、Python、Ruby、C、C++、PHP、Lisp、Scheme 和 Qt 等。

3. 支持 NoSQL 特性

PostgreSQL 不仅是关系型数据库，还支持丰富的 NoSQL 特性。这主要体现在 PostgreSQL 支持非关系数据类型 JSON 与 JSONB。

> 提示　JSON（JavaScript Object Notation）的主要存储格式为文本，JSONB（JavaScript Object Notation Binary）的主要存储格式为二进制。

1.2 PostgreSQL 的体系架构

PostgreSQL 是最像 Oracle 的开源数据库。下面通过和 Oracle 进行比较来介绍 PostgreSQL 的体系架构，这样便于读者理解。PostgreSQL 的体系架构如图 1.1 所示。

在 PostgreSQL 的体系架构中，最重要的组成部分是数据的存储结构，而数据的存储结构分为以下两种。

- 逻辑存储结构：数据库内部组织和管理数据的方式。
- 物理存储结构：操作系统中组织和管理数据的方式。

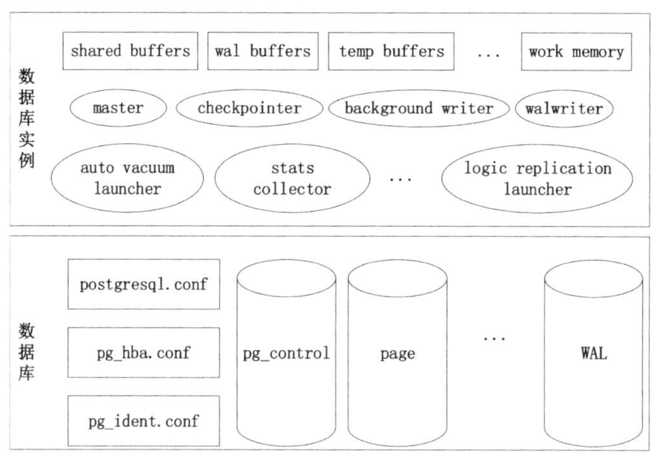

图 1.1

1.2.1 逻辑存储结构

PostgreSQL 的逻辑存储结构主要是指数据库中的各种数据库对象，包括数据库集群、数据库、表、索引和视图等。

所有数据库对象都有各自的对象标识符（Object IDentifier，OID）。OID 是一个无符号的 4 字节整数。相关对象的 OID 都存储在相关的系统目录表中。例如，数据库的 OID 和表的 OID 分别存储在 pg_database 表和 pg_class 表中。

图 1.2 展示了 PostgreSQL 的逻辑存储结构。

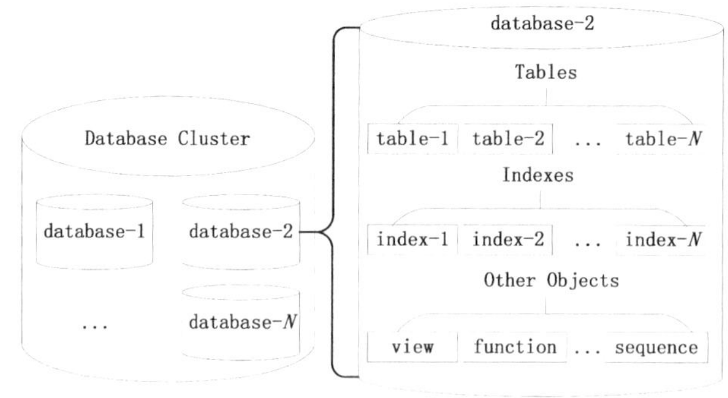

图 1.2

下面对 PostgreSQL 中的各种数据库对象进行说明。

1. 数据库集群

数据库集群（Database Cluster）也被叫作数据库集簇，是指由单个 PostgreSQL 服务器端实例管理的所有数据库集合。组成数据库集群的所有数据库使用相同的全局配置文件和监听端口，共用数据库的后台进程和内存结构。

一个数据库集群可以包括多个数据库、多个用户，以及数据库中的所有对象。

> 提示　在文件系统中，一个数据库集群是一个单一目录，该目录被称为数据目录或数据区域，所有数据都被存储在该目录中。该目录没有默认的位置，可以由选项-D 或环境变量 PGDATA 指定文件系统的位置。例如：
>
> ```
> [postgres@mydb pgsql]$ pwd
> /home/postgres/training/pgsql
> [postgres@mydb pgsql]$ bin/pg_ctl -D data/ -l logfile start
> ```

2. 数据库

在 PostgreSQL 中，数据库本身也是数据库对象。不同的数据库在逻辑上彼此分离。除了数据库，其他数据库对象（如表、索引等）都属于它们各自的数据库。

通过以下语句可以查看 PostgreSQL 服务器端已存在的数据库。

（1）登录 PostgreSQL。

```
bin/psql
```

（2）查看 PostgreSQL 中已存在的数据库。

```
postgres=# \l
```

输出结果如下。

```
          List of databases
   Name       |  Owner    | Encoding |...
-------------+----------+----------+---
 postgres     | postgres | UTF8     |...
 template0    | postgres | UTF8     |...
 template1    | postgres | UTF8     |...
```

3. 表空间

从逻辑上可以将数据库分成多个存储单元，这些存储单元被称作表空间（Tablespace）。表空间用来把逻辑上相关的数据结构放在一起。从逻辑上来看，数据库是由一个或多个表空间组成的。

在初始化数据库时，会自动创建两个表空间，分别为 pg_default 和 pg_global。

> 提示　pg_global 用于存储系统表。
>
> pg_default 为创建表时的默认表空间，该表空间的物理文件存储在数据目录的 base 目录下，如 /home/postgres/training/pgsql/data/base。

下面演示如何查看 PostgreSQL 中已存在的表空间，以及如何创建自己的表空间。

（1）登录 PostgreSQL。

```
bin/psql
```

（2）查看 PostgreSQL 中已存在的表空间。

```
postgres=# \db
```

输出结果如下。

```
      List of tablespaces
   Name     |  Owner    | Location
------------+-----------+----------
 pg_default | postgres  |
 pg_global  | postgres  |
(2 rows)
```

（3）创建自己的表空间。

```
postgres=# create tablespace mydemotbs location
postgres-# '/home/postgres/training/pgsql/data/mydemotbs';
```

（4）在表空间 mydemotbs 中创建表。

```
postgres=# create table testtable1(tid int primary key,tname text)
postgres-# tablespace mydemotbs;
```

（5）再次查看 PostgreSQL 中已存在的表空间。

```
postgres=# \db
```

输出结果如下。

```
                   List of tablespaces
   Name     |  Owner   |               Location
------------+----------+-------------------------------------------
 mydemotbs  | postgres | /home/postgres/training/pgsql/data/mydemotbs
 pg_default | postgres |
 pg_global  | postgres |
(3 rows)
```

（6）将表空间 mydemotbs 设置为默认的表空间。

```
postgres=# set default_tablespace = mydemotbs;
```

（7）查询表空间信息。

```
postgres=# select * from pg_tablespace;
```

输出结果如下。

```
  oid    |  spcname     | spcowner | spcacl | spcoptions
--------+------------+----------+--------+------------
  1663   | pg_default |       10  |         |
  1664   | pg_global  |       10  |         |
 16394   | mydemotbs  |       10  |         |
(3 rows)
```

（8）使用“\db+”命令查看表空间的详细信息，命令中的加号“+”表示显示详细信息。

```
postgres=# \db+
```

输出结果如下。

```
                        List of tablespaces
    Name      |  Owner    |...| Options |    Size     | Description
------------+----------+---+---------+------------+-------------
 mydemotbs   | postgres |...|          | 8237 bytes |
 pg_default  | postgres |...|          | 29 MB      |
 pg_global   | postgres |...|          | 531 KB     |
(3 rows)
```

4. 模式

在创建一个数据库时，会为其自动创建一个名为 public 的默认模式（Schema）。模式是数据库中的命名空间，在数据库中创建的所有其他数据对象（如表、视图和序列等）都是在模式中创建的。

一个用户可以在同一个客户端连接中访问不同的模式。而在不同的模式中可以有多个同名的表、索引、视图、序列和函数等各种不同的数据库对象。

可以通过以下方式查看当前数据库的模式。

```
postgres=# \dn
```

输出结果如下。

```
  List of schemas
  Name  |  Owner
--------+----------
 public | postgres
(1 row)
```

5. 段

段（Segment）是分配给一个数据对象的逻辑存储结构，由一组区构成。段是数据库对象使用空间的集合。

段分为表段、索引段、回滚段、临时段和高速缓存段等，最常用的是表段和索引段。

6. 区

区（Extent）是数据库存储空间分配的一个逻辑单位，由连续的块组成。一个段是由一个或多个区组成的。如果一个段中的所有空间已被完全使用，那么 PostgreSQL 会自动为该段分配一个新的区。

7. 块

块（Block）是 PostgreSQL 管理数据文件中存储空间的单位，是数据库使用的 I/O 的最小单位，是最小的逻辑存储单位，默认值为 8KB。

通过参数 block_size 可以查看当前数据库的块大小。

```
postgres=# show block_size;
 block_size
------------
 8192
(1 row)
```

在 PostgreSQL 中，数据的读/写以块为最小单位。在编译 PostgreSQL 时，通过指定参数 BLCKSZ 的大小可以决定块的大小。每个表文件都由 BLCKSZ 字节大小的块组成。在分析型数据库中，适当地增加 BLCKSZ 参数的大小可以小幅度提升数据库的性能。

8. 其他对象

PostgreSQL 提供了各种数据库对象，如表、视图、索引、序列和函数等。在 PostgreSQL 中，所有数据库对象都由各自的 OID 进行内部管理。

数据库的 OID 存储在系统表 pg_database 中，可以通过以下语句进行查询。

```
postgres=# select oid,datname from pg_database;
```

输出结果如下。

```
  oid   |  datname
-------+-----------
 13580 | postgres
     1 | template1
 13579 | template0
(3 rows)
```

数据库的表、索引和序列等数据库对象的 OID 在系统表 pg_class 中，可以通过以下语句查询前面创建的 testtable1 表的 OID。

```
postgres=# select oid,relname,relkind,relfilenode from pg_class
postgres-# where relname ='testtable1';
```

输出结果如下。

```
 oid    |  relname    | relkind | relfilenode
--------+-------------+---------+-------------
 16395  | testtable1 | r       |      16395
(1 row)
```

1.2.2 物理存储结构

在执行 initdb 命令时会初始化一个目录，该目录通常会通过系统环境变量$PGDATA 来表示。在数据库初始化完成后，会在这个目录下生成相关的子目录及一些文件。

图 1.3 展示了 PostgreSQL 的物理存储结构。

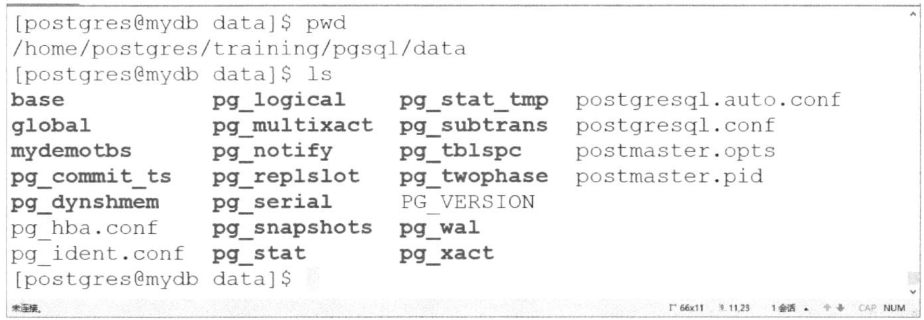

```
[postgres@mydb data]$ pwd
/home/postgres/training/pgsql/data
[postgres@mydb data]$ ls
base           pg_logical     pg_stat_tmp   postgresql.auto.conf
global         pg_multixact   pg_subtrans   postgresql.conf
mydemotbs      pg_notify      pg_tblspc     postmaster.opts
pg_commit_ts   pg_replslot    pg_twophase   postmaster.pid
pg_dynshmem    pg_serial      PG_VERSION
pg_hba.conf    pg_snapshots   pg_wal
pg_ident.conf  pg_stat        pg_xact
[postgres@mydb data]$
```

图 1.3

表 1.2 中列举了部分目录或文件的功能。

表 1.2

目录或文件	说　明
base	该目录下包含数据库用户所创建的各个数据库文件，也包括 postgres、template0 和 template1 的表空间 pg_default
global	该目录下包含集群范围的各个表和相关视图，如 pg_database 表和 pg_tablespace 表等
pg_commit_ts	该目录下包含已提交事务的时间
pg_dynshmem	该目录下包含动态共享内存子系统使用的文件
pg_hba.conf	客户端认证控制文件，用于黑白名单的设置
pg_ident.conf	该文件用来配置哪些操作系统用户可以映射为数据库用户
pg_logical	该目录下包含逻辑解码的状态数据
pg_multixact	该目录下包含多事务的状态数据，如等待锁定的并发事务
pg_notify	该目录下包含 LISTEN/NOTIFY 状态数据
pg_replslot	该目录下包含复制槽数据
pg_serial	该目录下包含已经提交的序列化事务的有关信息
pg_snapshots	该目录下包含导出的快照

续表

目录或文件	说　明
pg_stat	该目录下包含统计子系统的永久文件
pg_stat_tmp	该目录下包含统计子系统的临时文件
pg_subtrans	该目录下包含子事务的状态数据
pg_tblspc	该目录下包含表空间的符号链接信息
pg_twophase	该目录下包含预备事务的状态文件
PG_VERSION	该目录下包含 PostgreSQL 的版本信息
pg_wal	该目录下保存的是数据库的预写日志（Write Ahead Logging，WAL）信息
pg_xact	该目录下记录的是事务提交的状态数据
postgresql.auto.conf	参数文件，只保存 alter system 命令修改的参数
postgresql.conf	主参数文件
postmaster.opts	记录服务器最后一次启动时使用的命令行参数
postmaster.pid	主进程文件

数据库的物理存储结构主要是指 PostgreSQL 在磁盘上存储的各种文件，包括数据文件、日志文件、控制文件和参数文件等。

1. 数据文件

数据文件用于存储数据，文件以 OID 命名。对于超出 1GB 的数据文件，PostgreSQL 会自动将其拆分为多个文件来存储，而拆分的文件名将由系统表 pg_class 中的 relfilenode 字段来决定。

通过以下步骤可以确定表所对应的数据文件。

（1）查看数据库的 OID。

```
postgres=# select oid,datname from pg_database;
```

输出结果如下。

```
  oid    |  datname
---------+-----------
 13580   | postgres
     1   | template1
 13579   | template0
(3 rows)
```

其中，13580 是数据库 postgres 的 OID。

（2）查询前面创建的 testtable1 表的 OID。

```
postgres=# select oid,relname,relkind,relfilenode from pg_class
```

```
postgres-# where relname ='testtable1';
```

输出结果如下。

```
  oid  |  relname    | relkind | relfilenode
-------+------------+---------+-------------
 16395 | testtable1 | r       |       16395
(1 row)
```

其中，16395 是 testtable1 表的 OID。

（3）查看表空间 mydemotbs 对应的目录，如图 1.4 所示。

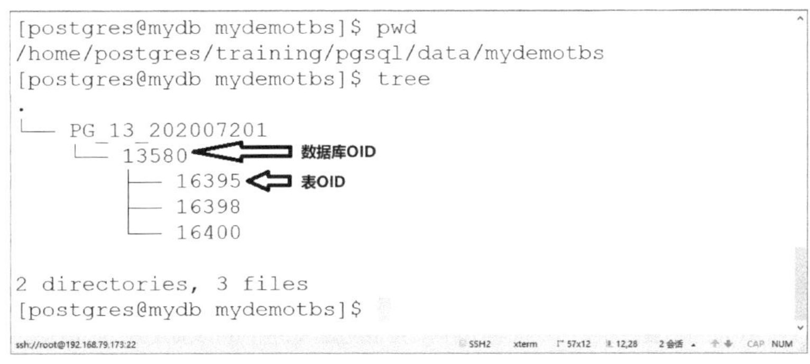

```
[postgres@mydb mydemotbs]$ pwd
/home/postgres/training/pgsql/data/mydemotbs
[postgres@mydb mydemotbs]$ tree
.
└── PG_13_202007201
    └── 13580
        ├── 16395
        ├── 16398
        └── 16400

2 directories, 3 files
[postgres@mydb mydemotbs]$
```


图 1.4

2. 日志文件

PostgreSQL 的日志分为运行日志、预写日志、事务日志和服务器日志。

1）运行日志

在默认情况下，不开启运行日志。通过查看主参数文件 postgresql.conf 的配置可以看到相关的参数设置，运行日志开启后会自动生成该日志文件。

运行日志一般用来记录数据库服务器端与数据库的状态，如各种错误信息、定位慢查询 SQL 语句、数据库的启动/关闭信息、发生检查点过于频繁的告警信息等。

> 提示　运行日志有.csv 格式和.log 格式。建议使用.csv 格式，因为使用.csv 格式可以按照大小和时间自动切割。虽然 pg_log 可以被清理删除、压缩打包或转移，但不影响数据库的正常运行。在遇到数据库无法启动或更改参数没有生效时，应该先查看运行日志。

图 1.5 展示了主参数文件 postgresql.conf 中运行日志的配置参数。

```
#log_destination = 'stderr'              # Valid values are combinations of
                                         # stderr, csvlog, syslog, and eventlog,
                                         # depending on platform.  csvlog
                                         # requires logging_collector to be on.

# This is used when logging to stderr:
#logging_collector = off                 # Enable capturing of stderr and csvlog
                                         # into log files. Required to be on for
                                         # csvlogs.
                                         # (change requires restart)

# These are only used if logging_collector is on:
#log_directory = 'log'                   # directory where log files are written,
                                         # can be absolute or relative to PGDATA
#log_filename = 'postgresql-%Y-%m-%d_%H%M%S.log'        # log file name pattern,
```

图 1.5

2）预写日志

pg_xlog 目录下记录的是 PostgreSQL 的预写日志信息。预写日志是保证数据完整性的一种标准方法。简单来说，就是在 PostgreSQL 中需要对数据文件进行修改时，必须先写入预写日志信息，即只有在预写日志记录完成持久化，并且刷新到永久存储中后，才能更改数据文件。根据这个原则不需要在每次提交事务时都将数据刷新到磁盘中。

因为在数据库出现宕机发生数据丢失时，可以重新执行预写日志来达到恢复数据库的目的，所以也可以将预写日志称为重做日志——任何没有写到数据文件中的改动都可以根据日志记录重做。

在默认情况下，单个预写日志文件的大小是 16MB。单个预写日志文件的大小由参数 wal_segment_size 决定。

```
postgres=# show wal_segment_size;
 wal_segment_size
-------------------
 16MB
(1 row)
```

> **提示** 在使用源码进行编译安装时，可以通过指定以下参数更改预写日志文件的大小。
>
> ```
> ./configure --with-wal-segsize=target_value
> ```

在默认情况下，预写日志文件保存在 pg_wal 目录下。

```
[postgres@mydb pg_wal]$ pwd
/home/postgres/training/pgsql/data/pg_wal
[postgres@mydb pg_wal]$ tree
.
├── 000000010000000000000001
└── archive_status
```

预写日志文件的名称由十六进制的 24 个字符组成，每 8 个字符为一组，每组的意义如下所示。

```
00000001  00000000  00000001
  时间线    逻辑 ID    物理 ID
```

在一个预写日志文件写满后，会自动切换到下一个预写日志文件。可以采用手动方式切换预写日志文件。例如，在执行 pg_switch_wal()函数之后，会切换为新的日志文件。下面展示操作过程。

```
-- 查看当前已有的预写日志文件
postgres=# select * from pg_ls_waldir();
           name           |   size   |      modification
--------------------------+----------+------------------------
 000000010000000000000001 | 16777216 | 2023-05-20 22:04:53+08
(1 row)
-- 进行预写日志文件的手动切换
postgres=# select pg_switch_wal();
 pg_switch_wal
---------------
 0/15BADD0
(1 row)
-- 再次查看当前已有的预写日志文件
postgres=# select * from pg_ls_waldir();
           name           |   size   |      modification
--------------------------+----------+------------------------
 000000010000000000000001 | 16777216 | 2023-05-20 22:06:31+08
 000000010000000000000002 | 16777216 | 2023-05-20 22:06:31+08
(2 rows)
```

查看 pg_wal 目录，此时生成了一个新的预写日志文件。

```
[postgres@mydb pg_wal]$ tree
.
├── 000000010000000000000001
├── 000000010000000000000002
└── archive_status

1 directory, 2 files
```

PostgreSQL 使用预写日志的优势主要体现在以下两个方面。

（1）当数据库中数据发生变更时，先将预写日志缓冲区中的重做日志写入磁盘，因此在数据库发生宕机时，即使数据缓冲区中的数据还没有全部写入永久存储，也可以通过磁盘上的预写日志信息来恢复数据库丢失的数据。

（2）在提交事务操作时，仅把预写日志写入磁盘，并不会将数据写入磁盘。从 I/O 次数来说，写入预写日志的次数比写入数据文件的次数少得多；从 I/O 花销来说，预写日志写入为连续进行 I/O，而数据写入为随机进行 I/O。因此，预写日志写入的花销小得多。

图 1.6 展示了数据提交与预写日志写入时的关系。

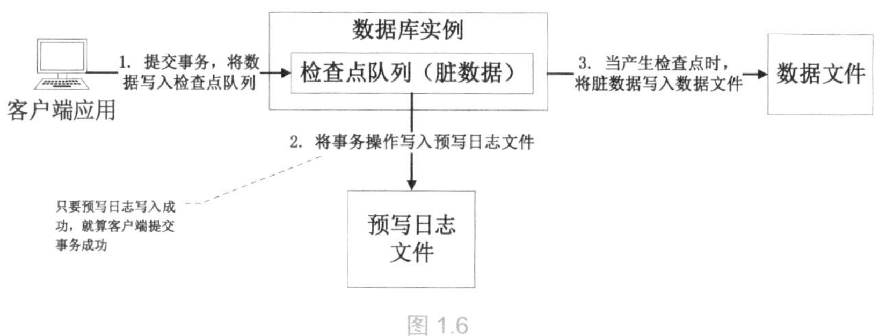

图 1.6

> 提示　采用预写日志机制不仅可以保证事务持久性和数据完整性，还可以提升系统性能。

在 postgresql.conf 文件中，预写日志的配置参数主要有以下几个。

```
wal_level = replica
fsync = on
max_wal_size = 1GB
min_wal_size = 80MB
```

其中，参数 wal_level 可选的值有以下 3 个，级别依次增高，记录的预写日志信息也依次增多。

- minimal：不能通过基础备份和预写日志恢复数据库。
- replica：该级别支持预写日志归档和复制。
- logical：在 replica 级别的基础上添加了支持逻辑解码所需的信息。

参数 fsync 通过强制同步方式来实现数据安全保证。

> 提示　当预写日志文件的大小超过参数 max_wal_size 设置的值时，将发生预写日志信息的覆盖，从而造成日志信息的丢失。因此，为了保证数据安全，建议在生产环境中开启预写日志的归档模式。

由于预写日志文件采用二进制形式存储日志信息，因此 PostgreSQL 提供的工具 pg_waldump 可以帮助用户获取预写日志文件中记录的日志信息。示例如下。

```
[postgres@mydb pgsql]$ pwd
/home/postgres/training/pgsql
[postgres@mydb pgsql]$ bin/pg_waldump \
> data/pg_wal/000000010000000000000002
```

输出结果如下。

```
rmgr: Standby     len (rec/tot):     50/    50, tx:          0, lsn: 0/02000028, prev 0/015BADB8, desc: RUNNING_XACTS nextXid 485 latestCompletedXid 484 oldestRunningXid 485
rmgr: Standby     len (rec/tot):     50/    50, tx:          0, lsn: 0/02000060, prev 0/02000028, desc: RUNNING_XACTS nextXid 485 latestCompletedXid 484 oldestRunningXid 485
rmgr: XLOG        len (rec/tot):    114/   114, tx:          0, lsn: 0/02000098, prev 0/02000060, desc: CHECKPOINT_ONLINE redo 0/2000060; tli 1; prev tli 1; fpw true; xid 0:485; oid 13581; multi 1; offset 0; oldest xid 478 in DB 1; oldest multi 1 in DB 1; oldest/newest commit timestamp xid: 0/0; oldest running xid 485; online
rmgr: Standby     len (rec/tot):     50/    50, tx:          0, lsn: 0/02000110, prev 0/02000098, desc: RUNNING_XACTS nextXid 485 latestCompletedXid 484 oldestRunningXid 485
```

3）事务日志

pg_xact 是事务日志，记录了事务的元数据，默认开启。事务日志的内容一般不能被直接读取，默认存储在“$PGDATA/pg_xact/”目录下。

4）服务器日志

如果用 pg_ctl 启动时没有使用参数-l 来指定服务器日志，那么错误可能会输出到 cmd 前台。图 1.7 展示了在启动数据库服务器时使用参数-l 生成的服务器日志文件，该文件记录了数据库的重要信息。

图 1.7

3. 控制文件

控制文件记录了数据库运行时的一些信息，如数据库 OID、是否为打开状态、预写日志的位置、检查点的信息等。

PostgreSQL 的控制文件是很重要的数据库文件。控制文件默认保存在“$PGDATA/global/pg_control”目录下。

可以使用命令 bin/pg_controldata 查看控制文件中的内容，具体步骤如下。

（1）进入 PostgreSQL 的安装目录。

```
cd /home/postgres/training/pgsql
```

（2）执行命令 bin/pg_controldata 查看控制文件中的内容。

```
[postgres@mydb pgsql]$ bin/pg_controldata data/
```

输出结果如下。

```
pg_control version number:            1300
Catalog version number:               202007201
Database system identifier:           7208875389865427015
Database cluster state:               in production
pg_control last modified:             Fri 21 Apr 2023 05:56:43 PM CST
Latest checkpoint location:           0/2000098
Latest checkpoint's REDO location:    0/2000060
Latest checkpoint's REDO WAL file:    000000010000000000000002
Latest checkpoint's TimeLineID:       1
Latest checkpoint's PrevTimeLineID:   1
...
Data page checksum version:           0
Mock authentication nonce:
7fda27a3058cbfb6cde2be36c58d96a33787abb79d40f4c07d36b932460def9b
```

4. 参数文件

PostgreSQL 的参数文件主要包括 4 个，分别为 postgresql.conf、pg_hba.conf、pg_ident.conf 和 postgresql.auto.conf，如表 1.3 所示。

表 1.3

参数文件	说明
postgresql.conf	PostgreSQL 的主参数文件，该文件中有详细的说明和注释。postgresql.conf 文件的作用和 Oracle 的 pfile、MySQL 的 my.cnf 类似，默认保存在$PGDATA 环境变量中。PostgreSQL 9.6 及其之后的版本支持使用 alter system 语句来修改参数值，修改后的参数值保存在 postgresql.auto.conf 文件中，使用 reload 语句或 restart 语句可以使其生效
pg_hba.conf	pg_hba.conf 是黑白名单的设置文件，其中的参数如表 1.4 所示
pg_ident.conf	pg_ident.conf 是用户映射配置文件，用来配置哪些操作系统用户可以映射为数据库用户。结合 pg_hba.conf 文件中的 method 选项可以用特定的操作系统用户和指定的数据库用户登录数据库
postgresql.auto.conf	postgresql.auto.conf 文件用来保存最新的参数值配置。当数据库服务重启时，该文件中的参数值将优先被加载。当执行 alter system 语句修改系统参数时，新的参数值会被自动写入 postgresql.auto.conf 文件，而不是 postgresql.conf 文件。通过这种方法，即使几个月或几年之后，也能看到修改参数的变化，从而保证 postgresql.conf 文件的安全

表 1.4

参数	说明
TYPE	取值有 4 种，分别为 local、host、hostssl 和 hostnossl，其中，local 是本地认证
DATABASE	可以是 all，或者指定的数据库
USER	可以是 all，或者具体的用户

续表

参　数	说　明
ADDRESS	可以是 IP 地址或网段
METHOD	取值可以是 trust、reject、md5、password、scram-sha-256、gss、sspi、ident、peer、pam、ldap、radius 或 cert。 • 若取值为 trust，则表示免密登录。 • 若取值为 reject，则表示黑名单拒绝。 • 若取值为 md5，则表示加密的密码。 • 若取值为 password，则表示没有加密的密码。 ident 是 Linux 操作系统中 PostgreSQL 默认的本地认证方式。凡是能正确登录服务器的操作系统用户（注意不是数据库用户），都能使用本用户映射的数据库用户不需要密码登录数据库

1.2.3　进程结构

执行以下命令可以列出 PostgreSQL 的所有进程。需要注意的是，该命令的最后面有一个冒号。

```
[postgres@mydb pgsql]$ ps -ef | grep postgres:
```

输出结果如下。

```
postgres   3164   3162  ...  postgres: checkpointer
postgres   3165   3162  ...  postgres: background writer
postgres   3166   3162  ...  postgres: walwriter
postgres   3167   3162  ...  postgres: autovacuum launcher
postgres   3168   3162  ...  postgres: stats collector
postgres   3169   3162  ...  postgres: logical replication launcher
postgres  16997   3036  ...  grep --color=auto postgres:
```

下面介绍各个进程的作用。

1. 总控制进程 Postmaster

Postmaster 是整个数据库实例的总控制进程，负责启动和关闭数据库实例。用户可以通过运行 postmaster 命令并加上合适的参数来启动数据库。

实际上，postmaster 命令是一个指向 postgres 的链接，如下所示。

```
[postgres@mydb pgsql]$ ll bin/postmaster
lrwxrwxrwx. 1 postgres postgres 8 Mar 10 19:17 bin/postmaster -> postgres
```

在大部分情况下使用 pg_ctl 启动数据库。pg_ctl 也是通过运行 postgres 命令来启动数据库的，只是做了一些包装，使用户启动数据库更容易。因此，Postmaster 实际上是第一个 postgres 进程，同时会自动创建一些与数据库实例相关的辅助子进程，并管理它们。

当用户与 PostgreSQL 建立连接时，实际上先与 Postmaster 进程建立连接。此时，客户端程序会将身份验证消息发送给 Postmaster 进程，由 Postmaster 进程根据消息中的信息进行客户端身份验证。如果验证通过，就会自动创建一个子进程 postgres 为这个连接服务，这个子进程被称为服务进程。

通过查询 pg_stat_activity 表，可以得到这些服务进程的 PID。下面介绍如何查看服务进程。

（1）查询 pg_stat_activity 表，获取服务进程的 PID。

```
postgres=# select pid from pg_stat_activity;
```

输出结果如下。

```
  pid
-------
  3169
  3167
 17945
  3165
  3164
  3166
(6 rows)
```

（2）在操作系统中查看对应进程的信息。

```
[postgres@mydb ~]$ ps -ef|egrep "3169|3167|17945|3165|3164|3166"
```

输出结果如下。

```
postgres   3164   3162  ...  postgres: checkpointer
postgres   3165   3162  ...  postgres: background writer
postgres   3166   3162  ...  postgres: walwriter
postgres   3167   3162  ...  postgres: autovacuum launcher
postgres   3169   3162  ...  postgres: logical replication launcher
postgres  17945   3162  ...  postgres: postgres postgres [local] idle
```

2. 系统日志进程 SysLogger

在 postgresql.conf 文件中启用运行日志之后，会存在 SysLogger 进程。SysLogger 进程会在日志文件达到指定的大小时关闭当前日志文件，并产生新的日志文件。相关配置参数如表 1.5 所示。

表 1.5

参　数	说　明
log_destination	配置日志输出目标，会根据不同的运行平台设置不同的值，Linux 平台默认为 stderr
logging_collector	是否开启日志收集器，当设置为 on 时启动日志功能，否则不产生系统日志辅助进程
log_directory	配置日志输出文件夹
log_filename	配置日志文件名称命名规则
log_rotation_size	配置日志文件的大小，当前日志文件达到这个大小时会被关闭，并创建一个新的文件来作为当前日志文件

3. 写进程 BgWriter

BgWriter 是 PostgreSQL 在后台将脏页写入磁盘的辅助进程。引入 BgWriter 进程主要是为了达到如下两个目的。

- 数据库在进行查询处理时，若发现要读取的数据不在缓冲区中，则先从磁盘中读入要读取的数据所在的页面，此时，如果缓冲区已满，就需要先将部分缓冲区中的页面替换出去。如果被替换的页面没有被修改过，那么可以直接丢弃；如果被替换的页面已被修改，就必须先将这个页面写入磁盘才能被替换，这样数据库的查询处理会被阻塞。通过使用 BgWriter 进程定期将缓冲区中的部分脏页写入磁盘，为缓冲区腾出空间，就可以降低查询处理被阻塞的可能性。
- PostgreSQL 在定期设置检查点时，需要把所有脏页写入磁盘。通过 BgWriter 进程预先写出一些脏页，可以减少设置检查点时要进行的 I/O 操作，系统的 I/O 负载也就趋向于平稳。通过 BgWriter 进程对共享缓冲区中的写操作进行统一管理，可以避免“其他服务进程在需要读入新的页面到共享缓冲区时，不得不将之前修改过的页面写入磁盘”。

下面展示如何在 psql 命令行窗口中查看与 BgWriter 进程相关的参数及其默认值。

```
--连续两次写数据之间的间隔时间
postgres=# show bgwriter_delay;
 bgwriter_delay
----------------
 200ms
(1 row)

--每次写的最大数据量，默认值是 100KB
postgres=# show bgwriter_lru_maxpages;
 bgwriter_lru_maxpages
-----------------------
 100
(1 row)

--每次写入磁盘的数据块数
postgres=# show bgwriter_lru_multiplier;
 bgwriter_lru_multiplier
-------------------------
 2
(1 row)

--当数据页的大小达到 bgwriter_flush_after 参数的值时触发 BgWriter 进程，该参数的默认值为 512KB
postgres=# show bgwriter_flush_after;
 bgwriter_flush_after
```

```
----------------------
 512kB
(1 row)
```

4. 预写日志进程 WalWriter

WalWriter 进程用于保存预写日志。预写日志的中心思想是，对数据文件的修改只能发生在这些修改已经记录到日志中之后，也就是“先写日志，后写数据”。如果遵循这个过程，就不需要在每次提交事务时都把数据块写入磁盘，这一点与 Oracle 完全一致。

postgresql.conf 文件中与 WalWriter 进程相关的参数如下所示。

```
#------------------------------------------------------------------------------
# 预写日志
#------------------------------------------------------------------------------
#wal_level = minimal            # 取值为 minimal、replica 或 logical
                                # （修改后需要重启数据库服务器）
#fsync = on                     # 当服务器宕机时，强制将数据写入磁盘
                                # （关闭该选项可能会导致数据丢失）
#synchronous_commit = on        # 日志同步级别，取值包括：
                                #  off、local、remote_write、remote_apply 和 on
#wal_sync_method = fsync        # 预写日志同步方式，取值包括：
                                #   open_datasync
                                #   fdatasync
                                #   fsync
                                #   fsync_writethrough
                                #   open_sync
#full_page_writes = on          # 是否启用从部分页面写入中恢复数据
#wal_compression = off          # 启用整页写入的压缩
#wal_log_hints = off            # 对非关键更新进行整页写入
                                # （修改后需要重启数据库服务器）
#wal_buffers = -1               # 设置预写日志缓冲区大小，最小值为 32KB
                                #  -1 表示使用 shared_buffers 参数的值
                                # （修改后需要重启数据库服务器）
#wal_writer_delay = 200ms       # 取值范围为 1～10000 毫秒
#wal_writer_flush_after = 1MB   # 以页为单位，0 表示禁用该参数
#commit_delay = 0               # 取值范围为 0～100000，单位为微秒
#commit_siblings = 5            # 取值范围为 1～1000
```

5. 归档进程 PgArch

从 8.x 版本开始，PostgreSQL 有了 PITR 技术。该技术支持将数据库恢复到其运行历史中任意一个有记录的时间点。

实现 PITR 技术的基础就是预写日志文件的归档功能。PgArch 进程的目标是，对预写日志在磁盘上的存储形式进行归档备份。在默认情况下，PostgreSQL 采用非归档模式，因此看不到

PgArch 进程。

通过在 postgresql.conf 文件中对以下参数进行配置可以开启 PgArch 进程。

```
# 是否启用归档功能，取值包括 off、on 和 always
# （修改后需要重启数据库服务器）
#archive_mode = off

# 配置日志归档命令：
#   占位符：%p = 归档路径
#           %f = 归档文件名称
# 例如：
#'test! -f /mnt/server/archivedir/%f && cp %p /mnt/server/archivedir/%f'
#archive_command = ''

# 强制切换日志文件的时间，单位为秒。0 表示禁用该选项
#archive_timeout = 0
```

6. 自动清理进程 AutoVacuum

在 PostgreSQL 中，在对数据执行 update 操作或 delete 操作之后，数据库不会立即删除旧版本的数据，而是标记为删除状态。这是因为 PostgreSQL 具有多版本的机制，如果旧版本的数据正在被其他的事务打开，那么暂时保留这些旧版本的数据是很有必要的。而在事务提交之后，旧版本的数据已经没有价值，数据库需要清理垃圾数据腾出空间，而清理工作就是使用 AutoVacuum 进程完成的。

在 postgresql.conf 文件中，与 AutoVacuum 进程相关的参数如下所示。

```
# 启用日志自动清理活动。-1 表示禁用该选项
# 0 表示记录所有操作及其持续时间，大于 0 表示记录运行至少此毫秒数的操作
log_autovacuum_min_duration = 10min

# 是否启用自动清理子流程。当设置为 on 时，要求 track_counts 也处于启用状态
autovacuum = on

# 自动清理子流程的最大数量
# （修改后需要重启数据库服务器）
autovacuum_max_workers = 3

# 自动清理运行之间的时间间隔
autovacuum_naptime = 1min

# 清理前的最小行更新数
autovacuum_vacuum_threshold = 50
```

```
# 清理前的最小行插入数，-1 表示禁用该选项
autovacuum_vacuum_insert_threshold = 1000

# 分析前的最小行更新数
autovacuum_analyze_threshold = 50

# 清理前表大小的占用比
autovacuum_vacuum_scale_factor = 0.2

# fraction of inserts over table size before insert vacuum
# 插入清理前超过表大小的占用比
autovacuum_vacuum_insert_scale_factor = 0.2

# 分析前表大小的占用比
autovacuum_analyze_scale_factor = 0.1

# 强制清理前最大的 XID 取值
# （修改后需要重启数据库服务器）
autovacuum_freeze_max_age = 200000000

# 强制清理前的最大的多事务年龄
# （修改后需要重启数据库服务器）
autovacuum_multixact_freeze_max_age = 400000000

# 自动清理的默认成本延迟，单位为毫秒
# -1 表示使用 vacuum_cost_delay 参数的取值
autovacuum_vacuum_cost_delay = 2ms

# 自动清理的默认成本限制
# -1 表示使用 vacuum_cost_limit 参数的取值
autovacuum_vacuum_cost_limit = -1
```

7. 统计信息收集进程 PgStat

PgStat 进程是 PostgreSQL 的统计信息收集器，用来收集数据库运行期间的统计信息，如对表进行增、删、改的次数，数据块的个数，以及索引的变化等。收集统计信息主要是为了让优化器做出正确的判断，选择最佳的执行计划。

在 postgresql.conf 文件中，与 PgStat 进程相关的参数如下所示。

```
#------------------------------------------
# 运行时的统计信息
#------------------------------------------
# - 查询/索引统计信息收集器 -
#track_activities = on
```

```
#track_counts = on
#track_io_timing = off
#track_functions = none                    # 取值范围包括 none、pl 和 all
#track_activity_query_size = 1024          # （修改后需要重启数据库服务器）
#stats_temp_directory = 'pg_stat_tmp'
```

8. 检查点进程 CheckPoint

检查点是系统设置的时间点，当 PostgreSQL 中产生检查点时可以保证检查点前的日志信息已经成功写入磁盘。

在 postgresql.conf 文件中，与检查点相关的参数如下所示。

```
# - 检查点      -
#checkpoint_timeout = 5min                 # 取值范围为 30 秒～1 小时
#max_wal_size = 1GB
#min_wal_size = 80MB
#checkpoint_completion_target = 0.5        # 检查点目标持续时间
                                           # 取值范围为 0.0～1.0
#checkpoint_flush_after = 256KB            # 以页面为测量单位，0 表示禁用
#checkpoint_warning = 30s                  # 0 表示禁用
```

1.2.4　内存结构

对于运行在同一个 PostgreSQL 数据库集群中的单一实例，其内存结构分为两种，分别为本地内存和共享内存，如图 1.8 所示。

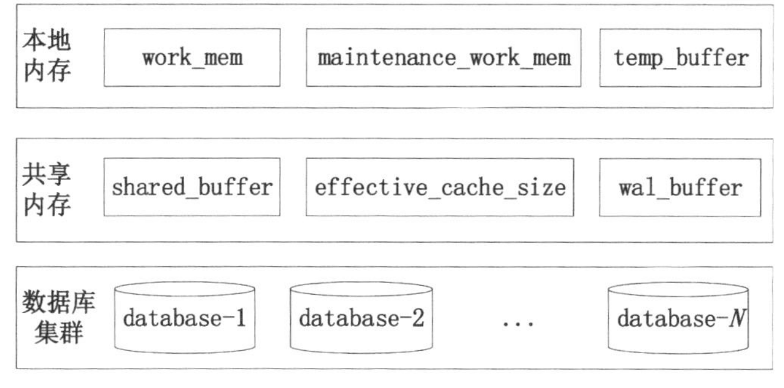

图 1.8

1. 本地内存

PostgreSQL 的本地内存是指每个后台进程（Backend Process）自己使用的内存区域。表 1.6 中列举了 PostgreSQL 的本地内存的类型。

表 1.6

本地内存的类型	说 明
work_mem	work_mem 区域用于对数据进行排序，如 order by、distinct 操作，也可用于表的 join 操作，如 merge-join、hash-join 操作。该区域的大小由参数 work_mem 控制，默认值是 4MB
maintenance_work_mem	该区域用于一些维护操作，如 vacuum、reindex、alter table add foreign key 等。它由 maintenance_work_mem 参数控制大小，默认值是 64MB。由于数据库会话一次只能执行其中的一个操作，并且 PostgreSQL 不会同时运行许多操作，因此可以将 maintenance_work_mem 参数的值设置为明显大于 work_mem 参数的值
temp_buffer	该区域存储临时表的数据，由 temp_buffer 参数控制大小，默认值是 8MB。该参数用来设置每个数据库会话使用的临时缓冲区的最大数量。PostgreSQL 允许在单个会话中更改此参数的设置，但只能在会话中首次使用临时表之前进行更改。PostgreSQL 利用这个内存区域来保存每个会话的临时表。当连接关闭时，该区域的数据将被自动清除。换句话说，临时表的数据将被清除

2. 共享内存

PostgreSQL 的共享内存是指每个后台进程共同使用的内存区域。表 1.7 中列举了 PostgreSQL 的共享内存的类型。

表 1.7

共享内存的类型	说 明
shared_buffer	PostgreSQL 先将表和索引的数据块从持久存储加载到共享缓冲池中，再直接对它们进行操作，从而提高效率。该区域的大小由 shared_buffers 参数控制，默认值是 128MB
wal_buffer	存储预写日志数据。该区域的大小由 wal_buffers 参数控制，默认值是 4MB
effective_cache_size	该区域用于存储数据库优化器的相关数据。当前的数据库服务器可以提供额外的缓存空间，如内存的缓存空间、文件系统的缓存空间、CPU 的缓存空间等，使用 effective_cache_size 参数可以控制这些缓存空间的总和

第 2 章 安装与配置 PostgreSQL

本章主要介绍如何安装与配置 PostgreSQL 服务器，以及使用客户端工具连接 PostgreSQL 服务器。

本书使用的是 CentOS 7 64 位操作系统和 PostgreSQL 15.3。

2.1 安装 CentOS 操作系统

PostgreSQL 既可以安装在 Windows 操作系统上，又可以安装在 Linux 操作系统上。在实际的生产环境中，一般使用 Linux 操作系统。下面介绍安装 CentOS 操作系统的详细过程。

（1）检查 VMware Workstation NAT 网络模式的配置，在菜单栏中选择“编辑”→“虚拟网络编辑器”命令，如图 2.1 所示。在“虚拟网络编辑器”对话框中确定 NAT 网络模式的子网地址是 192.168.79.0。在设置 CentOS Linux 的 IP 地址时，需要将 IP 地址设置在这个网段内，如图 2.2 所示。

图 2.1

图 2.2

提示 这里的网段设置以作者的主机为例，读者可以根据自己的虚拟机环境进行设置。

（2）在 VMware Workstation 的主页上单击“创建新的虚拟机”链接，如图 2.3 所示。

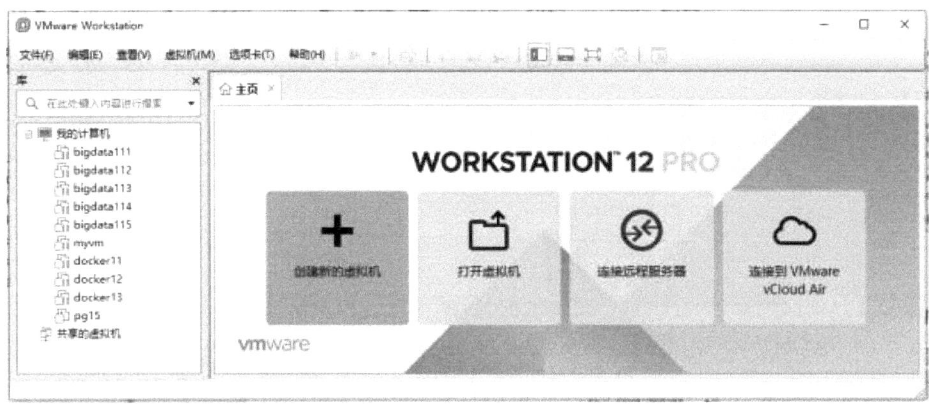

图 2.3

（3）在“欢迎使用新建虚拟机向导”界面中选中“自定义（高级）”单选按钮，如图 2.4 所示。在“选择虚拟机硬件兼容性”界面中单击“下一步”按钮，如图 2.5 所示。

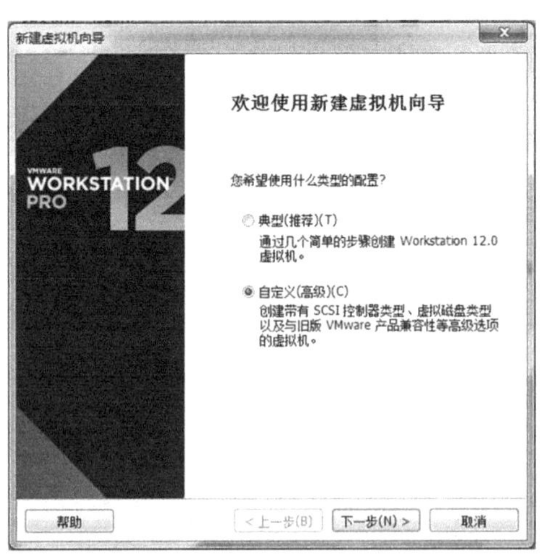

图 2.4

图 2.5

（4）在“安装客户机操作系统”界面中先选中“安装程序光盘映像文件（iso）”单选按钮，再单击“浏览”按钮找到 CentOS-7-x86_64-Everything-1708.iso 文件，最后单击“下一步”按钮，如图 2.6 所示。

（5）在“命名虚拟机”界面中输入虚拟机名称（如“postgres”）和保存位置，如图 2.7 所示。

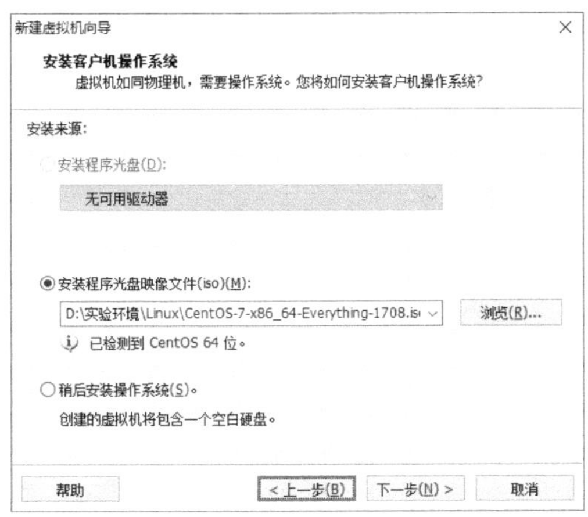

图 2.6

图 2.7

（6）在“处理器配置”界面中直接单击“下一步”按钮，如图 2.8 所示。在“此虚拟机的内存”界面中为虚拟机分配适当的内存，如 4096MB，如图 2.9 所示。

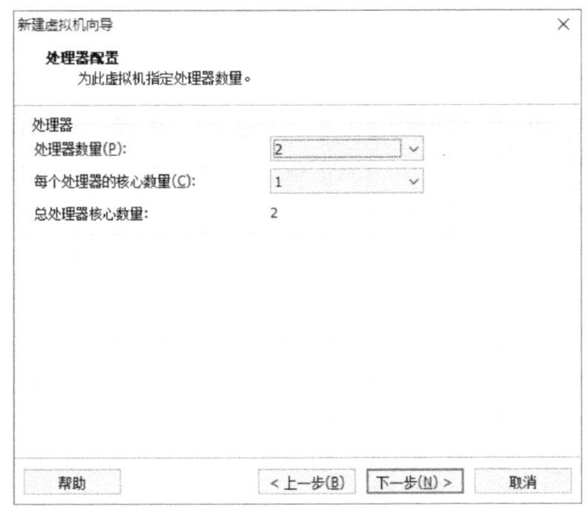

图 2.8

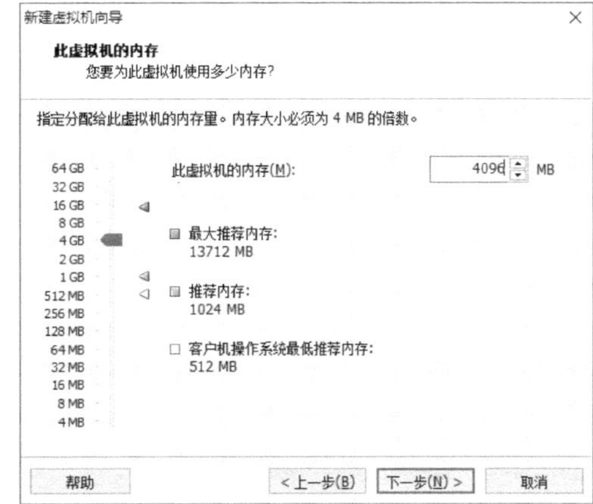

图 2.9

> **提示**　由于 PostgreSQL 支持并行查询，因此这里为虚拟机分配了两个处理器。

（7）在“网络类型”界面中先选中“使用网络地址转换（NAT）”单选按钮，再单击“下一步”按钮，如图 2.10 所示。

（8）在“选择 I/O 控制器类型”界面和“选择磁盘类型”界面中直接单击“下一步”按钮。

（9）在“选择磁盘”界面中先选中“创建新虚拟磁盘”单选按钮，再单击“下一步”按钮，如图 2.11 所示。

图 2.10

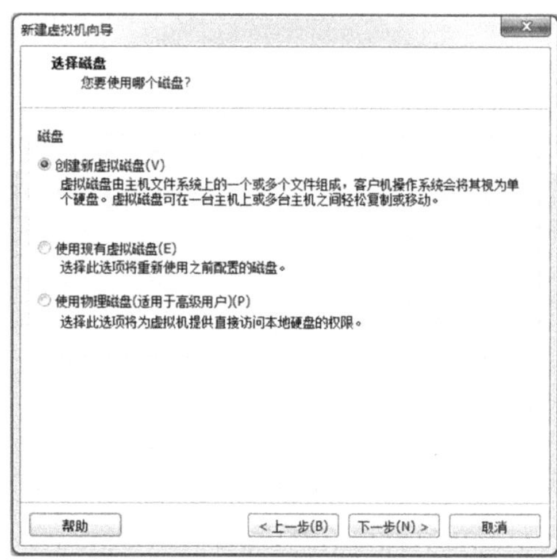

图 2.11

（10）在“指定磁盘容量”界面中设定磁盘大小。这里先根据需要将“最大磁盘大小（GB）”设置为“50”，再单击“下一步”按钮，如图 2.12 所示。

（11）在“指定磁盘文件”界面中直接单击“下一步”按钮。

（12）在“已准备好创建虚拟机”界面中先勾选“创建后开启此虚拟机”复选框，再单击“完成”按钮，如图 2.13 所示。

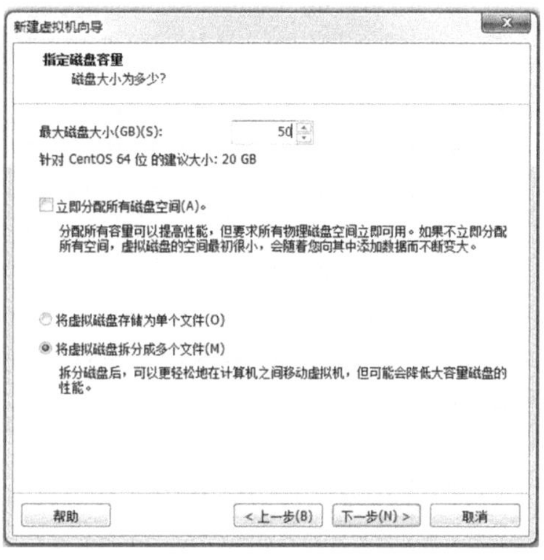

图 2.12

新建虚拟机向导
已准备好创建虚拟机
单击"完成"创建虚拟机，然后开始安装 CentOS 64 位。
将使用下列设置创建虚拟机:
名称: master
位置: E:\vms\master
版本: Workstation 12.0
操作系统: CentOS 64 位
硬盘: 50 GB, 拆分
内存: 2048 MB
网络适配器: 仅主机模式
其他设备: CD/DVD, USB 控制器, 打印机, 声卡
自定义硬件(C)...
创建后开启此虚拟机(P)
< 上一步(B)
完成
取消

图 2.13

（13）在完成虚拟机创建后，会自动运行 CentOS 操作系统的启动界面。选择“Install CentOS 7”选项，如图 2.14 所示。

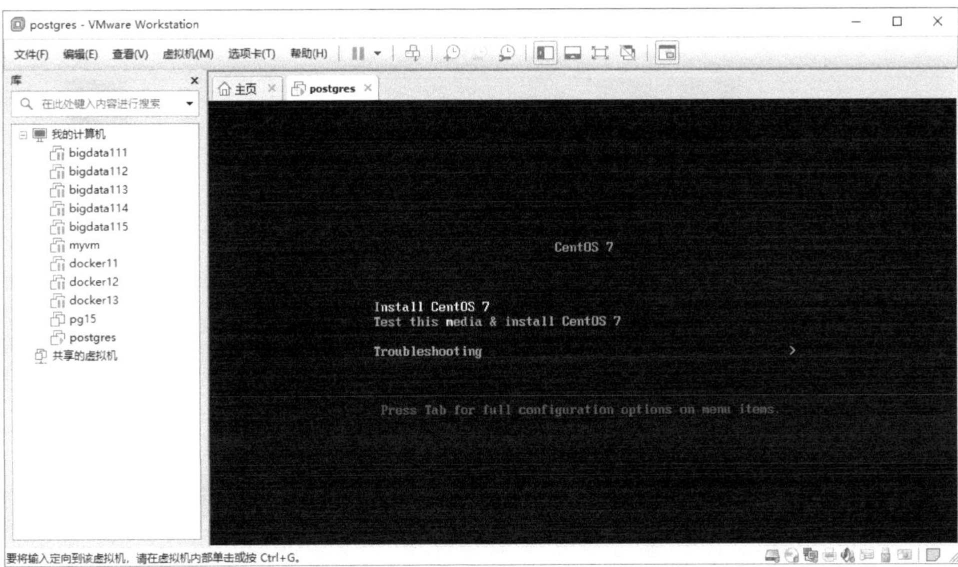

图 2.14

（14）进入“WELCOME TO CENTOS 7.”界面，如图 2.15 所示，单击“Continue”按钮。

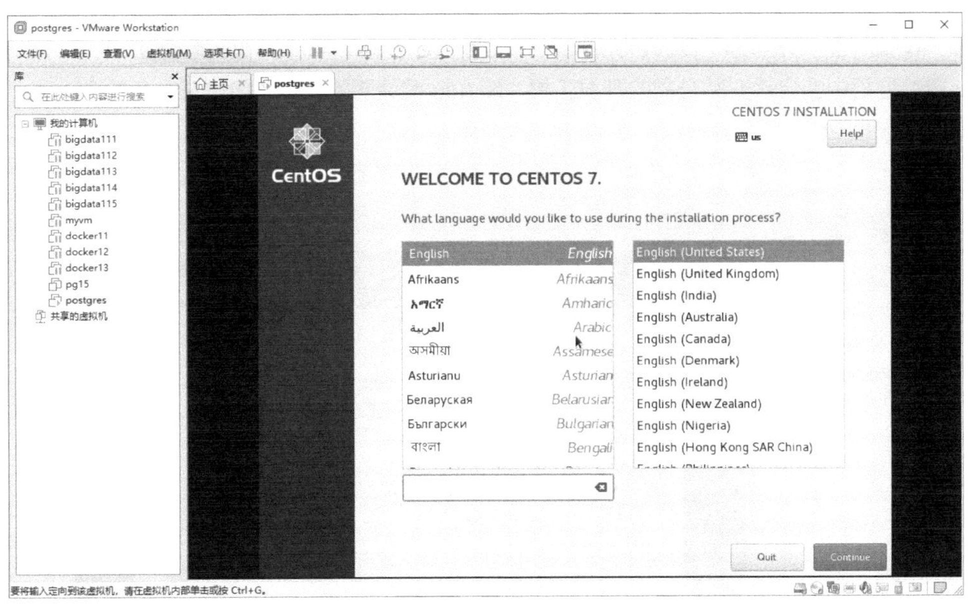

图 2.15

（15）进入“INSTALLATION SUMMARY”界面，如图 2.16 所示，在此界面中将完成对 CentOS 操作系统的配置。

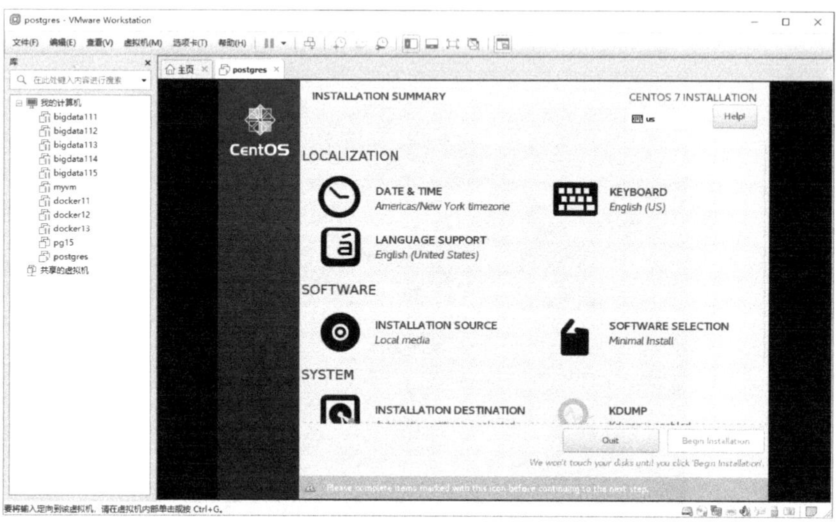

图 2.16

（16）在“INSTALLATION SUMMARY”界面中，选择“DATE & TIME”选项，进入时区和时间的设置界面。这里可以先单击地图上的“Shanghai”，再单击左上角的“Done”按钮完成设置。

（17）在“INSTALLATION SUMMARY”界面中，选择“SOFTWARE SELECTION”选项，进入软件配置界面。先勾选“Development Tools”复选框；再选中“Server with GUI”单选按钮，在安装过程中会自动安装必需的开发工具，如 gcc 编译器等；最后单击左上角的“Done”按钮完成设置，如图 2.17 所示。

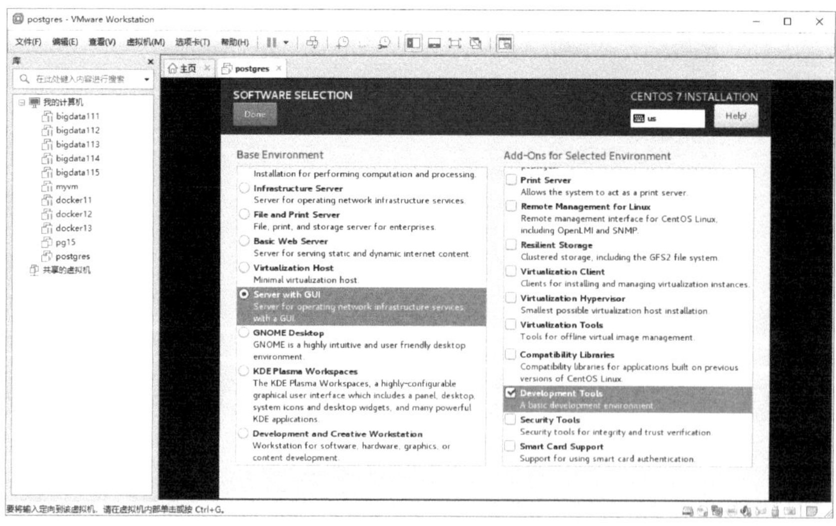

图 2.17

（18）在“INSTALLATION SUMMARY”界面中，选择“KDUMP”选项和“SECURITY POLICY”选项，进入它们的配置界面，分别禁用 KDUMP 和 SECURITY POLICY，如图 2.18 和图 2.19 所示。

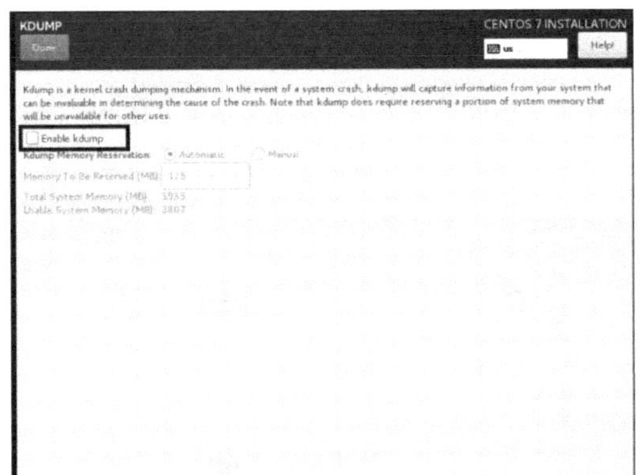

图 2.18

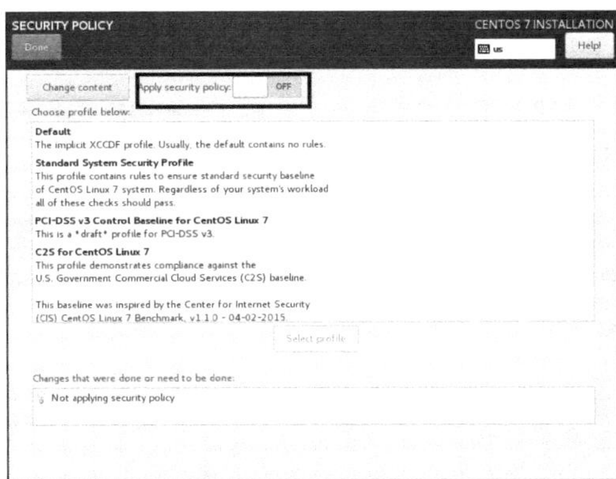

图 2.19

（19）在“INSTALLATION SUMMARY”界面中，选择“NETWORK & HOST NAME”选项，进入网络和主机名的配置界面。为了方便后期集群的规划，可以适当修改主机名和 IP 地址，单击“Configure”按钮，如图 2.20 所示。

- 将“Host name”设置为“pg15”，单击“Apply”按钮可以使主机名生效。
- 将网络开关置为“ON”的状态，这时会自动为虚拟机分配一个 IP 地址。由于使用的是 NAT 网络模式，因此分配的 IP 地址是 192.168.79.184。

（20）在“Editing ens33”提示框中选择“General”选项卡，勾选“Automatically connect to this network when it is available”复选框，如图 2.21 所示。

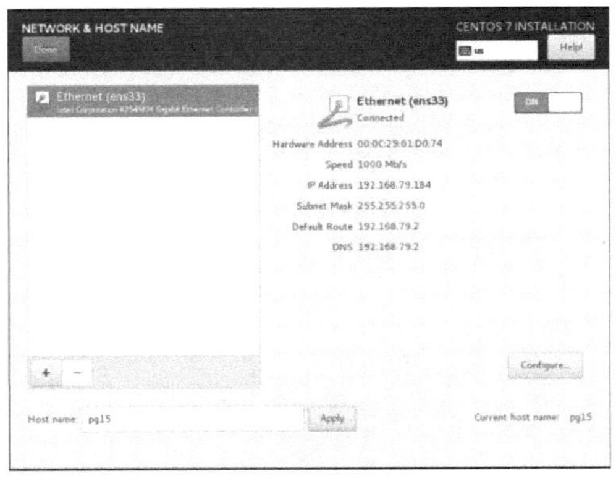

图 2.20

图 2.21

（21）在完成网络和主机名的设置后，单击左上角的“Done”按钮，返回“INSTALLATION SUMMARY”界面。

（22）在“INSTALLATION SUMMARY”界面中，选择“INSTALLATION DESTINATION”选项，在打开的“INSTALLATION DESTINATION”界面中，选择之前创建的 50GB 的磁盘，如图 2.22 所示。

（23）图 2.23 展示了完成 CentOS 操作系统配置后的界面，单击“Begin Installation”按钮开始安装。

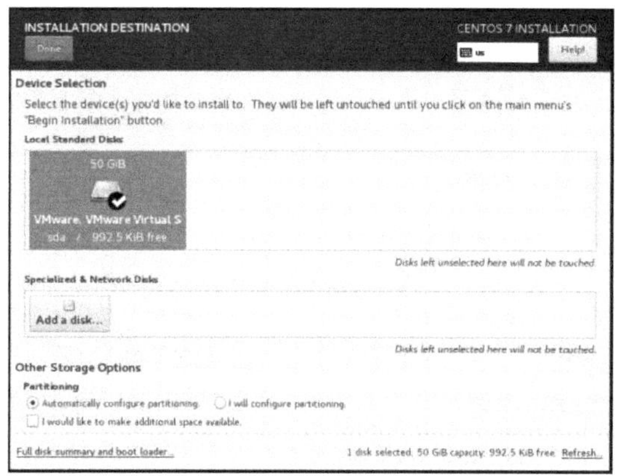

图 2.22

图 2.23

（24）图 2.24 展示了 CentOS 操作系统的安装过程，如果显示“Root password is not set”提示信息，就需要设置 Root 用户的密码，单击“ROOT PASSWORD”图标。

（25）在“ROOT PASSWORD”界面中自行设置 Root 用户的密码，设置完成后单击左上角的“Done”按钮，如图 2.25 所示。

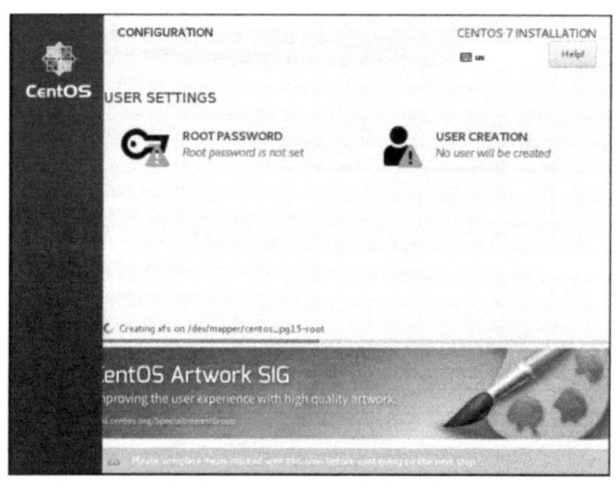

图 2.24

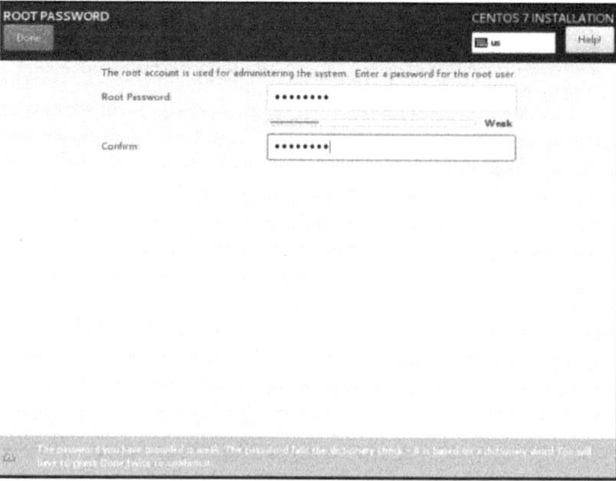

图 2.25

（26）图 2.26 展示了 CentOS 操作系统的安装进度条。安装完成后的界面如图 2.27 所示，单击“Reboot”按钮重启虚拟机。

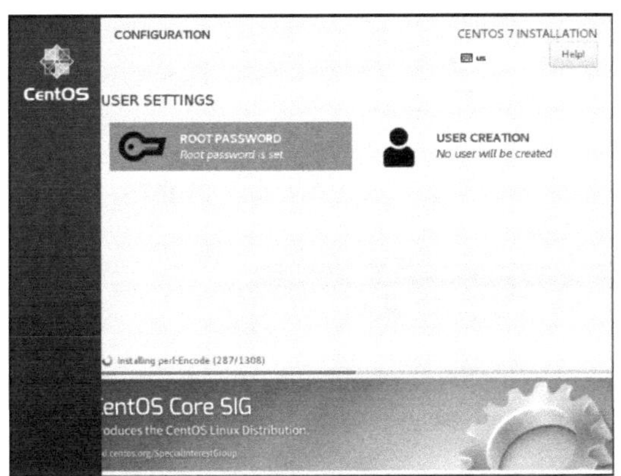

图 2.26

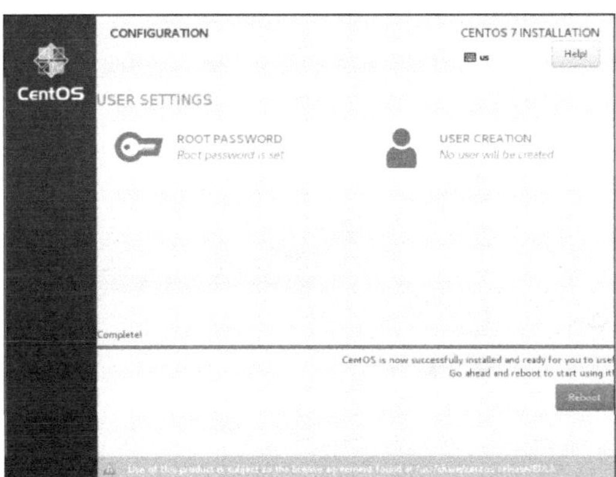

图 2.27

（27）在虚拟机重启完成后，会自动进入登录界面，如图 2.28 所示。

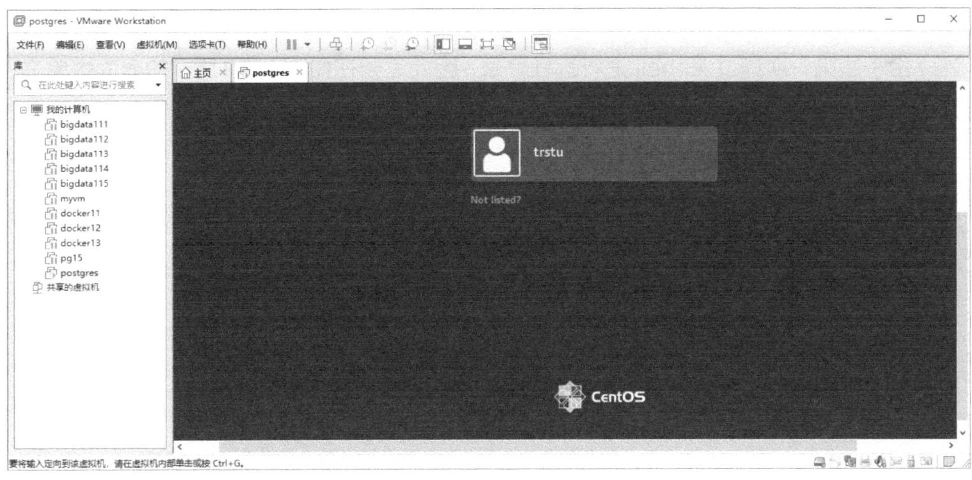

图 2.28

（28）为了方便操作，可以通过命令行工具 Xshell 进行远程登录。图 2.29 展示了配置好的 Xshell 会话，可以看到已经配置好的一个会话，它的主机地址就是 postgres 虚拟主机的 IP 地址，单击“连接”按钮。

> 提示　Xshell 是一款终端模拟器，功能强大且安全，支持 SSH、SFTP、TELNET、RLOGIN 和 SERIAL 等协议。Xshell 还支持 SSH1、SSH2 及 Windows 平台的 TELNET 协议，可以通过互联网

> 安全连接远程主机。利用 Xshell 创新性的设计和特色，可以帮助用户在极其复杂的网络环境中进行工作与模拟。

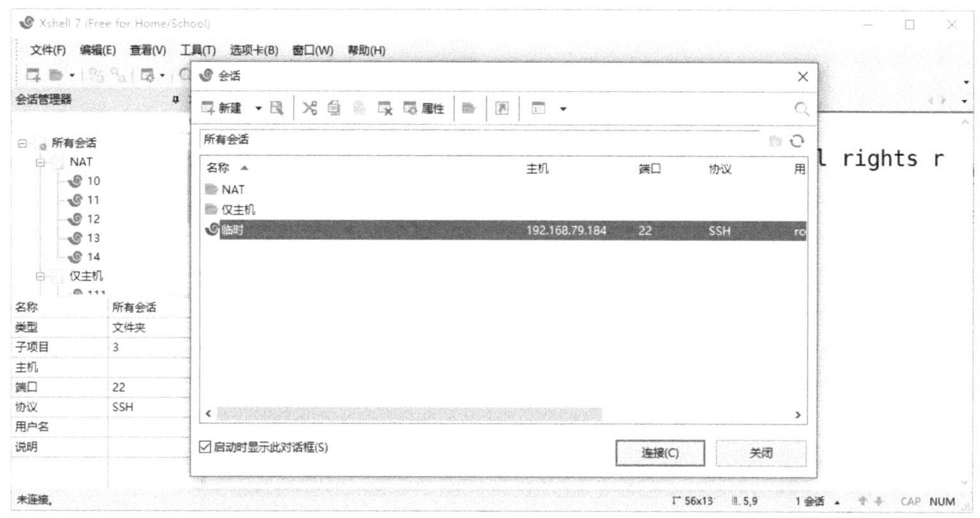

图 2.29

（29）由于是第一次通过 Xshell 进行远程登录，因此需要在如图 2.30 所示的界面中单击“接受并保存”按钮，接收主机的密钥信息。

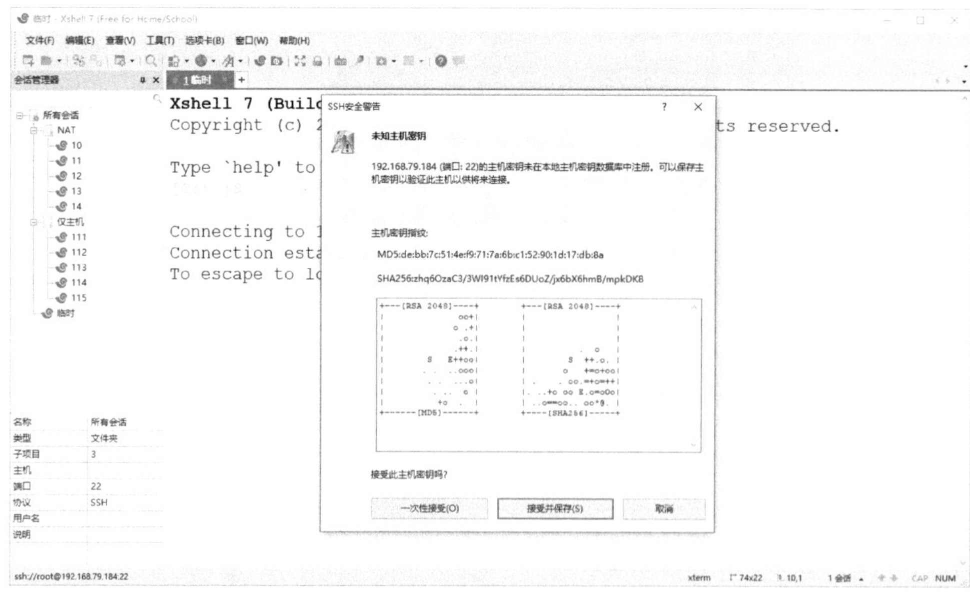

图 2.30

（30）图 2.31 展示了通过 Xshell 登录成功的界面。在 Xshell 命令行窗口中输入“ifconfig”命令来确定虚拟机的 IP 地址。

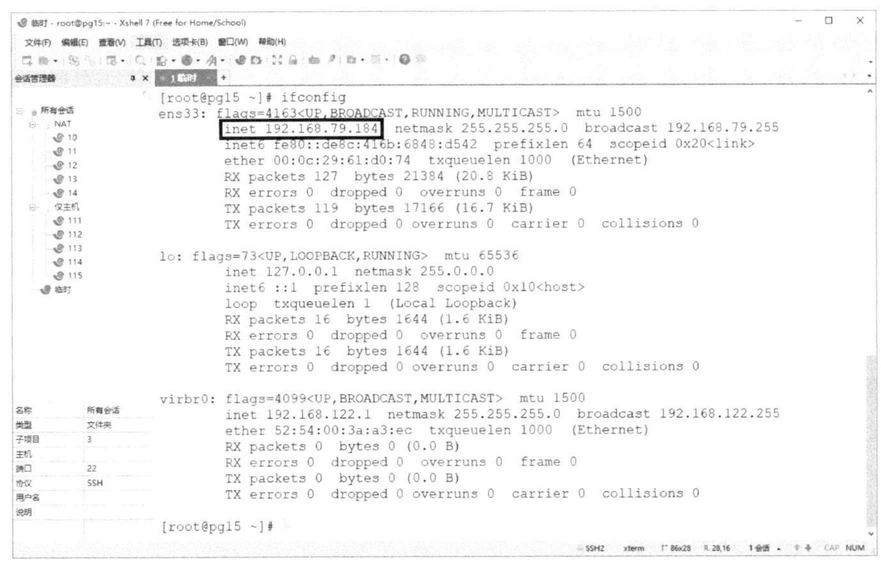

图 2.31

（31）为了便于执行相关操作，需要关闭 Linux 防火墙和 SELinux。输入以下命令即可。

```
systemctl stop firewalld.service
systemctl disable firewalld.service
setenforce 0
```

（32）修改“/etc/sysconfig/selinux”文件，将“SELINUX”设置为“disabled”。

```
SELINUX=disabled
```

（33）重启 CentOS 操作系统。

至此，CentOS 操作系统已经安装成功，下面以此为基础安装 PostgreSQL 服务器。

2.2 安装 PostgreSQL 服务器

在安装好 CentOS 操作系统之后，就可以开始安装 PostgreSQL 服务器。下面进行演示。

（1）使用 root 用户安装必要的依赖。

```
yum install -y bison flex readline-devel zlib-devel
yum install -y docbook-dtds docbook-style-xsl fop libxslt
```

```
yum install -y gcc
```

（2）创建一个普通用户 postgres 及其对应的目录，在数据库初始化时会用到该用户。

```
#创建 postgres 用户
useradd postgres
#设置用户密码
passwd postgres
```

（3）切换到 postgres 用户。

（4）从 PostgreSQL 官网上下载对应的安装包，如图 2.32 所示。

图 2.32

> 提示　这里推荐下载 postgresql-15.3.tar.gz 形式的源码安装包。

（5）创建“tools”目录和“training/pgsql”目录，先将安装包上传到“tools”目录下，再执行解压缩操作。

```
mkdir tools
mkdir -p training/pgsql
cd tools
tar -zxvf postgresql-15.3.tar.gz
```

（6）在“training/pgsql”目录下创建数据库文件夹 data。

```
cd /home/postqres/training/pgsql
mkdir /home/postgres/training/pgsql/data
```

（7）编译安装。

```
cd postgresql-15.3/
./configure --prefix=/home/postgres/training/pgsql
make
make install
```

> 提示　这里会将 PostgreSQL 服务器安装到“/home/postgres/training/pgsql”目录下。

（8）编辑“~/.bash_profile”文件，设置 PostgreSQL 的环境变量。

```
export PGHOME=/home/postgres/training/pgsql
export PGDATA=/home/postgres/training/pgsql/data
export PGLIB=/home/postgres/training/pgsql/lib
export PATH=$PGHOME/bin:$PATH
```

（9）使环境变量生效。

```
source ~/.bash_profile
```

（10）执行命令初始化数据库。

```
[postgres@pg15 pgsql]$ pwd
/home/postgres/training/pgsql
[postgres@pg15 pgsql]$ bin/initdb -D data/
```

在数据库初始化成功之后，输出结果如下。

```
Success. You can now start the database server using:
  bin/pg_ctl -D data/ -l logfile start
```

（11）启动 PostgreSQL 服务器。

```
bin/pg_ctl -D data/ -l logfile start
```

启动成功后输出结果如下。

```
waiting for server to start.... done
server started
```

2.3 【实战】使用 PostgreSQL 客户端工具

在 PostgreSQL 服务器安装完成后，就可以使用客户端工具连接服务器进行数据库操作。PostgreSQL 支持多种客户端的连接，本节重点介绍 psql 和 pgAdmin 4 这两款 PostgreSQL 客户端工具的使用方法。

2.3.1 命令行客户端 psql

psql 是 PostgreSQL 自带的命令行客户端工具。使用 psql 不仅能够交互式地输入查询命令，还可以把这些命令发送给 PostgreSQL 来查看查询结果；直接输入一个文件或命令行参数也可以查看查询结果。此外，psql 还提供了一些元命令和多种类似于 shell 命令的特性，可以为编写脚本和实现自动化任务提供便利。因此，从功能上来看，psql 等同于 Oracle 中的 sqlplus。当执行该命令连接数据库时，默认的用户和数据库是 postgres。

psql 的语法格式如下。

```
psql -h <hostname or ip> -p <端口> [数据库名称] [用户名称]
```

通过以下命令可以查看 psql 的帮助信息。

```
[postgres@mydb pgsql]$ bin/psql --help
```

输出结果如下。

```
psql is the PostgreSQL interactive terminal.
Usage:
  psql [OPTION]... [DBNAME [USERNAME]]
....
Connection options:
  -h, --host=HOSTNAME      database server host or socket directory
                           (default: "local socket")
  -p, --port=PORT          database server port (default: "5432")
  -U, --username=USERNAME  database user name (default: "postgres")
  -w, --no-password        never prompt for password
  -W, --password           force password prompt
                           (should happen automatically)
...
```

psql 的操作模式分为交互式模式和非交互式模式。

1. psql 的交互式模式

直接在操作系统的命令行界面中输入“bin/psql”并按 Enter 键，从操作系统提示符切换到 psql 提示符后就表示已经进入 psql 的交互式模式界面，开始执行命令。

在 psql 的交互式模式下，输入的命令以分号作为命令结束标记。表 2.1 中列举了 psql 提供的常用命令。

表 2.1

命　令	说　明
\l	用于查看已存在的数据库
\c	用于切换数据库，或者查看当前数据库

续表

命　令	说　明
\q	用于退出 psql 命令行窗口
\d	用于显示每个匹配关系（表、视图、索引和序列）的信息。如果\d 的后面什么都不带，就会显示数据库所有的表、视图、索引和序列。下面列举一些该命令的后面可以跟的参数。 • \d 的后面跟一个表名，表示显示这个表的结构定义。 • \d 的后面跟一个索引，表示显示索引的信息。 • \d 的后面跟通配符（如“*” 或“?”），可以进行模糊搜索。 • \d 的后面跟一个视图，表示显示这个视图的结构定义。 • \d+命令可以显示比\d 命令更多的信息，包括表和列的注释等相关信息
\dn	列出所有的模式
\db	显示所有的表空间信息
\du 或\dg	列出所有的角色或用户
\dp 或\z	显示权限分配情况
\i file	用于执行 SQL 文件的脚本
\timing on	显示 SQL 已经执行的时间
\x	可以把表中的每行的每列数据都拆分为单行展示。这种显示方式适用于列比较多、界面显示不全的情况

下面创建一个测试用的数据库 scott，该数据库中包含两个表，分别为部门表 dept 和员工表 emp。

> 提示　关于完整代码，请参考“脚本与代码/02/部门表与员工表.txt”。

（1）创建数据库 scott。

```
mydemodb=# create database scott;
mydemodb=# \c scott
```

（2）创建部门表 dept 和员工表 emp。

```
scott=# create table dept
     (deptno int primary key,
     dname varchar(10),
     loc varchar(10)
     );

scott=# create table emp
      (empno int primary key,
      ename varchar(10),
      job varchar(10),
      mgr int,
      hiredate varchar(10),
```

```
    sal int,
    comm int,
    deptno int,
    foreign key(deptno) references dept(deptno));
```

（3）在 PostgreSQL 的命令提示符下，在部门表 dept 和员工表 emp 中插入数据。

```
--插入部门表数据
scott=# insert into dept values(10,'ACCOUNTING','NEW YORK');
scott=# insert into dept values(20,'RESEARCH','DALLAS');
scott=# insert into dept values(30,'SALES','CHICAGO');
scott=# insert into dept values(40,'OPERATIONS','BOSTON');
--插入员工表数据
scott=# insert into emp values
       (7369,'SMITH','CLERK',7902,'1980/12/17',800,null,20);
scott=# insert into emp values
       (7499,'ALLEN','SALESMAN',7698,'1981/2/20',1600,300,30);
scott=# insert into emp values
       (7521,'WARD','SALESMAN',7698,'1981/2/22',1250,500,30);
scott=# insert into emp values
       (7566,'JONES','MANAGER',7839,'1981/4/2',2975,null,20);
scott=# insert into emp values
       (7654,'MARTIN','SALESMAN',7698,'1981/9/28',1250,1400,30);
scott=# insert into emp values
       (7698,'BLAKE','MANAGER',7839,'1981/5/1',2850,null,30);
scott=# insert into emp values
       (7782,'CLARK','MANAGER',7839,'1981/6/9',2450,null,10);
scott=# insert into emp values
       (7788,'SCOTT','ANALYST',7566,'1987/4/19',3000,null,20);
scott=# insert into emp values
       (7839,'KING','PRESIDENT',-1,'1981/11/17',5000,null,10);
scott=# insert into emp values
       (7844,'TURNER','SALESMAN',7698,'1981/9/8',1500,null,30);
scott=# insert into emp values
       (7876,'ADAMS','CLERK',7788,'1987/5/23',1100,null,20);
scott=# insert into emp values
       (7900,'JAMES','CLERK',7698,'1981/12/3',950,null,30);
scott=# insert into emp values
       (7902,'FORD','ANALYST',7566,'1981/12/3',3000,null,20);
scott=# insert into emp values
       (7934,'MILLER','CLERK',7782,'1982/1/23',1300,null,10);
```

2. psql 的非交互式模式

如果要在非交互式模式下使用 psql，就需要在操作系统的命令提示符下执行 psql 命令，并给其传送一个脚本文件。

psql 的非交互式模式是指，在调用 psql 时直接以选项的形式指定要执行的脚本，脚本中可以包含任意数量的 SQL 语句和 psql 命令，psql 会自动执行此脚本的内容，其间无须与用户进行交互。

要在非交互式模式下执行脚本文件，使用-f 选项即可。下面演示 psql 的非交互式模式的使用方法。

（1）编辑脚本文件 myscript，并输入要执行的 SQL 语句和 psql 命令，如下所示。

```
\l
\db
select datname from pg_database;
```

（2）执行脚本文件 myscript。

```
bin/psql -f myscript
```

输出结果如下。

```
                          List of databases
   Name      |  Owner   | Encoding |   Collate    |    Ctype     |...
-------------+----------+----------+--------------+--------------+...
 mydemodb    | postgres | UTF8     | en_US.UTF-8  | en_US.UTF-8  |...
 postgres    | postgres | UTF8     | en_US.UTF-8  | en_US.UTF-8  |...
 template0   | postgres | UTF8     | en_US.UTF-8  | en_US.UTF-8  |...
 template1   | postgres | UTF8     | en_US.UTF-8  | en_US.UTF-8  |...
(4 rows)

                     List of tablespaces
    Name     |  Owner   |                 Location
-------------+----------+----------------------------------------
 mydemotbs   | postgres | /home/postgres/training/pgsql/data/mydemotbs
 pg_default  | postgres |
 pg_global   | postgres |
(3 rows)

  datname
-----------
 postgres
 mydemodb
 template1
 template0
(4 rows)
```

2.3.2　图形化客户端 pgAdmin 4

pgAdmin 4 是一款为 PostgreSQL 设计的可靠且全面的数据库设计和管理软件，允许用户连接特定的数据库，以及创建表和运行各种从简单到复杂的 SQL 语句。pgAdmin 4 支持的操作系统包括 Linux、Windows 和 macOS X。图 2.33 展示了 pgAdmin 的下载界面。

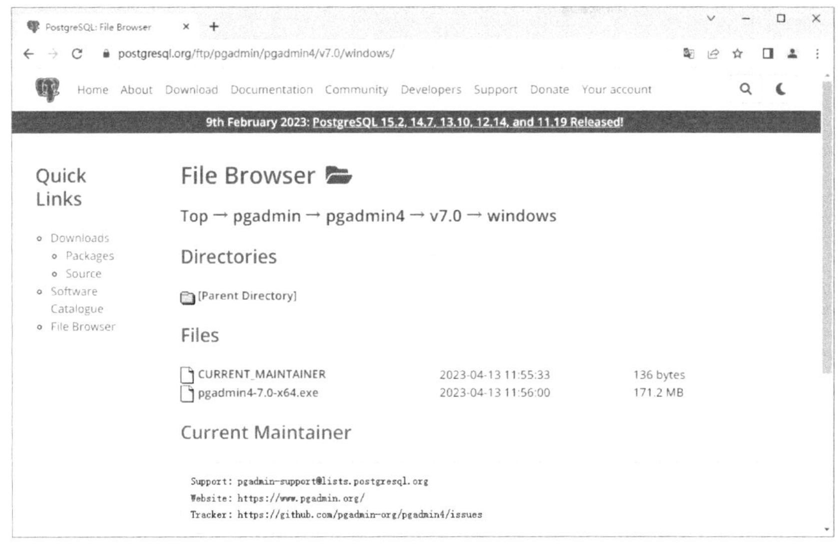

图 2.33

提示 这里以 Windows 版本为例展开介绍。

在完成 pgAdmin 4 的安装后直接启动即可。在第一次运行 pgAdmin 4 时，需要为管理员设置密码，如图 2.34 所示。

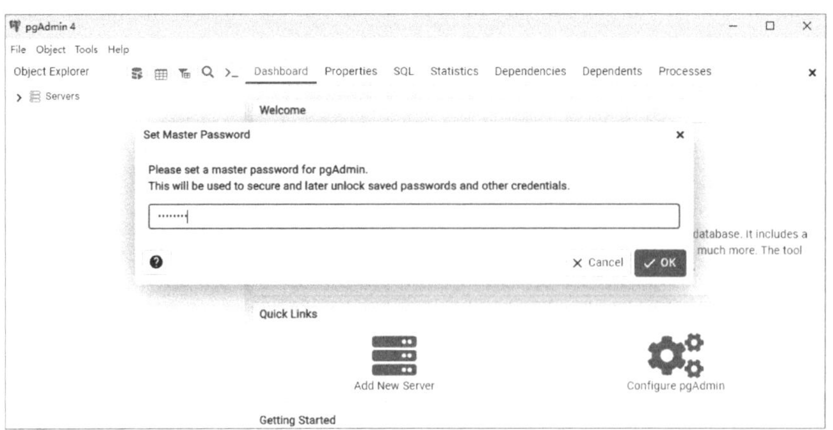

图 2.34

使用 pgAdmin 4 连接 PostgreSQL 服务器，需要对 PostgreSQL 服务器进行相应的配置。下面介绍整个配置的过程。

（1）修改 postgresql.conf 文件，将参数 listen_addresses 设置为接收所有客户机地址。

```
listen_addresses = '*'
```

> 提示　参数 listen_addresses 的默认值是 localhost，即只接收当前主机的客户端请求。

（2）修改配置文件 pg_hba.conf，增加以下参数配置。

```
host all all 0.0.0.0/0 md5
```

> 提示　这里设置的“host all all 0.0.0.0/0 md5”表示任何主机均可以采用 md5 加密认证方式访问任何数据库。

如果不配置该参数，就会出现以下错误信息，如图 2.35 所示。

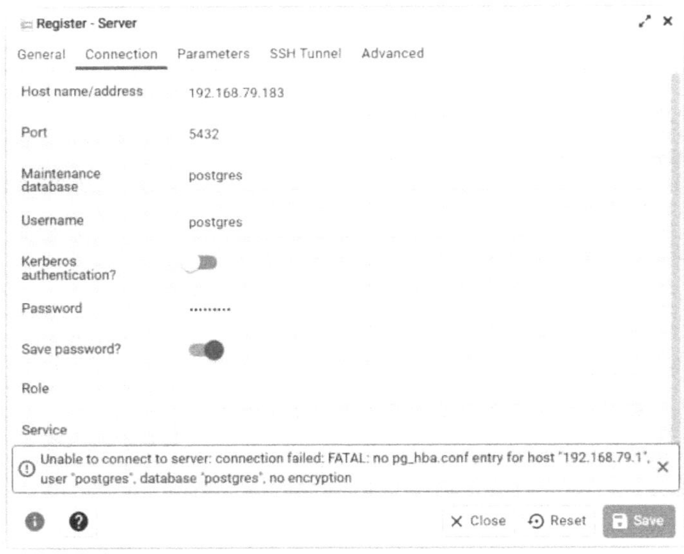

图 2.35

（3）重启 PostgreSQL 服务器。

```
bin/pg_ctl -D data/ -l logfile restart
```

（4）由于在安装 PostgreSQL 服务器时没有为用户 postgres 设置密码，因此需要重置该用户的密码。先使用命令行客户端 psql 登录 PostgreSQL 服务器，再执行以下命令设置用户 postgres 的密码。

```
postgres=# alter user postgres with password 'Welcome_1';
```

（5）图形化客户端在 pgAdmin 4 上，右击“Servers”，并选择“Register”→“Server”命

令，如图 2.36 所示。

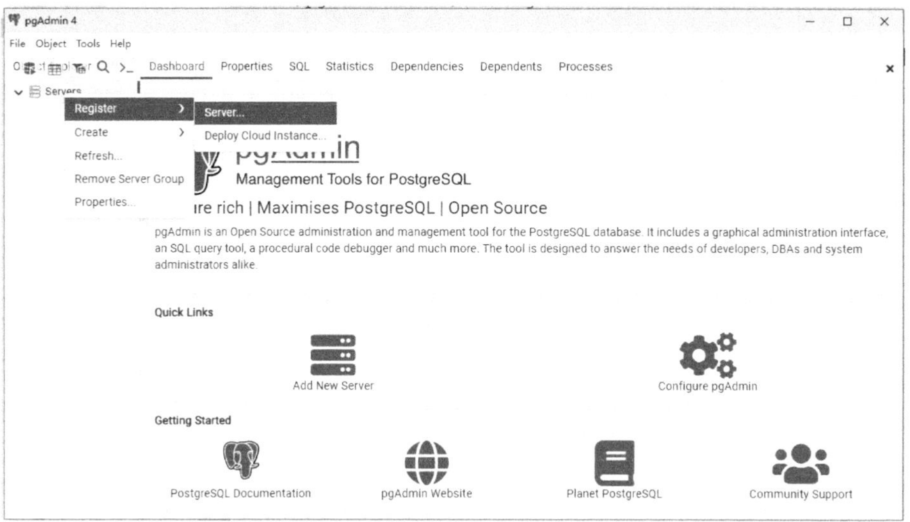

图 2.36

（6）在弹出的对话框中选择“General”选项卡并在“Name”文本框中输入“mydb”，如图 2.37 所示。

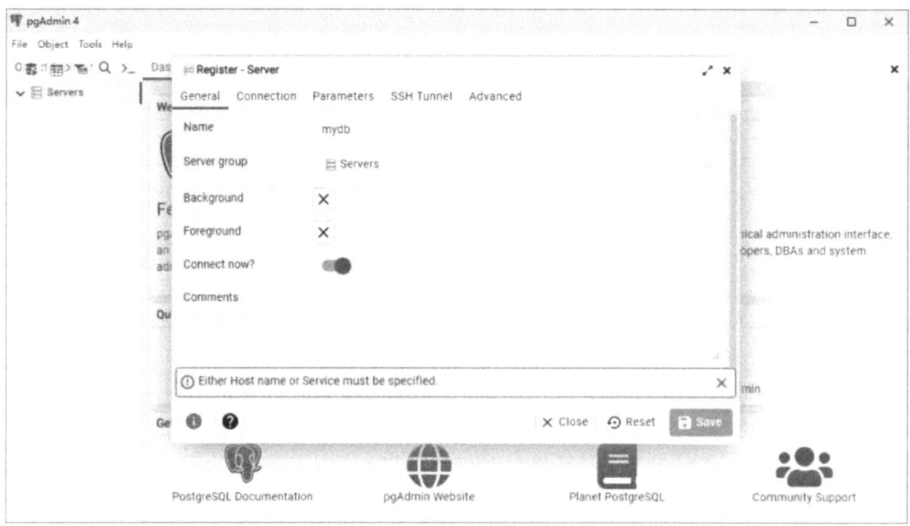

图 2.37

（7）选择“Connection”选项卡，在“Host name/address”文本框中输入“192.168.79.184”，单击“Save”按钮，如图 2.38 所示。

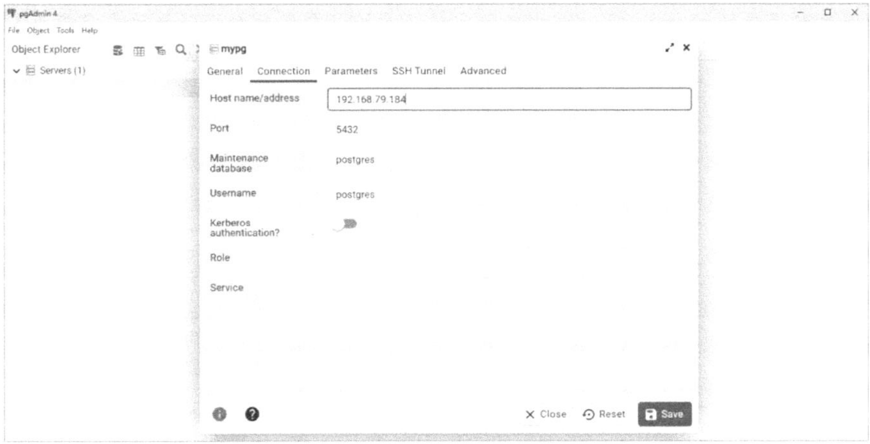

图 2.38

（8）此时便可成功登录 PostgreSQL 服务器，如图 2.39 所示。

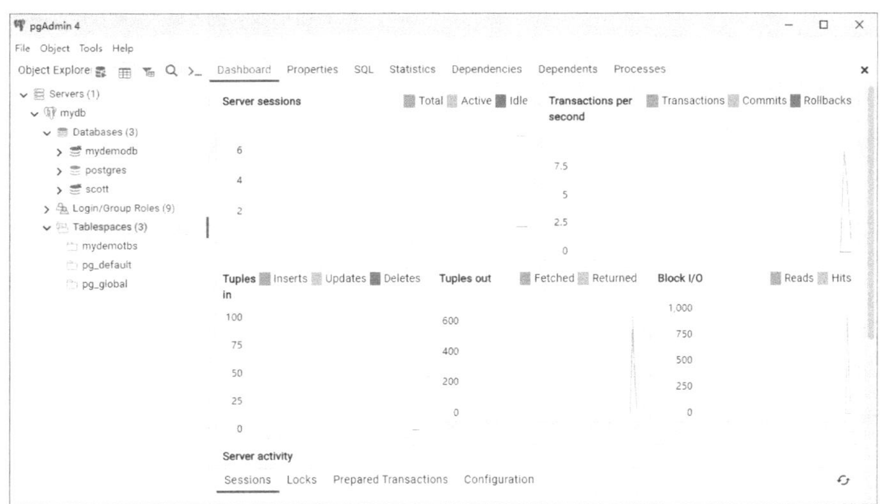

图 2.39

2.4　PostgreSQL 服务器端的主配置文件详解

postgresql.conf 是 PostgreSQL 服务器端的主配置文件。在成功安装 PostgreSQL 服务器后需要对其进行相应的配置，以便 PostgreSQL 能有效发挥服务器的性能。

下面按照功能划分对主配置文件 postgresql.conf 中的参数进行解释。

提示 主配置文件 postgresql.conf 中不仅定义了系统必要的参数，还允许自定义参数。

2.4.1 基础文件

这些参数的默认值由-D 命令行选项或 PGDATA 环境变量驱动，此处表示为 ConfigDir。表 2.2 中列举了基础文件的相关配置参数。

表 2.2

参数	默认值	说明
data_directory	'ConfigDir'	此参数指定用于存储数据的目录，只能在启动服务器时设置
hba_file	'ConfigDir/pg_hba.conf'	此参数指定基于主机的身份验证的配置文件，只能在启动服务器时设置
ident_file	'ConfigDir/pg_ident.conf'	此参数指定用户名映射的配置文件，只能在启动服务器时设置
external_pid_file	''	此参数指定供服务器管理程序使用的附加进程 ID 文件的名称，只能在启动服务器时设置

2.4.2 连接和认证

表 2.3 中列举了 PostgreSQL 客户端与服务器端的连接和认证的相关配置参数。

表 2.3

参数	默认值	说明
listen_addresses	'localhost'	服务器端用于侦听来自客户端应用程序连接的 TCP/IP 地址
port	5432	服务器端监听的 TCP 端口
max_connections	100	数据库服务器端的最大并发连接数
superuser_reserved_connections	3	超级用户预留的连接数
unix_socket_directories	'/tmp'	指定服务器端侦听客户端应用程序连接的 UNIX 域套接字的目录
unix_socket_group	''	设置 UNIX 域套接字的拥有组
unix_socket_permissions	0777	设置 UNIX 域套接字的访问权限
bonjour	off	是否启用 Bonjour 广播数据库服务器端的存在
bonjour_name	''	指定 Bonjour 广播的服务名称
tcp_keepalives_idle	0	指定 TCP 活动消息在发送 Keepalive 消息给客户端之后不活动的秒数
tcp_keepalives_interval	0	指定客户端未确认的 TCP 活动消息应重新传输的秒数

续表

参　数	默 认 值	说　明
tcp_keepalives_count	0	指定在服务器端与客户端之间可能丢失的 TCP 活动的数量
tcp_user_timeout	0	在强制关闭 TCP 连接之前，指定可保持传输数据的时间量
client_connection_check_interval	0	允许在客户端断开后取消长时间运行的查询
authentication_timeout	1min	指定客户端完成认证操作的时间限制
password_encryption	scram-sha-25	指定用于加密密码的算法
db_user_namespace	off	是否启用针对每个数据库的用户名设置
krb_server_keyfile	'FILE:${sysconfdir}/krb5.keytab'	设置 Kerberos 服务器端密钥文件的位置
krb_caseins_users	off	设置是否区分 Kerberos 用户名的大小写
ssl	off	设置数据库是否接收 SSL 连接
ssl_ca_file	''	指定包含 SSL 服务器端证书颁发机构的文件名称
ssl_cert_file	'server.crt'	指定包含 SSL 服务器端证书的文件名称
ssl_crl_file	''	指定包含 SSL 服务器端证书吊销列表的文件名称
ssl_crl_dir	''	指定 SSL 服务器端证书吊销列表文件所在的路径
ssl_key_file	'server.key'	指定包含 SSL 服务器端私钥的文件名称
ssl_ciphers	'HIGH:MEDIUM:+3DES:!aNULL'	指定可以使用的 SSL 加密算法
ssl_prefer_server_ciphers	on	指定是否使用服务器端的 SSL 密码首选项
ssl_ecdh_curve	'prime256v1'	指定用在 ECDH 密钥交换中的曲线名称
ssl_min_protocol_version	'TLSv1.2'	设置要使用的最小 SSL/TLS 协议版本
ssl_max_protocol_version	''	设置要使用的最大 SSL/TLS 协议版本
ssl_dh_params_file	''	指定包含 SSL 密码的临时参数的文件名称
ssl_passphrase_command	''	指定解密 SSL 文件时调用的一条外部命令
ssl_passphrase_command_supports_reload	off	是否调用 ssl_passphrase_command 命令设置密码

2.4.3 资源使用

表 2.4 中列举了 PostgreSQL 服务器端资源使用的相关配置参数。

表 2.4

参　数	默 认 值	说　明
shared_buffers	128MB	设置共享缓冲区的大小
huge_pages	try	设置是否为主共享内存区域请求大页面
huge_page_size	0	当启用 huge_pages 大页面时，设置大页面的大小
temp_buffers	8MB	设置临时表的缓存大小
max_prepared_transactions	0	设置可以同时处于 prepared 状态的事务的最大数目
work_mem	4MB	设置在写入临时磁盘文件之前查询操作可以使用的最大内存容量
hash_mem_multiplier	2.0	用于计算基于哈希操作可以使用的最大内存容量
maintenance_work_mem	64MB	指定维护操作使用的最大内存容量
autovacuum_work_mem	−1	指定每个 autovacuum 工作进程要使用的最大内存容量
logical_decoding_work_mem	64MB	控制分配给 WAL Sender 进程的内存容量
max_stack_depth	2MB	指定服务器端执行堆栈的最大安全深度
shared_memory_type	mmap	指定服务器端应该用于保存共享缓冲区和其他共享数据内存区域的实现方式
dynamic_shared_memory_type	posix	指定服务器端使用的动态共享内存的实现方式
min_dynamic_shared_memory	0	指定应在服务器端启动时分配以供并行查询使用的内存容量
temp_file_limit	−1	指定进程可用于临时文件或保留游标的存储文件的最大磁盘空间
max_files_per_process	1000	设置每个服务器端子进程允许同时打开的文件的最大数目
vacuum_cost_delay	0	指定当超出开销限制时进程将要休眠的时间
vacuum_cost_page_hit	1	清理一个在共享缓冲区中找到的缓冲数据的估计代价
vacuum_cost_page_miss	2	清理一个必须从磁盘上读取的缓冲区的代价
vacuum_cost_page_dirty	20	当清理和修改一个脏数据块时需要花费的估计代价
vacuum_cost_limit	200	设置清理进程休眠的累计代价
bgwriter_delay	200 毫秒	指定后台写进程活动轮询之间的延迟
bgwriter_lru_maxpages	100	在每次轮询中被后台写进程写出的最大缓冲区数目
bgwriter_lru_multiplier	2.0	每次轮询要写的脏缓冲区的数目基于最近几个轮询中服务器端进程需要的新缓冲区数目的比值
bgwriter_flush_after	512KB	当后台写入的数据超过该参数值时，尝试强制把这些数据写到持久化存储上的大小
backend_flush_after	0	当后台进程操作的总数据量超过该参数的值时，尝试强制把这些数据写到持久化存储上的大小
effective_io_concurrency	1	设置 PostgreSQL 可以同时被执行的并发磁盘读/写操作的总数目
maintenance_io_concurrency	10	设置用于维护工作的客户端会话数目

续表

参 数	默 认 值	说 明
max_worker_processes	8	设置系统能够支持的后台进程的最大数目
max_parallel_workers_per_gather	2	设置单个收集器能够开始的工作者的最大数目
max_parallel_maintenance_workers	2	设置单一维护性命令能够启动的并行工作者的最大数目
max_parallel_workers	8	设置系统为并行操作所支持的工作者的最大数目
parallel_leader_participation	on	允许领导者进程直接执行收集器节点下的查询计划
old_snapshot_threshold	-1	设置在使用快照时一个快照可以被使用的最小时间

2.4.4 预写日志

表 2.5 中列举了 PostgreSQL 服务器端预写日志的相关配置参数。

表 2.5

参 数	默 认 值	说 明
wal_level	replica	决定将多少日志信息写入预写日志
fsync	on	如果这个参数为打开状态，PostgreSQL 服务器端就尝试强制将更新后的数据写入磁盘
synchronous_commit	on	指定在命令返回 success 指示给客户端之前，一个事务是否需要等待预写日志记录被写入磁盘
wal_sync_method	fsync	指定强制将数据更新到磁盘中的方法
full_page_writes	on	当这个参数为打开状态时，PostgreSQL 服务器端在执行检查点之后，将数据页面第一次修改期间的全部内容写入预写日志
wal_compression	off	在写入预写日志时是否采用压缩
wal_init_zero	on	如果设置为 on，这个选项就会导致新的预写日志文件被 0 填满
wal_recycle	on	如果设置为 on，这个选项就会导致预写日志文件通过重命名它们来回收，从而避免创建新的预写日志文件
wal_buffers	-1	用于指定预写日志缓冲区的共享内存容量
wal_writer_delay	200 毫秒	指定写入预写日志文件时的频繁程度，单位是毫秒
wal_writer_flush_after	1MB	指定写入预写日志文件时的大小，单位是兆字节
wal_skip_threshold	2MB	当提交事务时设置保留新数据的大小
commit_delay	0	在一次预写日志被发起之前，设置一个指定的时间延迟
commit_siblings	5	在执行 commit_delay 延迟时，并发活动事务的最小数目
checkpoint_timeout	5 分钟	检查点产生的时间间隔
checkpoint_completion_target	0.9	指定检查点完成目标时所需的时间限制
checkpoint_flush_after	256KB	当执行检查点写入的数据量超过此参数的值时，尝试强制操作系统把数据发送到底层存储的磁盘中

续表

参数	默认值	说明
checkpoint_warning	30 秒	如果检查点发生的间隔接近该设置时间，就向服务器日志输出一条消息
max_wal_size	1GB	在自动检查点之间允许预写日志增加到的最大尺寸
min_wal_size	80MB	在自动检查点之间允许预写日志减小到的最小尺寸
recovery_prefetch	try	设置通过预取数据块来帮助加快恢复操作
archive_mode	off	设置 PostgreSQL 的日志归档模式
archive_command	''	设置本地 shell 命令用来归档一个预写日志文件
archive_timeout	0	服务器端定期切换到新的预写日志段文件的时间限制
restore_command	''	用于获取预写日志文件系列的一条已归档的本地 shell 命令
archive_cleanup_command	''	指定一条 shell 命令，将在每个归档点执行
recovery_end_command	''	这个参数指定了一条将只在恢复末尾被执行一次的 shell 命令
recovery_target	''	指定恢复应该在达到一个一致状态后尽快结束的目标
recovery_target_name	''	指定已命名的恢复点，用于恢复到指定的时间点
recovery_target_time	''	指定恢复将执行的时间戳
recovery_target_xid	''	指定恢复将进入的事务 ID
recovery_target_lsn	''	指定恢复到预写日志位置的 LSN（Log Sequence Number，日志序列号）
recovery_target_inclusive	on	指定是否仅在指定的恢复目标之后停止，或者仅在恢复目标之前停止
recovery_target_timeline	'latest'	指定恢复到一个特定的时间线中
recovery_target_action	'pause'	指定在达到恢复目标时服务器端应该立刻采取的动作

2.4.5 复制

表 2.6 中列举了 PostgreSQL 主从复制集群的相关配置参数。

表 2.6

参数	默认值	说明
max_wal_senders	10	指定来自备份服务器端或流式基础备份客户端的并发连接的最大数目
max_replication_slots	10	指定服务器端可以支持的复制槽的最大数目
wal_keep_size	0	指定保存在 pg_wal 目录下的过去预写日志文件的最小大小
max_slot_wal_keep_size	−1	指定在检查点时复制槽允许保留在 pg_wal 目录下的预写日志文件的最大大小
wal_sender_timeout	60 秒	终止超过此时间不活动的复制连接
track_commit_timestamp	off	记录事务的提交时间

续表

参　数	默 认 值	说　明
synchronous_standby_names	''	指定可以支持同步复制的备份服务器列表
vacuum_defer_cleanup_age	0	指定将延迟清除的事务数目
primary_conninfo	''	指定用于备份服务器与发送服务器连接的连接字符串
primary_slot_name	''	指定在通过流复制连接到发送服务器时要使用的现有复制槽
promote_trigger_file	''	指定一个触发器文件
hot_standby	on	指定是否可以在恢复期间连接和运行查询
max_standby_archive_delay	30 秒	设置备份服务器在取消与即将应用的预写日志条目冲突的备用查询之前应等待的时间
max_standby_streaming_delay	30 秒	设置流式备份在取消与即将应用的预写日志条目冲突的备用查询之前应等待的时间
wal_receiver_create_temp_slot	off	设置 WAL 接收器进程是否应在远程实例上创建临时复制槽
wal_receiver_status_interval	10 秒	设置备份服务器上的 WAL 接收器进程向主服务器发送有关复制进度的信息的最小频率
hot_standby_feedback	off	设置热备库是否将有关当前在备库上执行的查询反馈发送到主库中
wal_receiver_timeout	60 秒	终止超过此时间不活动的复制连接
wal_retrieve_retry_interval	5 秒	设置当 WAL 数据不能从任何源获得时，备份服务器应等待的时间
recovery_min_apply_delay	0	设置恢复延迟指定的时间
max_logical_replication_workers	4	设置逻辑复制工作者的最大数目
max_sync_workers_per_subscription	2	设置每个订阅的最大同步工作者数目

2.4.6　查询调优

表 2.7 中列举了 PostgreSQL 服务器端查询调优的相关配置参数。

表 2.7

参　数	默 认 值	说　明
enable_async_append	on	启用或禁用查询优化器对异步感知追加计划类型的使用
enable_bitmapscan	on	启用或禁用查询优化器对位图扫描计划类型的使用
enable_gathermerge	on	启用或禁用查询优化器对收集合并计划类型的使用
enable_hashagg	on	启用或禁用查询优化器对散列聚合计划类型的使用
enable_hashjoin	on	启用或禁用查询优化器对哈希连接计划类型的使用
enable_incremental_sort	on	启用或禁用查询优化器对增量排序步骤的使用
enable_indexscan	on	启用或禁用查询优化器对索引扫描计划类型的使用
enable_indexonlyscan	on	启用或禁用查询优化器对仅索引扫描计划类型的使用

续表

参　数	默认值	说　明
enable_material	on	启用或禁用查询优化器对物化的使用
enable_memoize	on	启用或禁用查询优化器使用计划缓存来优化嵌套循环连接内的参数化扫描结果
enable_mergejoin	on	启用或禁用查询优化器对合并连接计划类型的使用
enable_nestloop	on	启用或禁用查询优化器对嵌套循环连接计划类型的使用
enable_parallel_append	on	启用或禁用查询优化器对并行感知追加计划类型的使用
enable_parallel_hash	on	启用或禁用查询优化器使用具有并行哈希的哈希连接计划类型
enable_partition_pruning	on	启用或禁用查询优化器从查询计划中消除分区表的分区的能力
enable_partitionwise_join	off	启用或禁用查询优化器对分区连接的使用
enable_partitionwise_aggregate	off	启用或禁用查询优化器对分区分组或聚合的使用
enable_seqscan	on	启用或禁用查询优化器对顺序扫描计划类型的使用
enable_sort	on	启用或禁用查询优化器对显式排序步骤的使用
enable_tidscan	on	启用或禁用查询优化器对 TID 扫描计划类型的使用
seq_page_cost	1.0	设置计划者对顺序提取磁盘页面的成本估计
random_page_cost	4.0	设置计划者对非顺序提取磁盘页面的成本估计
cpu_tuple_cost	0.01	设置计划者对查询期间处理每行的成本估计
cpu_index_tuple_cost	0.005	设置计划者对索引扫描期间处理每个索引条目的成本估计
cpu_operator_cost	0.0025	设置计划者对处理查询期间执行的每个运算符或函数的成本估计
parallel_setup_cost	1000.0	设置计划者对启动并行工作进程的成本估计
parallel_tuple_cost	0.1	设置计划者对将一个元组从并行工作进程转移到另一个进程的成本估计
min_parallel_table_scan_size	8MB	设置为考虑并行扫描而必须扫描的最小表数据量
min_parallel_index_scan_size	512KB	设置为考虑并行扫描而必须扫描的最小索引数据量
effective_cache_size	4GB	设置文件系统缓存的大小
jit_above_cost	100 000	设置激活 JIT 编译的查询成本
jit_inline_above_cost	500 000	设置 JIT 编译尝试内联函数和运算符的查询成本
jit_optimize_above_cost	500 000	设置 JIT 编译应用优化的查询成本
geqo	on	启用或禁用遗传查询优化
geqo_threshold	12	设置在使用遗传查询优化时查询使用得最多的 FROM 项
geqo_effort	5	控制遗传查询优化中计划时间和查询计划质量之间的比重
geqo_pool_size	0	控制遗传查询优化使用的池大小
geqo_generations	0	控制遗传查询优化使用的迭代数

续表

参　数	默 认 值	说　明
geqo_selection_bias	2.0	控制遗传查询优化使用的选择偏差
geqo_seed	0.0	控制遗传查询优化随机数生成器的初始值
default_statistics_target	100	设置特定列的默认统计目标
constraint_exclusion	partition	控制查询优化器使用表约束来优化查询
cursor_tuple_fraction	0.1	设置计划者对将被检索的游标行的分数估计
from_collapse_limit	8	将超过设置的子查询合并到上层查询中的子查询层数
jit	on	设置是否可以使用 JIT 编译
join_collapse_limit	8	设置把 JOIN 结构重写到 FROM 项列表中的最大项
plan_cache_mode	auto	设置语句可以使用自定义或通用计划执行

2.4.7　错误报告和日志

表 2.8 中列举了 PostgreSQL 服务器端错误报告和输出日志的相关配置参数。

表 2.8

参　数	默 认 值	说　明
log_destination	'stderr'	设置为以逗号分隔的日志目标列表
logging_collector	off	是否启用日志收集器
log_directory	'log'	设置创建日志文件的目录
log_filename	'postgresql-%Y-%m-%d_%H%M%S.log'	设置日志文件名的格式
log_file_mode	0600	设置日志文件的权限
log_rotation_age	1d	使用单个日志文件的最长时间
log_rotation_size	10MB	决定单个日志文件的最大尺寸
log_truncate_on_rotation	off	是否截断任何已有的同名日志文件
syslog_facility	'LOCAL0'	当启用了在 syslog 中记录时，该参数决定要使用的 syslog 设备
syslog_ident	'postgres'	当启用了在 syslog 中记录时，该参数决定用来标识 syslog 中的 PostgreSQL 消息的程序名
syslog_sequence_numbers	on	当日志被记录到 syslog 中并且该参数的值为 on 时，用于为每条消息加上一个增长的序号作为前缀
syslog_split_messages	on	当启用把日志记录到 syslog 中时，该参数决定消息如何送达 syslog
event_source	'PostgreSQL'	当启用了在事件日志中记录时，该参数决定用来标识日志中 PostgreSQL 消息的程序名
log_min_messages	warning	该参数用于控制哪些消息级别被写入服务器日志

续表

参　数	默 认 值	说　明
log_min_error_statement	error	该参数用于控制哪些导致错误情况的 SQL 语句被记录在服务器日志中
log_min_duration_statement	-1	该参数将记录在指定时间内完成的语句
log_min_duration_sample	-1	允许对至少运行指定时间的语句持续进行采样
log_statement_sample_rate	1.0	设置记录的持续时间超过 log_min_duration_sample 参数的语句的比例
log_transaction_sample_rate	0.0	设置 SQL 语句全部记录的事务比例
debug_print_parse	off	这些参数将启用发出各种调试的输出。设置后，会打印生成的解析树、查询重写器的输出或每个已执行查询的执行计划
debug_print_rewritten	off	
debug_print_plan	off	
debug_pretty_print	on	
log_autovacuum_min_duration	10 分钟	如果自动清理运行至少该参数所指定的时间，自动清理执行的每个动作都会被日志记录
log_checkpoints	on	设置检查点和重启点被记录在服务器日志中
log_connections	off	设置每次尝试对服务器的连接被记录，客户端认证的成功完成也会被记录
log_disconnections	off	设置会话终止时被记录
log_duration	off	设置记录每条完成语句的持续时间
log_error_verbosity	default	控制为每条记录的消息要写入服务器日志的细节量
log_hostname	off	在默认情况下，连接日志消息只显示连接主机的 IP 地址。打开该参数后将同时记录主机名
log_line_prefix	'%m [%p] '	设置日志行开头的输出格式
log_lock_waits	off	控制当一个会话为获得一个锁等到超过 deadlock_timeout 时，是否产生一条日志消息
log_statement	'none'	控制哪些 SQL 语句被记录
log_replication_commands	off	设置每条复制命令都被记录在服务器日志中
log_temp_files	-1	设置记录临时文件名和尺寸
log_timezone	'PRC'	设置在服务器日志中写入的时间戳的时区

2.4.8　进程标题

表 2.9 中列举了 PostgreSQL 服务器端进程标题的相关配置参数。

表 2.9

参　数	默 认 值	说　明
cluster_name	''	为不同目的的设置标识这个数据库集群的名称

续表

参　数	默 认 值	说　明
update_process_title	on	是否启用进程标题更新，每次服务器接收到一条新的 SQL 语句时都更新进程标题

2.4.9　运行时统计数据

表 2.10 中列举了 PostgreSQL 服务器端数据库运行时统计信息的相关配置参数。

表 2.10

参　数	默 认 值	说　明
track_activities	on	是否启用对每个会话的当前执行命令的信息收集，以及记录命令开始执行的时间
track_activity_query_size	1024	为每个活动会话指定存储当前执行命令的文本所保留的内存容量
track_counts	on	启用数据库活动的统计信息收集
track_io_timing	off	启用对系统 I/O 调用的计时
track_wal_io_timing	off	启用预写日志的统计信息收集
track_functions	none	启用跟踪函数的调用计数和调用用时
log_statement_stats	off	对于每个查询，在服务器日志中输出相应模块的性能统计
log_parser_stats	off	
log_planner_stats	off	
log_executor_stats	off	

2.4.10　自动清理

表 2.11 中列举了 PostgreSQL 服务器端数据库自动清理的相关配置参数。

表 2.11

参　数	默 认 值	说　明
autovacuum	on	控制服务器是否启用自动运行后台清理进程
autovacuum_max_workers	3	指定能同时运行自动清理进程的最大数目
autovacuum_naptime	1 分钟	指定自动清理在任意给定数据库上运行的最小时间延迟
autovacuum_vacuum_threshold	50	指定能在一个表上触发清理的被插入、被更新或被删除元组的最小数目
autovacuum_analyze_threshold	50	
autovacuum_vacuum_scale_factor	0.2	指定一个表尺寸的分数，在决定是否触发自动清理时将它加到 autovacuum_vacuum_threshold 上
autovacuum_analyze_scale_factor	0.1	指定一个表尺寸的分数，在决定是否触发分析时将它加到 autovacuum_analyze_threshold 上

续表

参　　数	默 认 值	说　　明
autovacuum_freeze_max_age	200 000 000	指定在清理操作被强制执行来防止表中事务回滚之前，一个表的 pg_class.relfrozenxid 域能保持的最大年龄
autovacuum_multixact_freeze_max_age	400 000 000	指定在清理操作被强制执行来防止表中多事务回滚之前，一个表的 pg_class.relminmxid 域能保持的最大年龄
autovacuum_vacuum_cost_delay	2 毫秒	指定用于自动清理操作中的代价延迟值
autovacuum_vacuum_cost_limit	−1	指定用于自动清理操作中的代价限制值

2.4.11 客户端连接默认值

表 2.12 中列举了 PostgreSQL 客户端连接服务器端时的相关默认配置参数。

表 2.12

参　　数	默 认 值	说　　明
client_min_messages	notice	控制发送给客户端的消息级别
search_path	'"$user", public'	指定当一个对象被用一个无模式限定的简单名称引用时，用于搜索该对象的模式顺序
row_security	on	控制是否以抛出一个错误来应用一条行级安全性策略
default_table_access_method	'heap'	指定在创建表或物化视图时使用的默认表访问方法
default_tablespace	''	创建表和索引的默认表空间
temp_tablespaces	''	指定临时表空间
check_function_bodies	on	当设置为 off 时，将禁用创建函数期间对函数体字符串的验证
default_transaction_isolation	'read committed'	控制每个新事务的默认隔离级别
default_transaction_read_only	off	控制每个新事务的默认只读状态
default_transaction_deferrable	off	控制每个新事务的默认可延迟状态
session_replication_role	'origin'	为当前会话控制复制相关的触发器和触发触发器的规则
statement_timeout	0	设置语句执行的超时时间
lock_timeout	0	等待锁的超时时间
idle_in_transaction_session_timeout	0	终止任何已经闲置超过该参数所指定时间的打开事务会话
vacuum_freeze_table_age	150000000	当表的 pg_class.relfrozenxid 域达到该参数指定的年龄时，数据库服务器会执行一次清理的扫描

续表

参　数	默 认 值	说　明
vacuum_freeze_min_age	50000000	指定清理在扫描表时用来决定是否冻结行版本的最小年龄
vacuum_multixact_freeze_table_age	150000000	如果表的 pg_class.relminmxid 域超过了该参数指定的年龄，数据库服务器就会执行一次清理的扫描
vacuum_multixact_freeze_min_age	5000000	指定清理在扫描表时用来决定是否把组合事务 ID 替换为一个更新的事务 ID 或组合事务 ID 的最小年龄
bytea_output	'hex'	设置 bytea 类型值的输出格式
xmlbinary	'base64'	设置二进制值如何被编译为 XML
datestyle	'iso, mdy'	设置日期和时间值的显示格式，以及解释有歧义的日期输入值的规则
intervalstyle	'postgres'	设置间隔值的显示格式
timezone	'PRC'	设置用于显示和解释时间戳的时区
timezone_abbreviations	'Default'	设置服务器接收的日期和时间中使用的时区缩写集合
extra_float_digits	1	该参数可以调整用于文本输出浮点值的位数
client_encoding	sql_ascii	设置客户端编码
lc_messages	'en_US.UTF-8'	设置消息显示的语言
lc_monetary	'en_US.UTF-8'	设置用于格式化货币量的区域
lc_numeric	'en_US.UTF-8'	设置用于格式化数字的区域
lc_time	'en_US.UTF-8'	设置用于格式化日期和时间的区域
default_text_search_config	'pg_catalog.english'	选择在没有显式指定配置的情况下，被文本搜索函数使用的默认文本搜索配置
local_preload_libraries	''	指定一个或多个要在连接开始时预载入的共享库
session_preload_libraries	''	指定一个或多个要在会话开始时预载入的共享库
shared_preload_libraries	''	指定一个或多个要在服务器启动时预载入的共享库
jit_provider	'llvmjit'	设置使用的 JIT 提供者库的名称
dynamic_library_path	'$libdir'	动态装载模块的搜索路径
gin_fuzzy_search_limit	0	通用倒排索引返回的集合尺寸的软上限

2.4.12　锁管理

表 2.13 中列举了 PostgreSQL 服务器端数据库锁管理的相关配置参数。

表 2.13

参　数	默 认 值	说　明
deadlock_timeout	1 秒	进行死锁检测之前在一个锁上等待的时间

续表

参　数	默 认 值	说　明
max_locks_per_transaction	64	每个事务的最大持锁数目
max_pred_locks_per_transaction	64	
max_pred_locks_per_relation	−2	控制在锁被提升为覆盖整个表之前，该锁能够在单个表上锁住多少页面或元组
max_pred_locks_per_page	2	控制在锁被提升为覆盖整个页面之前，该锁能在单一页面上锁住多少行

2.4.13 版本和平台兼容性

表 2.14 中列举了 PostgreSQL 服务器端平台兼容性的相关配置参数。

表 2.14

参　数	默 认 值	说　明
array_nulls	on	控制数组输入解析器是否把未用引号的NULL识别为一个空数组元素
backslash_quote	safe_encoding	控制字符串文本中的单引号是否能用“\'”来表示
escape_string_warning	on	打开时，如果在普通字符串文本中出现了反斜线“\”并且 standard_conforming_strings 为关闭，就会发出一个警告
lo_compat_privileges	off	在 PostgreSQL 9.0 之前，所有用户均可访问大对象。为了和以前的版本兼容，把这个变量设置为 on 可以禁用这种新的特权检查
quote_all_identifiers	off	当数据库生成 SQL 语句时，强制所有标识符被引号引起来
standard_conforming_strings	on	控制普通字符串文本是否按照 SQL 标准把反斜线当成普通文本
synchronize_seqscans	on	是否允许对大型表的顺序扫描与其他扫描同步
transform_null_equals	off	当打开时，形式为 expr=NULL（或 NULL=expr）的表达式将被当作 expr IS NULL

2.4.14 错误处理

表 2.15 中列举了 PostgreSQL 服务器端错误处理的相关配置参数。

表 2.15

参　数	默 认 值	说　明
exit_on_error	off	当设置为 on 时，任何错误都会中止当前会话
restart_after_crash	on	当设置为 on 时，PostgreSQL 将在一次后端崩溃后自动重新初始化

续表

参　　数	默 认 值	说　　明
data_sync_retry	off	当设置为 off 时，PostgreSQL 在将修改的数据文件刷新到文件系统中失败时，会引发 PANIC 级错误

2.4.15　预置选项

表 2.16 中列举了 PostgreSQL 预置选项的相关配置参数。

表 2.16

参　　数	默 认 值	说　　明
include_dir	'...'	加载配置文件的目录
include_if_exists	'...'	如果文件存在，就加载配置文件
include	'...'	加载的配置文件

第 3 章 管理数据库与数据库实例

一个数据库是数据库对象的集合。通常，每个数据库对象属于并且只属于一个数据库。更准确地说，一个数据库是一个模式的集合，而模式包含表、函数等各种数据库对象。因此，数据库的完整层次应该包括数据库服务器端、数据库、模式、表或某些其他对象类型（如存储过程、存储函数等）。

客户端在连接到数据库服务器端时，在连接请求中必须指定要连接的数据库名称，通过数据库实例来操作数据库中的对象。用户可能在同一个数据库中，但可能在不同的模式中。

3.1 【实战】管理数据库和数据库模板

PostgreSQL 中存在数据库和数据库模板，通过数据库模板可以创建数据库。

3.1.1 管理数据库的基本操作

管理 PostgreSQL 的数据库主要包括创建数据库、修改数据库配置和删除数据库。

1. 创建数据库

在 PostgreSQL 中，创建数据库主要是通过 SQL 语句 create database 来完成的，具体的操作步骤如下。

（1）通过检查系统目录 pg_database 来查询现有数据库的集合。

```
postgres=# select datname from pg_database;
```

输出结果如下。

```
  datname
-----------
 postgres
```

```
 template1
 template0
(3 rows)
```

（2）使用 SQL 语句 create database 创建数据库。

```
postgres=# create database mydemodb;
```

提示　这里需要注意以下几点。

- 第一个数据库总是由 initdb 语句在初始化数据存储区域时创建的，这个数据库被称为 postgres。因此，要创建第一个“普通”数据库，需要连接 PostgreSQL 服务器端。
- 在数据库集群初始化期间会创建第二个数据库 template1。在集群中创建一个新数据库时，实际上就是复制 template1 数据库。这就意味着，对 template1 数据库所做的任何修改都会体现在后续创建的所有数据库中。因此，应避免在 template1 数据库中创建对象，除非想把它们传播到每个新创建的数据库中。

创建一个新的数据库，实际上是在“$PDATA/base”目录下创建了一个目录，如图 3.1 所示。

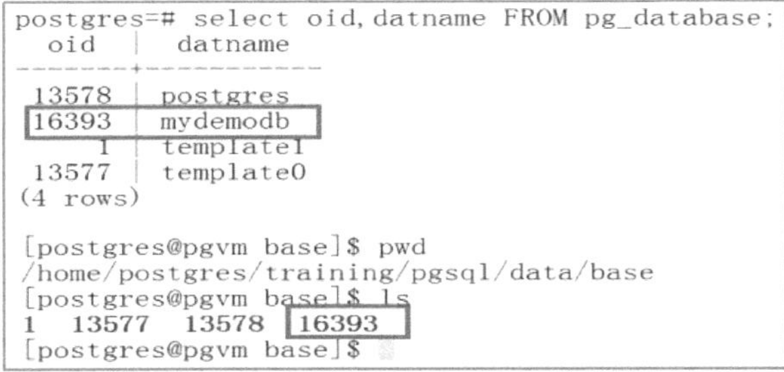

图 3.1

（3）重新查询现有数据库的集合。

```
postgres=# select datname from pg_database;
```

输出结果如下。

```
  datname
-----------
 postgres
 mydemodb
 template1
 template0
(4 rows)
```

2. 修改数据库配置

PostgreSQL 服务器端提供了大量的运行时配置参数，可以使用相关的 SQL 语句来查看或修改配置参数的默认值，如表 3.1 所示。

表 3.1

语　句	说　明
alter database	允许针对一个数据库覆盖其全局设置
alter role	允许使用用户指定的值来覆盖全局设置和数据库设置
show	允许查看所有参数的当前值
set	允许修改对于一个会话可以在本地设置的参数的当前值，这对其他会话没有影响

修改数据库的参数值可以通过 3 种不同的方式来实现。

方式 1：执行 SQL 语句。

例如，如果由于某种原因需要禁用指定数据库上的 GEQO 优化器，那么可以执行如下 SQL 语句。

```
postgres=# show geqo;
 geqo
------
 on
(1 row)

postgres=# set geqo to off;
SET
postgres=# show geqo;
 geqo
------
 off
(1 row)
```

> 提示　该操作只针对当前会话有效。如果需要在全局范围内有效，那么可以执行以下命令。
>
> ```
> postgres=# alter database postgres set geqo to off;
> ```

方式 2：修改主配置文件 postgresql.conf。

（1）查看运行日志文件的输出目的地信息。

```
postgres=# show log_destination;
```

输出结果如下。

```
 log_destination
```

```
-----------------
 stderr
(1 row)
```

（2）修改 postgresql.conf 文件中运行日志文件的配置参数。

```
log_destination = 'csvlog'
logging_collector = on
log_directory = 'logs'
log_filename = 'postgresql-%Y-%m-%d_%H%M%S.csv'
```

（3）运行 pg_ctl reload 命令或调用 SQL 函数 pg_reload_conf()重新加载配置文件。

```
[postgres@mydb pgsql]$ bin/pg_ctl reload -D data/
```

（4）重新查看运行日志文件的配置参数。

```
postgres=# show log_destination;
 log_destination
-----------------
 csvlog
(1 row)

postgres=# show log_filename;
         log_filename
---------------------------------
 postgresql-%Y-%m-%d_%H%M%S.csv
(1 row)
```

方式 3：使用 shell 命令。

除了在数据库或角色层面上设置全局默认值或进行覆盖，还可以通过 shell 命令把设置传递给 PostgreSQL。在服务器启动期间，可以通过命令行参数-c 把参数值设置传递给数据库服务器端。

```
postgres -c log_connections=yes -c log_destination='syslog'
```

3. 删除数据库

只有数据库的拥有者或超级用户才可以删除数据库。删除数据库会移除其中包括的所有对象。数据库的删除不能被撤销。不能在与目标数据库连接时执行 drop database 语句，但是可以连接任何其他数据库，包括通过 template1 数据库来删除其他数据库。

> 提示　template1 数据库是删除一个给定集群中最后一个用户数据库的唯一选项。

执行以下命令可以删除之前创建的数据库。

```
postgres=# drop database mydemodb;
```

3.1.2 管理数据库模板

创建数据库，实际上是通过复制一个已有数据库进行的。在默认情况下，将复制名称为 template1 的标准系统数据库，所以该数据库是创建的新数据库的模板。如果为 template1 数据库增加对象，那么这些对象将被复制到后续创建的用户数据库中。这种行为允许对数据库中的标准对象集合进行修改。例如，如果把过程语言 PL/Perl 安装到 template1 数据库中，那么在创建用户数据库之后不需要额外的操作就可以使用该语言。

> 提示　系统中还有名称为 template0 的第二个标准系统数据库。这个数据库包含和 template1 数据库初始内容一样的数据，但只包含 PostgreSQL 版本预定义的标准对象。在数据库集群被初始化之后，不应该对 template0 数据库做任何修改。在创建数据库时，通过指示使用 template0 数据库取代 template1 数据库进行复制；可以创建一个“纯净的”用户数据库，该数据库不会包含任何 template1 数据库中的站点本地附加物。

执行以下语句可以查看当前已存在的数据库信息。

```
postgres=# select oid,datname,datistemplate,datallowconn
           from pg_database;
```

输出结果如下。

```
  oid  |  datname   | datistemplate | datallowconn
-------+------------+---------------+--------------
 13580 | postgres   | f             | t
 16403 | mydemodb   | f             | t
     1 | template1  | t             | t
 13579 | template0  | t             | f
(4 rows)
```

两个有用的标识如下。

- datistemplate：用来指示该数据库是否为创建数据库的模板。若设置了这个标识，则该数据库可以被任何有 createdb 权限的用户复制；如果没有设置这个标识，则只有超级用户和该数据库的拥有者可以复制它。
- datallowconn：若设置为 false，则不允许与该数据库建立任何新的连接。已有的会话不会因为把该标识设置为 false 而中止。

> 提示　template0 数据库通常被标记为 datallowconn = false 来阻止对它的修改。template0 数据库和 template1 数据库通常被标记为 datistemplate = true。

3.2 【实战】管理数据库的扩展

PostgreSQL 从一开始就被设计成可以扩展的。因此，加载到数据库的扩展可以像被打包在数据库中一样。PostgreSQL 源码目录的“contrib/”目录下有大量这种扩展。“contrib/”目录下的 README 文件中包含 PostgreSQL 扩展（如转换工具、全文索引、XML 工具、额外的数据类型和索引方法等）的相应帮助信息。

> 提示　为了满足特殊的需求，PostgreSQL 支持开发人员开发自己的扩展。

3.2.1 使用扩展访问外部数据源

通过使用 PostgreSQL 的外部数据源扩展，能够访问外部数据源的数据。通过使用 file_fdw 扩展，可以访问外部的文件系统，如.csv 文件等；通过使用 postgres_fdw 扩展，可以访问外部 PostgreSQL 中的数据；通过使用 oracle_fdw 扩展，可以访问 Oracle 中的数据。

1. 使用外部文件系统扩展 file_fdw

PostgreSQL 的 file_fdw 扩展允许直接通过数据库来访问服务器端的文件系统中的文件，而文件的格式要求为 TEXT、CSV 或 BINARY。

下面演示如何使用 file_fdw 扩展。

（1）进入 PostgreSQL 源码目录的“contrib/file_fdw”目录下，编译并安装 file_fdw 扩展。

```
cd postgresql-15.3/contrib/file_fdw/
make
make install
```

> 提示　在编译完成后，会在当前目录下生成 file_fdw.so 文件，并自动将编译好的文件复制到 PostgreSQL 的安装目录下。

（2）修改 postgresql.conf 文件中的 shared_preload_libraries 参数。

```
shared_preload_libraries = 'file_fdw'
```

（3）重启 PostgreSQL 的数据库实例。

```
bin/pg_ctl -D data/ -l logfile restart
```

（4）创建 file_fdw 扩展。

```
postgres=# create extension file_fdw;
```

（5）查看 PostgreSQL 中已安装的扩展。

```
postgres=# select * from pg_extension;
```

输出结果如下。

```
-[ RECORD 1 ]---+---------
oid             | 13566
extname         | plpgsql
extowner        | 10
extnamespace    | 11
extrelocatable  | f
extversion      | 1.0
extconfig       |
extcondition    |
-[ RECORD 2 ]---+---------
oid             | 16628
extname         | file_fdw
extowner        | 10
extnamespace    | 2200
extrelocatable  | t
extversion      | 1.0
extconfig       |
extcondition    |
```

（6）基于 file_fdw 扩展创建外部文件服务 service_file。

```
postgres=# create server service_file foreign data wrapper file_fdw;
```

（7）查看当前数据库中已创建的外部服务。

```
postgres=# \des
```

输出结果如下。

```
          List of foreign servers
    Name      |  Owner    | Foreign-data wrapper
--------------+-----------+----------------------
 service_file | postgres  | file_fdw
(1 row)
```

（8）创建基于 file_fdw 扩展的外部表。

```
postgres=# create foreign table ft_emp(
  empno int,
  ename varchar(10),
  job varchar(10),
  mgr int,
  hiredate varchar(10),
  sal int,
```

```
comm int,
deptno int)
server service_file options
(filename '/home/postgres/emp.csv',format 'csv');
```

> 提示　关于 emp.csv 文件，请参考“脚本与代码/03/emp.csv”。emp.csv 文件中包含 14 条员工数据，每个员工有 8 个属性，分别是员工号、姓名、职位、经理的员工号、入职日期、月薪、奖金和部门号。14 条员工数据如下。
>
> ```
> 7369,SMITH,CLERK,7902,1980/12/17,800,0,20
> 7499,ALLEN,SALESMAN,7698,1981/2/20,1600,300,30
> 7521,WARD,SALESMAN,7698,1981/2/22,1250,500,30
> 7566,JONES,MANAGER,7839,1981/4/2,2975,0,20
> 7654,MARTIN,SALESMAN,7698,1981/9/28,1250,1400,30
> 7698,BLAKE,MANAGER,7839,1981/5/1,2850,0,30
> 7782,CLARK,MANAGER,7839,1981/6/9,2450,0,10
> 7788,SCOTT,ANALYST,7566,1987/4/19,3000,0,20
> 7839,KING,PRESIDENT,-1,1981/11/17,5000,0,10
> 7844,TURNER,SALESMAN,7698,1981/9/8,1500,0,30
> 7876,ADAMS,CLERK,7788,1987/5/23,1100,0,20
> 7900,JAMES,CLERK,7698,1981/12/3,950,0,30
> 7902,FORD,ANALYST,7566,1981/12/3,3000,0,20
> 7934,MILLER,CLERK,7782,1982/1/23,1300,0,10
> ```

（9）查看外部表 ft_emp 中的数据。

```
postgres=# select * from ft_emp;
```

输出结果如下。

```
 empno | ename  |    job    | mgr  |  hiredate  | sal  | comm | deptno
-------+--------+-----------+------+------------+------+------+-----
  7369 | SMITH  | CLERK     | 7902 | 1980/12/17 |  800 |    0 |     20
  7499 | ALLEN  | SALESMAN  | 7698 | 1981/2/20  | 1600 |  300 |     30
  7521 | WARD   | SALESMAN  | 7698 | 1981/2/22  | 1250 |  500 |     30
  7566 | JONES  | MANAGER   | 7839 | 1981/4/2   | 2975 |    0 |     20
  7654 | MARTIN | SALESMAN  | 7698 | 1981/9/28  | 1250 | 1400 |     30
  7698 | BLAKE  | MANAGER   | 7839 | 1981/5/1   | 2850 |    0 |     30
  7782 | CLARK  | MANAGER   | 7839 | 1981/6/9   | 2450 |    0 |     10
  7788 | SCOTT  | ANALYST   | 7566 | 1987/4/19  | 3000 |    0 |     20
  7839 | KING   | PRESIDENT |   -1 | 1981/11/17 | 5000 |    0 |     10
  7844 | TURNER | SALESMAN  | 7698 | 1981/9/8   | 1500 |    0 |     30
  7876 | ADAMS  | CLERK     | 7788 | 1987/5/23  | 1100 |    0 |     20
  7900 | JAMES  | CLERK     | 7698 | 1981/12/3  |  950 |    0 |     30
  7902 | FORD   | ANALYST   | 7566 | 1981/12/3  | 3000 |    0 |     20
```

```
 7934 | MILLER | CLERK     | 7782 | 1982/1/23 | 1300  |   0  |    10
(14 rows)
```

2. 使用外部数据库扩展 postgres_fdw

通过使用 postgres_fdw 扩展，PostgreSQL 能够访问外部远端的 PostgreSQL 中的数据。

下面演示如何使用 postgres_fdw 扩展。

（1）进入 PostgreSQL 源码目录的“contrib/postgres_fdw”目录下，编译并安装 postgres_fdw 扩展。

```
cd postgresql-15.3/contrib/postgres_fdw/
make
make install
```

> 提示　在编译完成之后，会在当前目录下生成 postgres_fdw.so 文件。

（2）修改 postgresql.conf 文件中的 shared_preload_libraries 参数。

```
shared_preload_libraries = 'file_fdw,postgres_fdw'
```

（3）重新启动 PostgreSQL 的数据库实例。

```
bin/pg_ctl -D data/ -l logfile restart
```

（4）创建 postgres_fdw 扩展。

```
postgres=# create extension postgres_fdw ;
```

（5）查看 PostgreSQL 中已安装的扩展。

```
postgres=# select * from pg_extension;
```

输出结果如下。

```
-[ RECORD 1 ]---+-------------
oid             | 13566
extname         | plpgsql
extowner        | 10
extnamespace    | 11
extrelocatable  | f
extversion      | 1.0
extconfig       |
extcondition    |
-[ RECORD 2 ]---+-------------
oid             | 16628
extname         | file_fdw
extowner        | 10
```

```
extnamespace    | 2200
extrelocatable  | t
extversion      | 1.0
extconfig       |
extcondition    |
-[ RECORD 3 ]---+-------------
oid             | 16648
extname         | postgres_fdw
extowner        | 10
extnamespace    | 2200
extrelocatable  | t
extversion      | 1.0
extconfig       |
extcondition    |
```

（6）基于 postgres_fdw 扩展创建外部 PostgreSQL 服务器端对象 foreign_server。

```
postgres=# create server foreign_server
   foreign data wrapper postgres_fdw
   options (host '192.168.79.178', port '5432', dbname 'scott');
```

> 提示　这里的 foreign_server 是指定的外部服务器的名称；host 参数是远程服务器的地址，示例中为 192.168.79.178；port 参数是远程服务器的端口，示例中为 5432；dbname 参数是远程数据库的名称，示例中为 scott。

（7）查看当前数据库中已创建的外部服务。

```
postgres=# \des
```

输出结果如下。

```
List of foreign servers
-[ RECORD 1 ]--------+---------------
Name                 | foreign_server
Owner                | postgres
Foreign-data wrapper | postgres_fdw
-[ RECORD 2 ]--------+---------------
Name                 | service_file
Owner                | postgres
Foreign-data wrapper | file_fdw
```

（8）创建用户映射。

```
postgres=# create user mapping for postgres
   server foreign_server
   options (user 'postgres', password 'Welcome_1');
```

> 提示 该语句为本地用户 postgres 创建了一个访问远程服务器端对象 foreign_server 时的用户映射，也就是可以使用用户名 postgres 和密码 Welcome_1 连接远程服务器（在 PostgreSQL 中，用户名不区分大小写）。

（9）创建外部表。

```
postgres=# create foreign table ft_dept
    (deptno int,
    dname varchar(10),
    loc varchar(10))
    server foreign_server
    options (schema_name 'public', table_name 'dept');
```

（10）在本地数据库中通过外部表访问对应的远程表。

```
postgres=# select * from ft_dept;
```

输出结果如下。

```
 deptno |   dname     |   loc
--------+------------+----------
     10 | ACCOUNTING | NEW YORK
     20 | RESEARCH   | DALLAS
     30 | SALES      | CHICAGO
     40 | OPERATIONS | BOSTON
(4 rows)
```

> 提示 为了能够在本地访问远程 PostgreSQL 服务器端，需要修改远程 PostgreSQL 服务器端的配置文件 postgresql.conf 和 pg_hba.conf，以允许远程登录访问。

3. 使用 Oracle 扩展 oracle_fdw

与 file_fdw 扩展和 postgres_fdw 扩展类似，oracle_fdw 也是 PostgreSQL 支持的外部扩展。通过使用 oracle_fdw 扩展，可以读取 Oracle 中的数据。使用 oracle_fdw 扩展是一种非常方便且常见的 PostgreSQL 与 Oracle 同步数据的方法。

> 提示 oracle_fdw 扩展需要依赖 Oracle 的 Instance Client 环境。

下面演示如何使用 oracle_fdw 扩展。

（1）从 Oracle 官网上下载 3 个 Oracle Instant Client 的安装包，分别为 instantclient-basic-linuxx64.zip、instantclient-sdk-linuxx64.zip、instantclient-sqlplus-linuxx64.zip，如图 3.2 所示。

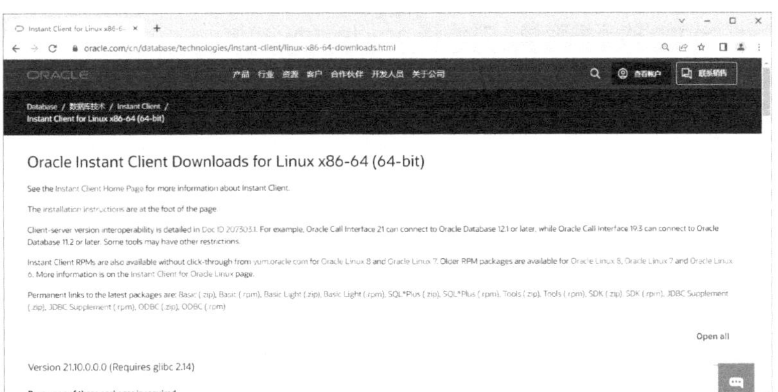

图 3.2

（2）将 3 个安装包解压缩。

```
unzip instantclient-basic-linuxx64.zip
unzip instantclient-sdk-linuxx64.zip
unzip instantclient-sqlplus-linuxx64.zip
```

（3）解压缩后会生成 instantclient_21_10 文件夹，将其更名为 instantclient。

```
mv instantclient_21_10 instantclient
```

（4）设置 Oracle 环境变量。

```
export ORACLE_HOME=/home/postgres/tools/instantclient
export OCI_LIB_DIR=$ORACLE_HOME
export OCI_INC_DIR=$ORACLE_HOME/sdk/include
export LD_LIBRARY_PATH=$ORACLE_HOME:$LD_LIBRARY_PATH
```

（5）从 GitHub 官网上下载 oracle_fwd 扩展，并将安装包解压缩，如图 3.3 所示。

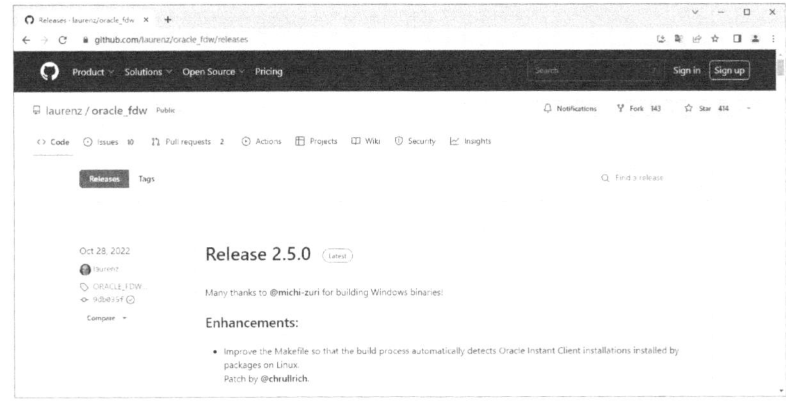

图 3.3

（6）设置 pg_config 的环境变量，并编译 oracle_fdw 扩展。

```
export PATH=/home/postgres/training/pgsql/bin:$PATH
cd oracle_fdw-ORACLE_FDW_2_5_0/
make
make install
```

（7）使用 root 用户添加 Oracle 依赖的库信息，添加完成后切换回 postgres 用户。

```
su -
echo "/home/postgres/tools/instantclient/" >> /etc/ld.so.conf
ldconfig
su - postgres
```

（8）启动 PostgreSQL 服务器，并登录 PostgreSQL 数据库实例创建 oracle_fdw 扩展。

```
postgres=# create extension oracle_fdw;
```

（9）查看当前 PostgreSQL 中已安装的扩展。

```
postgres=# \dx
```

输出结果如下。

```
List of installed extensions
-[ RECORD 1 ]---------------------------------------------------
Name        | file_fdw
Version     | 1.0
Schema      | public
Description | foreign-data wrapper for flat file access
-[ RECORD 2 ]---------------------------------------------------
Name        | oracle_fdw
Version     | 1.2
Schema      | public
Description | foreign data wrapper for Oracle access
-[ RECORD 3 ]---------------------------------------------------
Name        | plpgsql
Version     | 1.0
Schema      | pg_catalog
Description | PL/pgSQL procedural language
-[ RECORD 4 ]---------------------------------------------------
Name        | postgres_fdw
Version     | 1.0
Schema      | public
Description | foreign-data wrapper for remote PostgreSQL servers
```

（10）创建基于 oracle_fdw 扩展的外部数据库服务。

```
postgres=# create server oracle_fdw foreign data wrapper
    oracle_fdw options(dbserver '//192.168.79.173:1521/orcl');
```

提示　这里创建的外部数据库服务的名称为 oracle_fdw，并且通过参数 dbserver 指定了外部 Oracle 的地址信息。

（11）查看当前数据库中已创建的外部服务。

```
postgres=# \des+
```

输出结果如下。

```
List of foreign servers
-[ RECORD 1 ]--------+-----------------------------------------
Name                 | foreign_server
Owner                | postgres
Foreign-data wrapper | postgres_fdw
Access privileges    |
Type                 |
Version              |
FDW options          | (host '192.168.79.178', port '5432', dbname 'scott')
Description          |
-[ RECORD 2 ]--------+-----------------------------------------
Name                 | oracle_fdw
Owner                | postgres
Foreign-data wrapper | oracle_fdw
Access privileges    |
Type                 |
Version              |
FDW options          | (dbserver '//192.168.79.173:1521/orcl')
Description          |
-[ RECORD 3 ]--------+-----------------------------------------------
Name                 | service_file
Owner                | postgres
Foreign-data wrapper | file_fdw
Access privileges    |
Type                 |
Version              |
FDW options          |
Description          |
```

（12）创建 PostgreSQL 和 Oracle 之间的用户映射。

```
postgres=# create user mapping for postgres server oracle_fdw
   options (user 'c##scott', password 'tiger');
```

提示　该语句为本地用户 postgres 创建了一个访问远程服务器 oracle_fdw 时的用户映射，也就是可以使用用户名 c##scott 和密码 tiger 连接远程服务器。

（13）查看用户映射信息。

```
postgres=# \deu+
```

输出结果如下。

```
List of user mappings
-[ RECORD 1 ]-------------------------------------------
Server      | foreign_server
User name   | postgres
FDW options | ("user" 'postgres', password 'Welcome_1')
-[ RECORD 2 ]-------------------------------------------
Server      | oracle_fdw
User name   | postgres
FDW options | ("user" 'c##scott', password 'tiger')
```

（14）在 PostgreSQL 中创建外部表，访问 Oracle 中的数据。

```
postgres=# create foreign table oracle_emp(
  empno numeric(4,0) options (key 'true') not null,
  ename       varchar(10),
  job         varchar(9),
  mgr         numeric(4,0),
  hiredate     timestamp,
  sal         numeric(7,2),
  comm        numeric(7,2),
  deptno      numeric(2,0)
)server oracle_fdw
options (schema 'C##SCOTT', table 'EMP');
```

> 提示　这里的 C##SCOTT 和 EMP 需要使用大写形式。

（15）在本地数据库中通过外部表访问 Oracle 中对应的远程表。

```
postgres=# select * from oracle_emp;
```

输出结果如下。

```
 empno | ename   |...|  sal    |  comm    | deptno
-------+---------+---+---------+----------+--------
  7369 | SMITH   |...|  800.00 |          |     20
  7499 | ALLEN   |...| 1600.00 |  300.00  |     30
  7521 | WARD    |...| 1250.00 |  500.00  |     30
  7566 | JONES   |...| 2975.00 |          |     20
  7654 | MARTIN  |...| 1250.00 | 1400.00  |     30
  7698 | BLAKE   |...| 2850.00 |          |     30
  7782 | CLARK   |...| 2450.00 |          |     10
  7788 | SCOTT   |...| 3000.00 |          |     20
```

```
 7839 | KING    |...| 5000.00 |         |    10
 7844 | TURNER  |...| 1500.00 |    0.00 |    30
 7876 | ADAMS   |...| 1100.00 |         |    20
 7900 | JAMES   |...|  950.00 |         |    30
 7902 | FORD    |...| 3000.00 |         |    20
 7934 | MILLER  |...| 1300.00 |         |    10
(14 rows)
```

3.2.2 数据预热扩展 pg_prewarm

pg_prewarm 扩展可以把关系数据预存入操作系统缓冲区或 PostgreSQL 缓冲区，从而提高 PostgreSQL 读取数据的效率。

PostgreSQL 可以通过两种不同的方式进行数据预热，分别为数据的手动预热和数据的自动预热。

1. 安装 pg_prewarm 扩展

在使用数据预热功能之前需要先安装 pg_prewarm 扩展。

（1）进入 PostgreSQL 源码目录的“contrib/pg_prewarm”目录下。

```
cd postgresql-15.3/contrib/pg_prewarm/
```

（2）编译并安装 pg_prewarm 扩展。

```
make
make install
```

（3）修改 postgresql.conf 文件中的 shared_preload_libraries 参数。

```
shared_preload_libraries = 'file_fdw,postgres_fdw,pg_prewarm'
```

（4）重启 PostgreSQL 服务器。

（5）创建 pg_prewarm 扩展。

```
postgres=# create extension pg_prewarm;
```

（6）查看 pg_prewarm 扩展的详细信息。

```
postgres=# \dx+ pg_prewarm
```

输出结果如下。

```
         Objects in extension "pg_prewarm"
               Object description
-------------------------------------------------------
 function autoprewarm_dump_now()
 function autoprewarm_start_worker()
```

```
 function pg_prewarm(regclass,text,text,bigint,bigint)
(3 rows)
```

> 提示 由输出结果可知，pg_prewarm 扩展自动创建了 3 个与数据预热相关的函数。

2. 数据的手动预热

数据的手动预热主要是通过函数 pg_prewarm()来完成的，下面的代码展示了该函数的声明。

```
pg_prewarm(
 regclass,
 mode text default 'buffer',
 fork text default 'main',
 first_block int8 default null,
 last_block int8 default null)
RETURNS int8
```

其中，最重要的参数就是 regclass，该参数表示要进行预热的表名。pg_prewarm()函数的返回值是预热块的数目。下面演示如何使用 pg_prewarm()函数。

（1）创建一个表，用于进行测试。

```
postgres=# create table prewarmtable(
             pid int,
             pname varchar(20));
```

（2）在表中插入 5000 万条测试数据。

```
postgres=# insert into prewarmtable
           select n,'name'||n from generate_series(1,50000000) n;
```

（3）执行一条简单的查询语句，并查看相应的执行计划。

```
postgres=# explain (analyze,buffers,timing) select * from prewarmtable;
```

输出的执行计划如下。

```
                           QUERY PLAN
-------------------------------------------------------
 Seq Scan on prewarmtable
 (cost=0.00..808940.56 rows=50010856 width=16)
 (actual time=0.035..5339.230 rows=50000000 loops=1)
   Buffers: shared read=308832
 Planning:
   Buffers: shared hit=14 read=7
 Planning Time: 0.347 ms
 Execution Time: 8385.500 ms
(6 rows)
```

提示　由输出的执行计划可知，此时从磁盘上读取了 308 832 个数据块。

（4）再次执行同样的查询语句，并查看相应的执行计划。

```
postgres=# explain (analyze,buffers,timing) select * from prewarmtable;
```

输出的执行计划如下。

```
                        QUERY PLAN
-------------------------------------------------------
 Seq Scan on prewarmtable
 (cost=0.00..808940.56 rows=50010856 width=16)
 (actual time=0.035..5304.973 rows=50000000 loops=1)
   Buffers: shared hit=32 read=308800
 Planning Time: 0.030 ms
 Execution Time: 8351.421 ms
(4 rows)
```

提示　由输出的执行计划可知，第二次读取数据时有 32 个数据块被执行了缓存。

（5）重启 PostgreSQL 服务器，以达到清空缓存的目的。

（6）使用 pg_prewarm()函数预热 prewarmtable 表中的数据。

```
postgres=# select pg_prewarm('prewarmtable');
 pg_prewarm
------------
    308832
(1 row)
```

（7）再次执行同样的查询语句，并查看相应的执行计划。

```
postgres=# explain (analyze,buffers,timing) select * from prewarmtable;
```

输出的执行计划如下。

```
                        QUERY PLAN
-------------------------------------------------------
 Seq Scan on prewarmtable
 (cost=0.00..808940.56 rows=50010856 width=16)
 (actual time=0.017..5470.853 rows=50000000 loops=1)
   Buffers: shared hit=16308 read=292524
 Planning:
   Buffers: shared hit=3 read=3
 Planning Time: 0.120 ms
 Execution Time: 8620.384 ms
(6 rows)
```

提示 由输出的执行计划可知，由于使用 pg_prewarm()函数预热数据，因此此时读取数据时有 16 308 个数据块被执行了缓存。

3. 数据的自动预热

当 pg_prewarm 扩展安装且配置成功后，PostgreSQL 服务器会周期性地把共享内存的内容记录在 autoprewarm.blocks 文件中，并在数据库服务器重新启动时读取该文件，以达到数据预热的目的。

autoprewarm.blocks 文件默认保存在$PGDATA 环境变量中，如下所示。

```
[postgres@mydb pgsql]$ pwd
/home/postgres/training/pgsql
[postgres@mydb pgsql]$ ll data/autoprewarm.blocks
-rw------- 1 postgres postgres 425037 ...  data/autoprewarm.blocks
```

下面验证“在重启数据库服务器之后，数据是否会自动进行预热”。

（1）重启 PostgreSQL 服务器，以达到清空缓存的目的。

（2）执行一条简单的查询语句，并查看相应的执行计划。

```
postgres=# explain (analyze,buffers,timing) select * from prewarmtable;
```

输出的执行计划如下。

```
                                   QUERY PLAN
-----------------------------------------------------------------
 Seq Scan on prewarmtable
 (cost=0.00..808940.56 rows=50010856 width=16)
 (actual time=0.026..8544.466 rows=50000000 loops=1)
   Buffers: shared hit=16191 read=292641
 Planning:
   Buffers: shared hit=18 read=3
 Planning Time: 0.461 ms
 Execution Time: 13426.254 ms
(6 rows)
```

提示 由输出的执行计划可知，此时读取数据时有 16 191 个数据块被执行了自动预热并加载到缓存中。

在默认情况下，pg_prewarm 扩展每隔 5 分钟就将内存中的数据写入 autoprewarm.blocks 文件，这是由参数 pg_prewarm.autoprewarm_interval 决定的，如下所示。

```
postgres=# show pg_prewarm.autoprewarm_interval;
 pg_prewarm.autoprewarm_interval
```

```
---------------------------------
 5min
(1 row)
```

在重启 PostgreSQL 服务器时，通过后台进程 autoprewarm master 将预热数据文件 autoprewarm.blocks 重新加载到内存中。使用 ps 命令可以看到后台进程 autoprewarm master 的信息，如下所示。

```
[postgres@mydb pgsql]$ ps -ef|grep postgres:
postgres 107174 107172  ...  postgres: checkpointer
postgres 107175 107172  ...  postgres: background writer
postgres 107176 107172  ...  postgres: walwriter
postgres 107177 107172  ...  postgres: autovacuum launcher
postgres 107178 107172  ...  postgres: archiver
postgres 107179 107172  ...  postgres: stats collector
postgres 107180 107172  ...  postgres: autoprewarm master
postgres 107181 107172  ...  postgres: logical replication launcher
postgres 107186 107172  ...  postgres: postgres postgres [local] idle
```

3.2.3　共享缓冲区监控扩展 pg_buffercache

通过使用 pg_buffercache 扩展可以在 PostgreSQL 服务器运行过程中，实时监控共享缓冲区的信息。在默认情况下，pg_buffercache 扩展仅限于超级用户和 pg_read_all_stats 角色的成员使用。也可以使用 grant 语句为其他人授予访问权限。

下面演示如何使用 pg_buffercache 扩展。

（1）进入 PostgreSQL 源码目录的“contrib/pg_buffercache”目录下。

```
cd contrib/pg_buffercache/
```

（2）执行编译和安装操作。

```
make
make install
```

（3）修改 postgresql.conf 文件中的 shared_preload_libraries 参数。

```
shared_preload_libraries = 'pg_buffercache'
```

（4）重启 PostgreSQL 服务器。

（5）创建 pg_buffercache 扩展。

```
postgres=# create extension pg_buffercache;
```

（6）查看 pg_buffercache 扩展的信息。

```
postgres=# \dx+ pg_buffercache
```

输出结果如下。

```
Objects in extension "pg_buffercache"
      Object description
----------------------------------
 function pg_buffercache_pages()
 view pg_buffercache
(2 rows)
```

（7）查看视图 pg_buffercache 的结构。

```
postgres=# \d pg_buffercache
```

输出结果如下。

```
              View "public.pg_buffercache"
     Column          |   Type     | ...|
---------------------+------------+----+---------
 bufferid            | integer    | ...| Buffer ID
 relfilenode         | oid        | ...| 表的文件节点编号
 reltablespace       | oid        | ...| 表的表空间 ID
 reldatabase         | oid        | ...| 表的数据库 ID
 relforknumber       | smallint   | ...| 表内的分叉数
 relblocknumber      | bigint     | ...| 表内的数据块数
 isdirty             | boolean    | ...| 数据块是否为脏块
 usagecount          | smallint   | ...| 访问计数
 pinning_backends    | integer    | ...| 该缓冲区后端连接的数目
```

（8）检查共享缓冲区中数据块的数目。

```
postgres=# select count(*) from pg_buffercache;
```

输出结果如下。

```
 count
-------
 16384
(1 row)
```

该输出结果与以下语句的输出结果是一致的。

```
postgres=# select name,setting,unit,current_setting(name)
    from pg_settings where name='shared_buffers';
     name       | setting | unit | current_setting
----------------+---------+------+-----------------
 shared_buffers | 16384   | 8kB  | 128MB
(1 row)
```

（9）查看当前数据库中表的共享缓冲区的使用排名。

```
postgres=# select c.relname, count(*) as buffers
          from pg_class c,pg_buffercache b,pg_database d
          where b.relfilenode=c.relfilenode
            and b.reldatabase=d.oid
            and d.datname=current_database()
          group by c.relname
          order by 2 desc
          limit 10;
```

输出结果如下。

```
        relname             | buffers
----------------------------+---------
 prewarmtable               |   15770
 pg_statistic               |      17
 pg_operator                |      14
 pg_depend_reference_index  |      12
 pg_depend                  |       9
 pg_rewrite                 |       7
 pg_depend_depender_index   |       6
 pg_toast_2619              |       6
 pg_amop                    |       5
 pg_init_privs              |       5
(10 rows)
```

（10）查看共享池中脏块的个数。

```
postgres=# select count(*) from pg_buffercache where isdirty is true;
```

输出结果如下。

```
 count
-------
    50
(1 row)
```

3.2.4　预写日志解析扩展 pg_walinspect

PostgreSQL 15 具有一个新的扩展，即 pg_walinspect，该扩展使用纯 SQL 语句查看预写日志内部的情况。因此，pg_walinspect 扩展不仅可以用于检查预写日志记录，还可以用于调试和报告，甚至可以用于探索 PostgreSQL 是如何工作的。

下面演示如何使用 pg_walinspect 扩展。

（1）进入 PostgreSQL 源码目录的“contrib/pg_walinspect”目录下。

```
cd contrib/pg_walinspect
```

（2）执行编译和安装操作。

```
make
make install
```

（3）修改 postgresql.conf 文件中的 shared_preload_libraries 参数。

```
shared_preload_libraries = 'pg_walinspect'
```

（4）重启 PostgreSQL 服务器。

（5）创建 pg_walinspect 扩展。

```
postgres=# create extension pg_walinspect;
```

（6）查看 pg_walinspect 扩展的信息。

```
postgres=# \dx+ pg_walinspect
```

输出结果如下。

```
          Objects in extension "pg_walinspect"
                   Object description
------------------------------------------------------------
 function pg_get_wal_record_info(pg_lsn)
 function pg_get_wal_records_info(pg_lsn,pg_lsn)
 function pg_get_wal_records_info_till_end_of_wal(pg_lsn)
 function pg_get_wal_stats(pg_lsn,pg_lsn,boolean)
 function pg_get_wal_stats_till_end_of_wal(pg_lsn,boolean)
(5 rows)
```

（7）获取当前系统的 LSN 和系统时间（即起始的时间点）。

```
postgres=# select pg_current_wal_lsn(),now();
```

输出结果如下。

```
 pg_current_wal_lsn |              now
--------------------+-------------------------------
 0/DA4C1408         | 2023-06-27 09:09:46.787901+08
(1 row)
```

（8）插入一些测试数据。

```
postgres=# create table mytab(i int, j text);
postgres=# insert into mytab values(1,'1'),(2,'2');
postgres=# delete from mytab where i=1;
postgres=# drop table mytab;
```

（9）再次获取当前系统的 LSN 和系统时间（即结束的时间点）。

```
postgres=# select pg_current_wal_lsn(),now();
```

输出结果如下。

```
 pg_current_wal_lsn |              now
--------------------+-------------------------------
 0/DA4DB750         | 2023-06-27 09:12:11.209574+08
(1 row)
```

（10）使用 pg_get_wal_records_info()函数提取预写日志中的信息。

```
postgres=# select start_lsn, end_lsn, xid,
             resource_manager, record_type,
          record_length, main_data_length,
          fpi_length, description::varchar(30)
           from pg_get_wal_records_info('0/DA4C1408', '0/DA4DB750');
```

> 提示　pg_get_wal_records_info()函数需要指定起始的时间点和结束的时间点。

输出结果如图 3.4 所示。

start_lsn	end_lsn	xid	resource_manager	record_type	record_length	main_data_length	fpi_length	description
0/DA4C1408	0/DA4C1438	0	Storage	CREATE	42	16	0	base/5/16465
0/DA4C1438	0/DA4C1470	0	Standby	RUNNING_XACTS	50	24	0	nextXid 779 latestCompletedXid
0/DA4C1470	0/DA4C2500	779	Heap	INSERT	4214	3	4160	off 22 flags 0x00
0/DA4C2500	0/DA4C3988	779	Btree	INSERT_LEAF	5253	2	5200	off 258
0/DA4C3988	0/DA4C55E8	779	Btree	INSERT_LEAF	7237	2	7184	off 164
0/DA4C55E8	0/DA4C5640	779	Heap2	MULTI_INSERT	85	6	0	1 tuples flags 0x02
0/DA4C5640	0/DA4C5688	779	Btree	INSERT_LEAF	72	2	0	off 22
0/DA4C5688	0/DA4C56D0	779	Btree	INSERT_LEAF	72	2	0	off 146
0/DA4C56D0	0/DA4C57A8	779	Heap	INSERT	211	3	0	off 23 flags 0x00
0/DA4C57A8	0/DA4C57E8	779	Btree	INSERT_LEAF	64	2	0	off 258
0/DA4C57E8	0/DA4C6878	779	Btree	INSERT_LEAF	4209	2	4156	off 76
0/DA4C6878	0/DA4C68D0	779	Heap2	MULTI_INSERT	85	6	0	1 tuples flags 0x02
0/DA4C68D0	0/DA4C6918	779	Btree	INSERT_LEAF	72	2	0	off 22
0/DA4C6918	0/DA4C8060	779	Btree	INSERT_LEAF	5929	2	5876	off 112
0/DA4C8060	0/DA4C8D10	779	Heap	INSERT	3242	3	3188	off 15 flags 0x00
0/DA4C8D10	0/DA4C9720	779	Btree	INSERT_LEAF	2573	2	2520	off 124
0/DA4C9720	0/DA4CADF8	779	Btree	INSERT_LEAF	5821	2	5768	off 39
0/DA4CADF8	0/DA4CC7F0	779	Btree	INSERT_LEAF	6617	2	6564	off 281
0/DA4CC7F0	0/DA4CE7C0	779	Heap2	MULTI_INSERT	8119	8	8060	2 tuples flags 0x02
0/DA4CE7C0	0/DA4D06C8	779	Btree	INSERT_LEAF	7913	2	7860	off 231
0/DA4D06C8	0/DA4D15C8	779	Btree	INSERT_LEAF	3833	2	3780	off 187
0/DA4D15C8	0/DA4D1608	779	Btree	INSERT_LEAF	64	2	0	off 232
0/DA4D1608	0/DA4D1648	779	Btree	INSERT_LEAF	64	2	0	off 188
0/DA4D1648	0/DA4D1980	779	Heap2	MULTI_INSERT+INIT	818	4	0	6 tuples flags 0x02
0/DA4D1980	0/DA4D19C8	779	Btree	INSERT_LEAF	72	2	0	off 231
0/DA4D19C8	0/DA4D1A08	779	Btree	INSERT_LEAF	64	2	0	off 187
0/DA4D1A08	0/DA4D1A50	779	Btree	INSERT_LEAF	72	2	0	off 234
0/DA4D1A50	0/DA4D1A90	779	Btree	INSERT_LEAF	64	2	0	off 187
0/DA4D1A90	0/DA4D1AD8	779	Btree	INSERT_LEAF	72	2	0	off 231
0/DA4D1AD8	0/DA4D1B18	779	Btree	INSERT_LEAF	64	2	0	off 187

--More--

图 3.4

3.3 管理数据库实例

pg_ctl 用于启动、停止、重启 PostgreSQL 后端服务器（postgres），或者显示一个正在运行的服务器的状态。尽管可以手动启动服务器，但是 pg_ctl 封装了重新定向日志输出，因此客户端和进程组进行了合理的分离。pg_ctl 也提供了一个选项用于有控制地关闭数据库服务器。通过下面的语句可以查看 pg_ctl 的帮助信息。

```
[postgres@mydb pgsql]$ bin/pg_ctl --help
```

输出结果如下。

```
pg_ctl is a utility to initialize, start, stop, or control a PostgreSQL server.
Usage:
  pg_ctl init[db]   [-D DATADIR] [-s] [-o OPTIONS]
  pg_ctl start      [-D DATADIR] [-l FILENAME] [-W] [-t SECS] [-s]
                 [-o OPTIONS] [-p PATH] [-c]
  pg_ctl stop       [-D DATADIR] [-m SHUTDOWN-MODE] [-W] [-t SECS] [-s]
  pg_ctl restart    [-D DATADIR] [-m SHUTDOWN-MODE] [-W] [-t SECS] [-s]
                 [-o OPTIONS] [-c]
  pg_ctl reload     [-D DATADIR] [-s]
  pg_ctl status     [-D DATADIR]
  pg_ctl promote    [-D DATADIR] [-W] [-t SECS] [-s]
  pg_ctl logrotate  [-D DATADIR] [-s]
  pg_ctl kill       SIGNALNAME PID
  ...
```

其中的参数说明如表 3.2 所示。

表 3.2

参　数	说　明
init	初始化数据库实例，通过选项-D 指定数据目录
start	启动一个 PostgreSQL 实例，服务器是在后台启动的，标准输入被附着到“/dev/null”目录下。如果使用了选项-l，那么标准输出和标准错误将被定向到一个日志文件中
stop	停止特定数据目录运行的 PostgreSQL 实例。可以用选项-m 选择 3 种不同的关闭模式。 • smart：等待所有客户端中断连接。 • fast：不等待客户端中断连接，所有活跃事务都被回滚并且客户端都被强制断开，这是默认值。 • immediate：强行关闭数据库，这么做将导致在重新启动时恢复
restart	重启 PostgreSQL 实例
reload	为 PostgreSQL 实例发送一个 SIGHUP 信号，导致 PostgreSQL 重新读取主配置文件 postgresql.conf，不需要重启实例
status	检查服务器是否在指定的数据目录下运行，如果是，那么显示其 PID 和调用它的命令行选项
kill	允许给一个指定的进程发送信号。这个功能对 Windows 操作系统特别有用，因为它没有 kill 命令

3.4　基于 PostgreSQL 的分布式数据库——Citus

由于 PostgreSQL 具有强大的功能和良好的可扩展性，因此基于 PostgreSQL 很容易实现分布式架构。Citus 便是具体的一种实现方式。它以扩展的插件形式与 PostgreSQL 进行集成，并且独立于 PostgreSQL 内核。Citus 的部署也比较简单。Citus 是现在非常流行的基于 PostgreSQL 的分布式解决方案。

3.4.1　Citus 基础

分布式数据库是指物理上不在一起，但逻辑上是一个整体的数据库集群系统。其中的每台数据库服务器单独放在一个地方，并且具有完整的数据库体系结构。位于不同地点的许多数据库服务器通过网络互相连接，共同组成一个完整的、全局的逻辑上集中但物理上分布的大型数据库集群。

1. 为什么需要分布式数据库

由于行业应用所产生的数据量呈爆炸式增长，传统的集中式数据库面对大规模数据处理逐渐表现出多方面局限性，具体如下。

- 应用请求访问的数据量巨大。
- 由于数据量巨大，因此服务器 CPU、内存、网络、I/O 都遇到瓶颈，性能由此下降。
- 传统的集中式数据库在设计之初并不包含任务的并行执行，因此并行执行有天然的缺陷，对于分区也是如此。

因此，能快速处理数据和及时响应用户访问的新方法，以及对数据进行集中分析、管理和维护，已经成为迫切需求。基于这样的背景，分布式数据库便在集中式数据库的基础上迅速发展起来。

分布式数据库是指数据在物理上分布但在逻辑上集中管理的数据库系统。

> 提示　物理上分布是指，数据分布在物理位置不同并由网络连接的节点或站点上；逻辑上集中是指，各数据库节点从逻辑上来看是一个整体，并由统一的数据库管理系统管理。

分布式数据库不仅具有数据透明性、数据冗余性、易于扩展性、自治性等特点，还具有经济、性能优越、响应速度更快、体系结构灵活、易于集成现有系统等特点。但分布式数据库强烈依赖网络，并且对事务的处理远没有传统的集中式数据库成熟。因此，在很长一段时间内分布式数据存储将与传统数据存储共存。

2. 什么是 Citus

Citus 采用 Shared-Nothing 架构，节点之间无共享数据，是一款基于 PostgreSQL 的开源分布式数据库。

Citus 不仅兼容 PostgreSQL 的客户端协议，还兼容 PostgreSQL 的服务器端扩展和管理工具。相比单实例的 PostgreSQL 来说，Citus 不仅可以使用更多的 CPU 内核，具有更大的内存，还可以保存更多的数据。

通过向集群添加节点，Citus 可以轻松地扩展数据库。Citus 最大的特点如下：是一个 PostgreSQL 扩展，不是一个独立的代码分支。因此，Citus 可以用更小的代价和更快的速度与 PostgreSQL 进行集成，又能最大限度地保证数据库的稳定性和兼容性。

图 3.5 展示了 Citus 的体系架构。

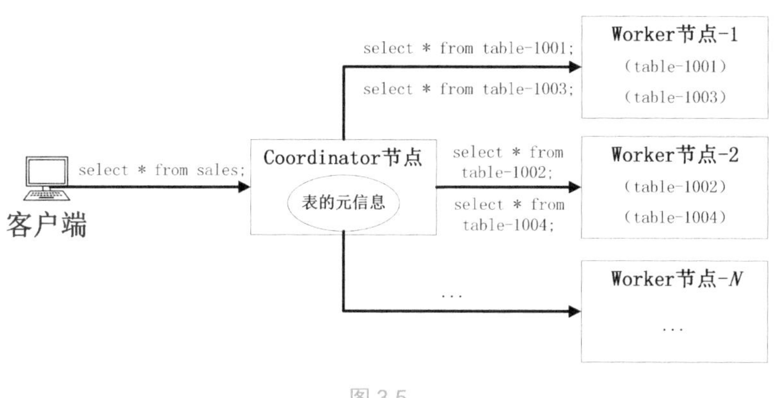

图 3.5

Citus 的体系架构中包含协调者（Coordinator）节点和工作者（Worker）节点。SQL 语句经过语法解析后，在 Coordinator 节点的分析阶段被 Citus 扩展所替换，并转换为并行执行的 SQL 语句分发到后端的 Worker 节点上执行。

> 提示 这里的协调者和工作者都是 PostgreSQL 的数据库实例。

3.4.2 安装与配置 Citus

Citus 既可以安装在单机环境中，又可以安装在多机环境中。下面在单机环境中演示如何安装与配置 Citus。

（1）将用户 postgres 添加到系统的“/etc/sudoers”目录下。

```
postgres ALL=(ALL)       ALL
```

（2）切换到 postgres 用户。

```
su - postgres
```

（3）安装 Citus 的域名源。

```
curl https://install.citusdata.com/community/rpm.sh | sudo bash
```

输出结果如下。

```
Detected operating system as centos/7.
Checking for curl...
Detected curl...
Checking for postgresql15-server...
Installing pgdg repo... Error: Nothing to do
done.
Checking for EPEL repositories...
Detected EPEL repoitories
Downloading repository file
Installing pygpgme to verify GPG signatures... done.
Installing yum-utils... done.
Generating yum cache for citusdata_community... done.

The repository is set up! You can now install packages.
```

这一步需要输入用户 postgres 的密码。

（4）安装 Citus。

```
sudo yum install -y citus113_15
```

这一步会自动将 PostgreSQL 15 安装到“/usr/pgsql-15/”目录下。

（5）查看“/usr/pgsql-15/”目录的结构。

```
[postgres@mydb ~]$ tree -d -L 2 /usr/pgsql-15/
/usr/pgsql-15/
├── bin
├── doc
│   └── extension
├── include
│   └── server
├── lib
│   ├── bitcode
│   └── citus_decoders
└── share
    ├── extension
    ├── locale
    ├── man
    ├── timezonesets
    └── tsearch_data
```

（6）创建协调者和工作者的目录。

```
mkdir -p /home/postgres/citus_cluster/coordinator
mkdir -p /home/postgres/citus_cluster/worker1
```

```
mkdir -p /home/postgres/citus_cluster/worker2
```

提示 这里以一个协调者和两个工作者来演示。

(7)实例化 PostgreSQL 的数据目录。

```
/usr/pgsql-15/bin/initdb -D /home/postgres/citus_cluster/coordinator
/usr/pgsql-15/bin/initdb -D /home/postgres/citus_cluster/worker1
/usr/pgsql-15/bin/initdb -D /home/postgres/citus_cluster/worker2
```

(8)修改 coordinator 节点的 postgresql.conf 文件中的以下参数。

```
port = 5432
shared_preload_libraries = 'citus'
```

(9)修改 worker1 节点的 postgresql.conf 文件中的以下参数。

```
port = 5433
shared_preload_libraries = 'citus'
```

(10)修改 worker2 节点的 postgresql.conf 文件中的以下参数。

```
port = 5434
shared_preload_libraries = 'citus'
```

(11)启动 coordinator 节点、worker1 节点和 worker2 节点。

```
/usr/pgsql-15/bin/pg_ctl \
        -D /home/postgres/citus_cluster/coordinator \
        -l logfile start
/usr/pgsql-15/bin/pg_ctl \
        -D /home/postgres/citus_cluster/worker1 \
        -l logfile start
/usr/pgsql-15/bin/pg_ctl \
        -D /home/postgres/citus_cluster/worker2 \
        -l logfile start
```

(12)登录 coordinator 节点、worker1 节点和 worker2 节点，创建数据库和 Citus 扩展。

```
-- coordinator 节点
[postgres@mydb citus_cluster]$ /usr/pgsql-15/bin/psql
psql (15.3)
Type "help" for help.

postgres=# create database mydemodb;
CREATE DATABASE
postgres=# \c mydemodb
You are now connected to database "mydemodb" as user "postgres".
mydemodb=# create extension citus;
```

```
CREATE EXTENSION
mydemodb=#

-- worker1 节点
[postgres@mydb citus_cluster]$ /usr/pgsql-15/bin/psql -p 5433
psql (15.3)
Type "help" for help.

postgres=# create database mydemodb;
CREATE DATABASE
postgres=# \c mydemodb
You are now connected to database "mydemodb" as user "postgres".
mydemodb=# create extension citus;
CREATE EXTENSION
mydemodb=#

-- worker2 节点
[postgres@mydb citus_cluster]$ /usr/pgsql-15/bin/psql -p 5434
psql (15.3)
Type "help" for help.

postgres=# create database mydemodb;
CREATE DATABASE
postgres=# \c mydemodb
You are now connected to database "mydemodb" as user "postgres".
mydemodb=# create extension citus;
CREATE EXTENSION
mydemodb=#
```

（13）在 Coordinator 节点上为集群添加 Worker 节点。

```
[postgres@mydb citus_cluster]$ /usr/pgsql-15/bin/psql
psql (15.3)
Type "help" for help.

postgres=# \c mydemodb
You are now connected to database "mydemodb" as user "postgres".
mydemodb=# select * from mast

mydemodb=# select * from master_add_node('127.0.0.1',5433);
 master_add_node
-----------------
               1
(1 row)
```

```
mydemodb=# select * from master_add_node('127.0.0.1',5434);
 master_add_node
-----------------
               2
(1 row)
```

（14）在 Coordinator 节点上验证集群中 Worker 节点的信息。

```
mydemodb=# select * from master_get_active_worker_nodes();
```

输出结果如下。

```
 node_name | node_port
-----------+-----------
 127.0.0.1 |      5433
 127.0.0.1 |      5434
(2 rows)
```

（15）通过查询 pg_dist_node 表可以获取 Worker 节点的详细信息。

```
mydemodb=# \x
mydemodb=# select * from pg_dist_node ;
```

输出结果如下。

```
-[ RECORD 1 ]---+----------
nodeid          | 1
groupid         | 1
nodename        | 127.0.0.1
nodeport        | 5433
noderack        | default
hasmetadata     | t
isactive        | t
noderole        | primary
nodecluster     | default
metadatasynced  | t
shouldhaveshards| t
-[ RECORD 2 ]---+----------
nodeid          | 2
groupid         | 2
nodename        | 127.0.0.1
nodeport        | 5434
noderack        | default
hasmetadata     | t
isactive        | t
noderole        | primary
nodecluster     | default
metadatasynced  | t
```

```
shouldhaveshards | t
```

至此，Citus 分布式数据库集群环境配置完成。

3.4.3　Citus 中表的类型

Citus 集群中有 3 种类型的表，分别为分布式表（Distributed Table）、引用表（Reference Table）和本地表（Local Table）。这 3 种表以不同方式存储在节点上，并且用于不同的目的。

1. 分布式表

分布式表是最常见的 Citus 表。它看似是普通的表，但表的行在 Worker 节点之间水平分布式存储。在每个 Worker 节点上存储的部分叫作分片（Shards）。在默认情况下，分布式表采用哈希分布式存储方式存储数据。如果基于表中的列将数据行分配到不同的分片中，那么该列叫作分布式列。

在创建分布式表时，必须指定分布式列用于数据的分布式存储。参数 citus.shard_count 用于指定 Citus 集群中支持的分片数的最大值，默认值是 32，如下所示。

```
mydemodb=# show citus.shard_count;
 citus.shard_count
--------------------
 32
(1 row)
```

下面演示如何创建分布式表。

（1）设置分片数和每个分片的副本数。

```
mydemodb=# set citus.shard_count=4;
mydemodb=# set citus.shard_replication_factor=2;
```

这里将 Citus 集群的分布式表设置为 4 个分片，每个分片有 2 个副本。

（2）创建一个测试表用于保存员工数据。

```
mydemodb=# create table emp
  (empno int primary key,
  ename varchar(10),
  job varchar(10),
  mgr int,
  hiredate varchar(10),
  sal int,
  comm int,
  deptno int);
```

（3）将 emp 表设置为分布式表，并且设置分片列。

```
mydemodb=# select create_distributed_table('emp','empno');
```

（4）插入测试数据。

```
mydemodb=# insert into emp values(7369,'SMITH','CLERK',7902,'1980/12/17',
800,null,20);
mydemodb=# insert into emp values(7499,'ALLEN','SALESMAN',7698,'1981/2/20',
1600,300,30);
mydemodb=# insert into emp values(7521,'WARD','SALESMAN',7698,'1981/2/22',
1250,500,30);
mydemodb=# insert into emp values(7566,'JONES','MANAGER',7839,'1981/4/2',
2975,null,20);
mydemodb=# insert into emp values(7654,'MARTIN','SALESMAN',7698,'1981/9/28',
1250,1400,30);
mydemodb=# insert into emp values(7698,'BLAKE','MANAGER',7839,'1981/5/1',
2850,null,30);
mydemodb=# insert into emp values(7782,'CLARK','MANAGER',7839,'1981/6/9',
2450,null,10);
mydemodb=# insert into emp values(7788,'SCOTT','ANALYST',7566,'1987/4/19',
3000,null,20);
mydemodb=# insert into emp values(7839,'KING','PRESIDENT',-1,'1981/11/17',
5000,null,10);
mydemodb=# insert into emp values(7844,'TURNER','SALESMAN',7698,'1981/9/8',
1500,null,30);
mydemodb=# insert into emp values(7876,'ADAMS','CLERK',7788,'1987/5/23',
1100,null,20);
mydemodb=# insert into emp values(7900,'JAMES','CLERK',7698,'1981/12/3',
950,null,30);
mydemodb=# insert into emp values(7902,'FORD','ANALYST',7566,'1981/12/3',
3000,null,20);
mydemodb=# insert into emp values(7934,'MILLER','CLERK',7782,'1982/1/23',
1300,null,10);
```

（5）查看分片情况。

```
mydemodb=# select * from citus_shards;
```

输出结果如下。

```
 table_name | shardid | shard_name | ...| nodename  | nodeport |...
------------+---------+------------+----+-----------+----------+---
 emp        |  102048 | emp_102048 | ...| 127.0.0.1 |     5433 |...
 emp        |  102048 | emp_102048 | ...| 127.0.0.1 |     5434 |...
 emp        |  102049 | emp_102049 | ...| 127.0.0.1 |     5434 |...
 emp        |  102049 | emp_102049 | ...| 127.0.0.1 |     5433 |...
 emp        |  102050 | emp_102050 | ...| 127.0.0.1 |     5433 |...
 emp        |  102050 | emp_102050 | ...| 127.0.0.1 |     5434 |...
 emp        |  102051 | emp_102051 | ...| 127.0.0.1 |     5434 |...
 emp        |  102051 | emp_102051 | ...| 127.0.0.1 |     5433 |...
(8 rows)
```

（6）查看 citus_tables 表的信息。

```
mydemodb=# \x
mydemodb=# select * from citus_tables;
```

输出结果如下。

```
-[ RECORD 1 ]-------+------------
table_name          | emp
citus_table_type    | distributed
distribution_column | empno
colocation_id       | 5
table_size          | 192 kB
shard_count         | 4
table_owner         | postgres
access_method       | heap
```

（7）执行一条简单的查询语句并输出执行计划。

```
mydemodb=# explain select * from emp;
```

输出的执行计划如下。

```
                              QUERY PLAN
------------------------------------------------------------------
 Custom Scan (Citus Adaptive)  (cost=0.00..0.00 rows=100000 width=134)
   Task Count: 4
   Tasks Shown: One of 4
   ->  Task
         Node: host=127.0.0.1 port=5433 dbname=mydemodb
         ->  Seq Scan on emp_102048 emp
(cost=0.00..15.00 rows=500 width=134)
(6 rows)
```

由输出的执行计划可以看出，查询语句将读取 worker1 节点上的 emp_102048 分片中的数据。

（8）停止 worker1 节点上运行的 PostgreSQL 的数据库实例。

```
/usr/pgsql-15/bin/pg_ctl \
   -D /home/postgres/citus_cluster/worker1 \
   -l logfile stop
```

（9）重新执行一条简单的查询语句并输出执行计划。

```
mydemodb=# explain select * from emp;
```

输出的执行计划如下。

```
WARNING:  terminating connection due to administrator command
ERROR:   connection to the remote node 127.0.0.1:5433 failed with
```

```
        the following error: FATAL:  terminating connection
        due to administrator command
another command is already in progress
```

（10）等待 30 秒后，重新执行一条简单的查询语句并输出执行计划。

```
mydemodb=# explain select * from emp;
```

输出的执行计划如下。

```
                          QUERY PLAN
------------------------------------------------------------
 Custom Scan (Citus Adaptive)  (cost=0.00..0.00 rows=100000 width=134)
   Task Count: 4
   Tasks Shown: One of 4
   ->  Task
         Node: host=127.0.0.1 port=5434 dbname=mydemodb
         ->  Seq Scan on emp_102048 emp
            (cost=0.00..15.00 rows=500 width=134)
(6 rows)
```

由输出的执行计划可以看出，查询语句将读取 worker2 节点上的 emp_102048 分片中的数据。参数 citus.node_connection_timeout 用于设定 Worker 节点的连接超时时间，默认值是 30 秒。

2. 引用表

Citus 也支持引用表。引用表将全部的数据内容都集中存储到单个分片中，并在其他 Worker 节点上保留一份副本。在通常情况下，引用表的数据量都很小。

由于每个 Worker 节点上都有一份引用表的数据副本，因此任何 Worker 节点都可以查询和访问本地引用表中的数据，并且不会产生网络性能的开销。

> 提示　引用表没有分布式列。

下面演示如何创建引用表。

（1）创建一个部门表，用于保存部门数据。

```
mydemodb=# create table dept
      (deptno int primary key,
      dname varchar(10),
      loc varchar(10));
```

（2）将 dept 表设置为分布式表，并设置分片列。

```
mydemodb=# select create_reference_table('dept');
```

（3）查看分片情况。

```
mydemodb=# select * from citus_shards;
```

输出结果如下。

```
table_name|...|shard_name |citus_table_|...|nodename |nodeport
----------+---+-----------+------------+---+---------+--------
dept      |...|dept_102052|reference   |...|127.0.0.1|    5434
dept      |...|dept_102052|reference   |...|127.0.0.1|    5433
emp       |...|emp_102048 |distributed |...|127.0.0.1|    5433
emp       |...|emp_102048 |distributed |...|127.0.0.1|    5434
emp       |...|emp_102049 |distributed |...|127.0.0.1|    5434
emp       |...|emp_102049 |distributed |...|127.0.0.1|    5433
emp       |...|emp_102050 |distributed |...|127.0.0.1|    5433
emp       |...|emp_102050 |distributed |...|127.0.0.1|    5434
emp       |...|emp_102051 |distributed |...|127.0.0.1|    5434
emp       |...|emp_102051 |distributed |...|127.0.0.1|    5433
(10 rows)
```

（4）查看在 Citus 中创建的分布式表的信息。

```
mydemodb=# \x
mydemodb=# select * from citus_tables;
```

输出结果如下。

```
-[ RECORD 1 ]-------+------------
table_name          | dept
citus_table_type    | reference
distribution_column | <none>
colocation_id       | 7
table_size          | 16 kB
shard_count         | 1
table_owner         | postgres
access_method       | heap
-[ RECORD 2 ]-------+------------
table_name          | emp
citus_table_type    | distributed
distribution_column | empno
colocation_id       | 5
table_size          | 192 kB
shard_count         | 4
table_owner         | postgres
access_method       | heap
```

3. 本地表

在 Citus 集群中，Coordinator 节点和 Worker 节点都是正常运行的 PostgreSQL 的数据库实例。因此，在 Coordinator 节点上创建普通表并选择不对其进行分片，将这种表叫作本地表。本地表不参与数据的分布式存储与查询的连接，因此适用于对小表的管理。

3.4.4 Citus 的配置参数

Citus 的配置参数有很多，表 3.3 中列举了 Citus 比较重要的几个参数。

表 3.3

参　数	说　明
citus.shard_count	该参数用于指定分布式表要被切分成多少个分片，默认设置为 32 个分片。一般建议将该参数设置为 CPU 总核数的 2～4 倍
citus.shard_replication_factor	该参数用于配置分片的副本数，以支持多副本存储分片的功能。在多副本存储情况下，同一个分片的不同副本使用相同的分片 ID，但存储在不同的 Worker 节点上。该参数的默认值是 1，一般建议将该参数设置为与 Worker 节点的个数保持一致，但最大不要超过 3
citus.task_executor_type	该参数用于配置 Citus 的执行器，有两个取值，分别为 real-time 和 task-tracker，默认值是 real-time。 • 默认值 real-time 又分为 router 方式和非 router 方式。router 方式适用于只需要在一个分片上执行的 SQL 语句，一个协调者后端进程对每个 Worker 节点只创建一个连接，并缓存该连接；非 router 方式下的协调者后端进程会对所有 Worker 节点的所有分片同时发起连接，并执行 SQL 语句，SQL 语句完成后断开该连接。 • 如果使用 task-tracker 执行器，那么 Coordinator 节点只和 Worker 节点上的 task-tracker 进程交互，task-tracker 进程负责 Worker 节点上的任务调度，任务结束后 Coordinator 节点从 Worker 节点上取回结果
citus.use_secondary_nodes	开启该参数设置后，读请求可以发送到数据节点的备用节点上
citus.writable_standby_coordinator	开启该参数设置后，在 Coordinator 节点的高可用环境下，可以使 Standby 的 Coordinator 节点也支持 DML 操作，如 insert、copy 等

3.5 基于 PostgreSQL 的分布式数据库——Greenplum

与 Citus 一样，Greenplum 也是基于 PostgreSQL 的一款分布式数据库。Greenplum 采用 Shared-Nothing 架构，即节点与节点之间不存在任何共享。

Greenplum 分布式数据库具有可选存储模式、事务支持、并行查询与数据装载、容错与故障转移、数据库统计、过程化语言扩展等方面的功能特性。因此，在构建数据仓库应用时，Greenplum 就是一款理想的分析型数据库产品。

3.5.1 Greenplum 简介

从本质上来说，Greenplum 是一个基于 PostgreSQL 的关系型数据库集群，是由多个独立的数据库服务组合而成的一个逻辑数据库。与 Oracle 的 RAC 不同，这种数据库集群采取的是 MPP

（Massively Parallel Processing，大规模并行处理）架构。

Greenplum 最大的特点就是基于低成本的开放平台提供强大的并行数据计算性能和海量数据管理能力。图 3.6 展示了 Greenplum 的体系架构。

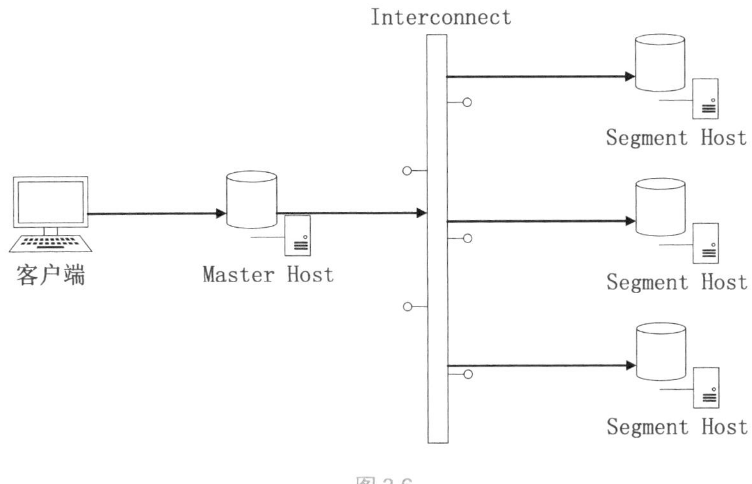

图 3.6

Greenplum 的体系架构由 3 部分组成，分别为 Master Host、Segment Host 和 Interconnect，每个 Segment Host 相当于一个独立的 PostgreSQL 数据库实例。关于 Greenplum 的体系架构的每个组成部分的说明如表 3.4 所示。

表 3.4

Greenplum 的体系架构的组成部分	说　明
Master Host	• 访问系统的入口。 • 作为数据库侦听进程（postgres）。 • 处理所有用户连接。 • 建立查询计划。 • 协调工作处理过程。 • 作为管理工具。 • 管理系统目录表和元数据（数据字典）。 • 不存储任何用户数据
Segment Host	• Segment Host 可以包含多个段（Segment）。 • 每个段存储一部分用户数据。 • 一个系统可以有多个段。 • 用户不能直接存取访问。 • 所有对段的访问都经过 Master Host。 • 数据库监听进程监听来自 Master Host 的连接

续表

Greenplum 的体系架构的组成部分	说　明
Interconnect	• 作为 Greenplum 之间的连接层。 • 进行进程之间的协调和管理。 • 基于千兆以太网架构。 • 属于系统内部私网配置。 • 支持两种协议，分别为 TCP 协议和 UDP 协议

3.5.2 安装与配置 Greenplum

下面演示如何在单机环境中安装与配置 Greenplum。

（1）编辑文件“/etc/selinux/config”，以关闭 SELINUX。

```
SELINUX=disabled
```

（2）关闭防火墙。

```
systemctl stop firewalld.service
systemctl disable firewalld.service
```

（3）编辑文件“/etc/hosts”，以配置主机名和 IP 地址的映射关系。

```
192.168.79.173 gphost
```

> 提示 192.168.79.173 为作者所使用的 IP 地址，读者可以根据自己的实际配置进行修改。

（4）编辑文件“/etc/sysctl.conf”，以修改内核配置参数。使用下面的内容覆盖原有内容。

```
kernel.shmmax = 500000000
kernel.shmmni = 4096
kernel.shmall = 4000000000
kernel.sem = 250 512000 100 2048
kernel.sysrq = 1
kernel.core_uses_pid = 1
kernel.msgmnb = 65536
kernel.msgmax = 65536
kernel.msgmni = 2048
net.ipv4.tcp_syncookies = 1
net.ipv4.conf.default.accept_source_route = 0
net.ipv4.tcp_tw_recycle = 1
net.ipv4.tcp_max_syn_backlog = 4096
net.ipv4.conf.all.arp_filter = 1
net.ipv4.ip_local_port_range = 10000 65535
net.core.netdev_max_backlog = 10000
net.core.rmem_max = 2097152
```

```
net.core.wmem_max = 2097152
vm.overcommit_memory = 2
```

提示　关于内核配置参数，请参考“脚本与代码/03/配置参数.txt”。

（5）使内核配置参数生效。

```
sysctl -p
```

（6）编辑文件“/etc/security/limits.conf”，配置资源限制参数。

```
* soft nofile 65536
* hard nofile 65536
* soft nproc 131072
* hard nproc 131072
```

提示　关于资源限制参数，请参考“脚本与代码/03/配置参数.txt”。

（7）重启服务器。

```
reboot
```

（8）创建用户和用户组。

```
groupadd gpadmin
useradd -g gpadmin gpadmin
```

提示　创建 gpadmin 用户，指定其属于 gpadmin 用户组，并将其作为安装 Greenplum 的操作系统用户。

（9）为 gpadmin 用户创建密码。

```
passwd gpadmin
```

（10）编辑文件“/etc/sudoers”，为 gpadmin 用户加上 sudo 权限。

```
gpadmin ALL=(ALL)       ALL
```

（11）安装 Greenplum。

```
yum -y install greenplum-db-6.24.3-rhel7-x86_64.rpm
```

这一步会把 Greenplum 默认安装到“/usr/local/”目录下。

（12）为 gpadmin 用户授权。

```
chown -R gpadmin /usr/local/greenplum*
chgrp -R gpadmin /usr/local/greenplum*
```

（13）设置环境变量。

```
source /usr/local/greenplum-db-6.24.3/greenplum_path.sh
```

（14）创建需要的目录，并授权给 gpadmin 组和 gpadmin 用户。

```
mkdir -p /home/gpadmin/master
mkdir -p /home/gpadmin/gp1
mkdir -p /home/gpadmin/gp2
mkdir -p /home/gpadmin/gp3
mkdir -p /home/gpadmin/gp4
chown -R gpadmin:gpadmin /home/gpadmin
chown -R gpadmin:gpadmin /home/gpadmin/master
chown -R gpadmin:gpadmin /home/gpadmin/gp*
```

（15）切换到 gpadmin 用户。

```
su - gpadmin
```

（16）编辑文件“~/.bash_profile”，并添加以下内容。

```
source /usr/local/greenplum-db-6.24.3/greenplum_path.sh
export MASTER_DATA_DIRECTORY=/home/gpadmin/master/gpseg-1
export PGPORT=5432
export PGUSER=gpadmin
export PGDATABASE=gpdb
```

（17）编辑文件“~/.bashrc”，并添加以下内容。

```
source /usr/local/greenplum-db-6.24.3/greenplum_path.sh
export MASTER_DATA_DIRECTORY=/home/gpadmin/master/gpseg-1
export PGPORT=5432
export PGUSER=gpadmin
export PGDATABASE=gpdb
```

（18）使环境变量生效。

```
source ~/.bash_profile
source ~/.bashrc
```

（19）新建包含所有主机的文件 all_hosts，并输入以下地址信息。

```
gphost
```

由于是在单机环境中部署的 Greenplum，因此该文件中只有当前主机的地址信息。

（20）创建包含 Segment 主机名的文件 seg_hosts，并输入以下地址信息。

```
gphost
```

（21）编辑 Greenplum 的初始化配置文件 initgp_config，并输入以下内容。

```
SEG_PREFIX=gpseg
PORT_BASE=33000
```

```
declare -a DATA_DIRECTORY=(/home/gpadmin/gp1 /home/gpadmin/gp2 /home/gpadmin/gp3 /home/gpadmin/gp4)
MASTER_HOSTNAME=gphost
MASTER_PORT=5432
MASTER_DIRECTORY=/home/gpadmin/master
DATABASE_NAME=gpdb
```

> 提示　关于 initgp_config 文件，请参考“脚本与代码/03/配置参数.txt”。

（22）配置当前主机的免密码登录。

```
ssh-keygen -t rsa
ssh-copy-id -i .ssh/id_rsa.pub gpadmin@gphost
```

（23）初始化数据库。

```
gpinitsystem -c initgp_config -h seg_hosts
```

（24）查看 Greenplum 服务的状态。

```
[gpadmin@mydb ~]$ gpstate
```

输出结果如下。

```
... -Starting gpstate with args:
... -local Greenplum Version: 'postgres (Greenplum Database) 6.24.3 ...
... -master Greenplum Version: 'PostgreSQL 9.4.26 (Greenplum Database 6.24.3 ...)
...
... -   Total number of postmaster.pid files found     = 4
... -   Total number of postmaster.pid PIDs missing    = 0
... -   Total number of postmaster.pid PIDs found      = 4
... -   Total number of /tmp lock files missing        = 0
... -   Total number of /tmp lock files found          = 4
... -   Total number postmaster processes missing      = 0
... -   Total number postmaster processes found        = 4
... -----------------------------------------------------
... -   Mirror Segment Status
... -----------------------------------------------------
... -   Mirrors not configured on this array
... -----------------------------------------------------
```

3.5.3　Greenplum 中表的类型

Greenplum 6 中有 3 种不同类型的分布式表，分别为哈希分布式表、随机分布式表和复制分布式表。

1. 哈希分布式表

哈希分布式表是表的默认分布策略，使用哈希算法将每行分配给特定的段，并且保证相同值的键将始终散列到同一个段中。

要使用哈希分布式表，需要在创建表使用“distributed by(column,[...])”子句。如果在创建表时未提供 distributed by 子句，那么将表的主键或表的第一个合格列用作分布键。如果表中没有合格的列，那么哈希分布式表退化为随机分布式表。

> 提示　合格列是指非几何类型的列或用户自定义数据类型的列。

下面演示如何在 Greenplum 中测试哈希分布式表。

（1）使用 psql 直接登录 gpdb 数据库。

```
[gpadmin@mydb ~]$ psql gpdb
psql (9.4.26)
Type "help" for help.

gpdb=#
```

（2）创建哈希分布式表。

```
gpdb=# create table testdis(id int primary key, name varchar(20))
     distributed by(id);
```

（3）在哈希分布式表中插入 100 万条测试数据。

```
gpdb=# insert into testdis
    select n,'myname'||n from generate_series(1,1000000) n;
```

（4）检查每个段中数据的分布情况。

```
gpdb=# select gp_segment_id, count(*) from testdis group by 1;
```

输出结果如下。

```
 gp_segment_id | count
---------------+--------
          2    | 250659
          1    | 249548
          0    | 249933
          3    | 249860
(4 rows)
```

> 提示　当前 Greenplum 集群中存在 4 个段，由上述输出结果可以看到每个段中保存的数据量。

（5）查看 Segment 0 中的前 10 条数据。

```
gpdb=# select *  from testdis where gp_segment_id=0 limit 10;
```

输出结果如下。

```
 id |   name
----+----------
  3 | myname3
  4 | myname4
  7 | myname7
  8 | myname8
 18 | myname18
 19 | myname19
 22 | myname22
 27 | myname27
 29 | myname29
 34 | myname34
(10 rows)
```

2. 随机分布式表

创建随机分布式表需要使用 distributed randomly 子句。随机分布式表会将数据行按照顺序依次循环发送到各个段上。与哈希分布式表不同，具有相同值的数据行不一定位于同一个段中。虽然随机分布确保了数据的平均分布，但只要有可能，应该尽量选择哈希分布式表，因为哈希分布的性能更加优良。

下面演示如何在 Greenplum 中测试随机分布式表。

（1）创建随机分布式表。

```
gpdb=# create table testdis_ramdomly (id int, name varchar(20))
      distributed randomly;
```

> 提示　如果在创建随机分布式表时指定了主键，就会出现错误信息“ERROR:　PRIMARY KEY and DISTRIBUTED RANDOMLY are incompatible”。

（2）在随机分布式表中插入 100 万条测试数据。

```
gpdb=# insert into testdis_ramdomly select * from testdis;
```

（3）检查每个段中数据的分布情况。

```
gpdb=# select gp_segment_id, count(*) from testdis_ramdomly
      group by 1 order by 1;
```

输出结果如下。

```
 gp_segment_id | count
---------------+--------
```

```
            0    | 250832
            1    | 249812
            2    | 249801
            3    | 249555
(4 rows)
```

（4）查看 Segment 0 中的前 10 条数据。

```
gpdb=# select *  from testdis_ramdomly where gp_segment_id=0 limit 10;
```

输出结果如下。

```
 id  |   name
-----+-----------
   2 | myname2
  16 | myname16
  17 | myname17
  26 | myname26
  31 | myname31
  36 | myname36
  43 | myname43
 100 | myname100
 127 | myname127
 134 | myname134
(10 rows)
```

3. 复制分布式表

创建复制分布式表需要使用 distributed replicated 子句。复制分布式表将每行数据分配到每个段中。复制分布式表中的数据均匀分布，因为每个段中都存储着同样的数据行。

如果需要在段中执行用户自定义的函数，并且这些函数需要访问表中的所有行，就需要使用复制分布式表。当有大表与小表执行连接操作时，把足够小的表指定为复制分布式表可以提升性能。

下面创建一个 Greenplum 的复制分布式表。

```
gpdb=# create table testdis_replicated(id int, name varchar(20))
       distributed replicated;
```

第 4 章 管理数据库对象

PostgreSQL 中包含各种数据库对象，如数据库、模式、表、索引、视图、存储过程、存储函数和触发器等。本章主要介绍 PostgreSQL 中常见的数据库对象，以及如何使用它们。

由于存储过程、存储函数和触发器需要使用 PL/pgSQL 编程，因此这 3 个数据库对象在第 7 章介绍。

4.1 数据库与模式

数据库本身也是 PostgreSQL 的数据库对象。数据库对象中包含其他所有的数据库对象，如模式、表、视图和索引等。

使用命令 create database 可以创建一个新的数据库，下面展示了该命令的语法格式。

```
scott=# \h create database;
Command:     CREATE DATABASE
Description: create a new database
Syntax:
CREATE DATABASE name
    [ [ WITH ] [ OWNER [=] user_name ]
          [ TEMPLATE [=] template ]
          [ ENCODING [=] encoding ]
          [ LOCALE [=] locale ]
          [ LC_COLLATE [=] lc_collate ]
          [ LC_CTYPE [=] lc_ctype ]
          [ TABLESPACE [=] tablespace_name ]
          [ ALLOW_CONNECTIONS [=] allowconn ]
          [ CONNECTION LIMIT [=] connlimit ]
          [ IS_TEMPLATE [=] istemplate ] ]
```

一个数据库可以包含一个或多个模式。模式中又包含表、函数及操作符等数据库对象。在创建新的数据库时，PostgreSQL 会自动创建名称为 public 的模式。

使用命令 create schema 可以创建一个新的模式，下面展示了该命令的语法格式。

```
scott=# \h create schema;
Command:     CREATE SCHEMA
Description: define a new schema
Syntax:
CREATE SCHEMA schema_name
    [ AUTHORIZATION role_specification ] [ schema_element [ ... ] ]
CREATE SCHEMA AUTHORIZATION role_specification
    [ schema_element [ ... ] ]
CREATE SCHEMA IF NOT EXISTS schema_name
    [ AUTHORIZATION role_specification ]
CREATE SCHEMA IF NOT EXISTS AUTHORIZATION role_specification

where role_specification can be:
    user_name
  | CURRENT_USER
  | SESSION_USER
```

下面演示如何创建和使用数据库与模式。

（1）创建一个新的数据库 dbtest。

```
scott=# create database dbtest;
```

（2）查看已存在的数据库列表。

```
scott=# \l
```

输出结果如下。

```
                List of databases
   Name       |  Owner    |...|  Access privileges
--------------+-----------+---+-----------------------
 dbtest       | postgres |...|
 mydemodb     | postgres |...|
 postgres     | postgres |...|
 scott        | postgres |...|
 template0    | postgres |...| =c/postgres
              |           |   | postgres=CTc/postgres
 template1    | postgres |...| =c/postgres
              |           |   | postgres=CTc/postgres
(6 rows)
```

（3）切换到数据库 dbtest。

```
scott=# \c dbtest
You are now connected to database "dbtest" as user "postgres".
```

（4）查看数据库 dbtest 中的模式。

```
dbtest=# \dn
```

输出结果如下。

```
     List of schemas
  Name   |       Owner
--------+-------------------
 public | pg_database_owner
(1 row)
```

（5）创建一个新的模式。

```
dbtest=# create schema firstschema;
```

（6）重新查看数据库 dbtest 中的模式。

```
dbtest=# \dn
```

输出结果如下。

```
        List of schemas
   Name       |       Owner
-------------+-------------------
 firstschema | postgres
 public      | pg_database_owner
(2 rows)
```

4.2 创建与管理表

表是一种非常重要的数据库对象，因为 PostgreSQL 的数据都存储在表中。

PostgreSQL 的表是二维的，由行和列组成。表由列组成，列有列的数据类型。

4.2.1 PostgreSQL 的数据类型

PostgreSQL 支持的数据类型主要有数值类型、日期和时间类型及字符串类型。下面详细介绍这些数据类型。

> 提示　虽然 PostgreSQL 提供了丰富的数据类型，但用户也可以使用 create type 命令在数据库中创建新的数据类型。

1. 数值类型

PostgreSQL 支持所有标准 SQL 语句的数值类型，包括严格数值类型（如 smallint、integer、decimal 和 numeric）及近似数值类型（如 real、double precision）。表 4.1 中列举了 PostgreSQL 支持的数值类型。

表 4.1

数值类型	存储长度	描述	范围
smallint	2 字节	小范围整数	−32 768 ~ 32 767
integer	4 字节	常用的整数	−2 147 483 648 ~ 2 147 483 647
bigint	8 字节	大范围整数	−9 223 372 036 854 775 808 ~ 9 223 372 036 854 775 807
decimal	可变长	用户指定的精度，精确	小数点前 131 072 位，小数点后 16 383 位
numeric	可变长	用户指定的精度，精确	小数点前 131 072 位，小数点后 16 383 位
real	4 字节	可变精度，不精确	6 位十进制数字精度
double precision	8 字节	可变精度，不精确	15 位十进制数字精度
smallserial	2 字节	自增的小范围整数	1 ~ 32 767
serial	4 字节	自增整数	1 ~ 2 147 483 647
bigserial	8 字节	自增的大范围整数	1 ~ 9 223 372 036 854 775 807

> 提示　不建议使用浮点数来处理货币类型，因为存在舍入错误的可能性。PostgreSQL 提供了 money 类型，以存储带有固定小数精度的货币金额。numeric 类型、int 类型和 bigint 类型的值可以转换为 money 类型。

2. 日期和时间类型

表示时间值的日期和时间类型为 date、timestamp、time 和 interval。表 4.2 中列举了 PostgreSQL 支持的日期和时间类型。

表 4.2

日期和时间类型	存储长度	描述	最低值	最高值
timestamp [(p)] （without time zone）	8 字节	日期和时间 （无时区）	4713 BC	294276 AD
timestamp[(p)] （with time zone）	8 字节	日期和时间 （有时区）	4713 BC	294276 AD
date	4 字节	只用于日期	4713 BC	5874897 AD
time [(p)] （without time zone）	8 字节	只用于一日内时间	00:00:00	24:00:00

续表

日期和时间类型	存储长度	描　述	最低值	最高值
time [(p)] （with time zone）	12 字节	只用于一日内时间（有时区）	00:00:00+1459	24:00:00-1459
interval [fields][(p)]	12 字节	时间间隔	-178000000 年	178000000 年

3. 字符串类型

字符串类型是指 char、varchar、binary、varbinary、blob、text、enum 和 set。表 4.3 中列举了 PostgreSQL 支持的字符串类型。

表 4.3

字符串类型	描　述
character varying(n) varchar(n)	有长度限制的变长字符串
character(n) char(n)	定长字符串，长度不足时补空格
text	无长度限制的变长字符串

提示　在 char(n)和 varchar(n)中，n 代表字符的个数，并不代表字节个数，如 char(30)表示可以存储 30 个字符。虽然 char 类型和 varchar 类型类似，但它们保存和检索的方式不同。另外，char 类型和 varchar 类型的最大长度与是否保留尾部空格等也不同，并且它们在存储或检索过程中不进行大小写转换。

下面通过一个例子来说明 char 类型和 varchar 类型在存储字符时的区别。

（1）创建一个新的表。

```
scott=# create table test1(v1 char(5),v2 varchar(5));
```

（2）在表中插入数据。

```
scott=# insert into test1 values('abc','abc');
```

提示　这里在插入数据 v1 和 v2 时，只插入了 3 个字符。

（3）查询表中的数据。

```
scott=# select concat(v1,'*') as "char",concat(v2,'*') as "varchar"
        from test1;
```

提示　为了便于观察输出结果，这里使用 concat()函数在数据 v1 和 v2 的尾部加了一个星号。

输出结果如下。

```
  char   | varchar
--------+---------
 abc   * | abc*
(1 row)
```

> 提示 数据 v1 和 v2 的长度均为 5 个字符，由输出结果可以看出，插入 char 类型时字段会自动使用空格将字符补齐，而插入 varchar 类型时字段不会补齐字符串的长度。

4.2.2 【实战】PostgreSQL 表的基本操作

下面演示如何操作 PostgreSQL 表，这些操作包括创建表、查看表、修改表和删除表。

（1）创建一个新表 test2。

```
scott=# create table test2(id int,name varchar(32),age int);
```

> 提示 由于创建表时没有指定模式的名称，因此将在 public 模式下创建表。如果要在指定的模式下创建表，那么可以使用下面的语句。
>
> ```
> scott=# create table firstschema.test2(id int,name varchar(32),age int);
> ```
>
> 其中，加粗部分的 firstschema 就是模式的名称。

（2）查看表的结构。

```
scott=# \d test2
```

输出结果如下。

```
                  Table "public.test2"
 Column |          Type           | Collation | Nullable | Default
--------+-------------------------+-----------+----------+---------
 id     | integer                 |           |          |
 name   | character varying(32)   |           |          |
 age    | integer                 |           |          |
```

（3）在表中增加一个字段。

```
scott=# alter table test2 add gender varchar(1) default 'M';
```

> 提示 增加的 gender 字段用于表示性别，默认值是“M”。

（4）重新查看表的结构。

```
scott=# \d test2
```

输出结果如下。

```
                        Table "public.test2"
 Column |         Type          |...| Nullable|       Default
--------+-----------------------+---+---------+------------------
 id     | integer               |...|         |
 name   | character varying(32) |...|         |
 age    | integer               |...|         |
 gender | character varying(1)  |...|         |'M'::character varying
```

（5）修改表，将 gender 字段的长度改为 10 个字符。

```
scott=# alter table test2 alter gender type varchar(10);
```

（6）删除 gender 字段。

```
scott=# alter table test2 drop column gender;
```

（7）删除 test2 表。

```
scott=# drop table test2;
```

4.2.3 数据的约束条件

在数据库中，“约束”指的是对表中数据的一种限制条件，能够确保数据库中数据的准确性和有效性。例如，在进行身份认证或填写认证信息时，有的是必填项（如手机号码和身份证号码），所以就有了非空约束；有的数据不能一样（如用户的身份证号码不能和其他人的一样），所以就需要使用唯一约束。

1. PostgreSQL 中的约束类型

PostgreSQL 中主要有 6 种约束，如表 4.4 所示。

表 4.4

约束类型	关键字	说明
主键约束	primary key	主键是表中的一个特殊字段，这个字段能够唯一标识该表中的每条信息。一个表只能定义一个主键，如果一个字段被定义成主键，那么该列的值不允许为 NULL，也不允许重复
外键约束	foreign key	外键约束通常会和主键约束一起使用，用来确保数据的一致性。对于有关联关系的两个表，相关联字段中主键所在的表就是主表（父表），外键所在的表就是从表（子表）。外键就是用来建立主表与从表的关联关系的。当从表的某个字段被定义为外键时，该列上的值必须在主表中存在或为 NULL
唯一约束	unique	唯一约束就是指所有记录中字段的值不允许重复。值得注意的是，由于 SQL 中的 NULL 是一个特殊值，因此如果一个字段被定义了唯一约束，那么该字段的值允许为 NULL

续表

约束类型	关键字	说明
检查约束	check	PostgreSQL 提供了检查约束，用来指定某列的可取值的范围。检查约束通过限制输入列的值来强制域的完整性
非空约束	not null	非空约束用于确保该字段的值不能为空值，并且只能出现在表对象的列上
默认值约束	default	PostgreSQL 的默认值约束用来指定某列的默认值

2. 使用约束保证数据的完整性

下面演示如何使用 PostgreSQL 的约束。

（1）创建 testprimarykey 表，并为其设置主键约束。

```
scott=# create table testprimarykey
       (id int primary key,name varchar(20));
```

提示　也可以在多个列上设置主键约束，示例如下。

```
scott=# create table testprimarykey(
id int ,name varchar(20),gender varchar(10),
primary key(id, name)
);
```

如果要在已经存在的表上添加主键约束，那么可以使用下面的语句。

```
scott=# alter table testprimarykey add primary key(id,name);
```

（2）在 testprimarykey 表中插入数据。

```
scott=# insert into testprimarykey values(1,'tom');
scott=# insert into testprimarykey values(2,'mary');
scott=# insert into testprimarykey values(1,'mike');
```

提示　在插入第三条数据时，会出现下面的错误，因为主键不允许重复。

```
ERROR:  duplicate key value violates unique constraint "testprimarykey_pkey"
DETAIL:  Key (id)=(1) already exists.
```

（3）创建用于外键约束的主表和从表。

```
scott=# create table testparent(
id int primary key,
name varchar(20)
);

scott=# create table testchild(
```

```
id int,
name varchar(20),
classes_id int,
foreign key(classes_id) references testparent(id)
);
```

提示　外键也可以使用多个字段组合进行设置，示例如下。

```
scott=# create table classes(
id int,
name varchar(20),
number int,
primary key(id,name)
);

scott=# create table student(
id int primary key,
name varchar(20),
classes_id int,
classes_name varchar(20),
foreign key(classes_id, classes_name) references classes(id, name)
);
```

提示　如果要在已存在的表上添加外键约束，那么可以使用下面的语句。

```
scott=# alter table student add foreign key(classes_id, classes_name)
        references classes(id, name);
```

（4）在 testparent 表和 testchild 表中插入数据。

```
scott=# insert into testparent values(1,'dev');
scott=# insert into testchild values(1,'tom',1);
scott=# insert into testchild values(2,'mike',1);
```

提示　这 3 条 insert 命令都将成功插入数据。

（5）在 testchild 表中插入一条错误的数据。

```
scott=# insert into testchild values(3,'mary',2);
```

由于 testparent 表中不存在“2”号记录，因此将输出下面的错误信息。

```
ERROR:  insert or update on table "testchild" violates
        foreign key constraint "testchild_classes_id_fkey"
DETAIL:  Key (classes_id)=(2) is not present in table "testparent".
```

（6）创建新的表，并设置用户名和密码不能重复。

```
scott=# create table testunique(
id int not null ,
name varchar(20),
password varchar(10),
unique(name,password)
);
```

提示　如果要在已经存在的表中添加唯一约束，那么可以使用下面的语句。

```
scott=# alter table testunique add unique(name, password);
```

（7）在 testunique 表中插入数据。

```
scott=# insert into testunique values(1,'tom','123456');
scott=# insert into testunique values(2,'mary','123456');
scott=# insert into testunique values(3,'mary','123456');
```

当插入第三条数据时，会出现以下错误信息。

```
ERROR:  duplicate key value violates
        unique constraint "testunique_name_password_key"
DETAIL:  Key (name, password)=(mary, 123456) already exists.
```

（8）创建新表，并添加检查约束用于检查工资的范围。

```
scott=# create table testcheck(
id int primary key,
name varchar(25),
salary float,
check(salary>0 and salary<10000)
);
```

（9）在 testcheck 表中插入数据。

```
scott=# insert into testcheck values(1,'tom',9000);
scott=# insert into testcheck values(2,'mike',15000);
```

当插入第二条数据时，会出现以下错误信息。

```
ERROR:  new row for relation "testcheck" violates
        check constraint "testcheck_salary_check"
DETAIL:  Failing row contains (2, mike, 15000).
```

（10）创建新表，并设定 name 字段为非空约束（name 字段的默认值为“no name”）。

```
scott=# create table testnotnull(
id int not null,
name varchar(20) not null default 'no name',
```

```
gender char
);
```

（11）在 testnotnull 表中插入数据。

```
scott=# insert into testnotnull values(1,'tom','F');
scott=# insert into testnotnull(id) values(2);
```

> 提示　这两条命令都可以成功执行。在第二条命令中没有给出 name 字段的值，此时会采用默认值“no name”。

（12）查询 testnotnull 表中的数据。

```
scott=# select * from testnotnull;
```

输出结果如下。

```
 id |  name   | gender
----+---------+--------
  1 | tom     | F
  2 | no name|
(2 rows)
```

4.2.4　表中的碎片

在 PostgreSQL 中删除行时，这些行只是被标记为“dead”，并不是真正从物理存储上进行删除，因此空间也没有被释放回收。

> 提示　在 PostgreSQL 中，除非进行自动的清理（vacuum）或手动的清理，否则数据块所占用的物理空间不会被回收。因此，在物理存储空间被回收之前，会导致存储空间中存在很多空洞。

如果表结构中包含动态长度字段，那么这些空洞甚至可能不能被 PostgreSQL 重新用来存储新的行。因此，大量随机的删除操作，必然会在数据文件中造成不连续的空白空间。而在插入数据时，这些空白空间也不会被利用，于是造成了数据的存储位置不连续。物理存储顺序与逻辑排列顺序不同，这就是数据碎片。

大量的更新操作也会产生文件碎片化。PostgreSQL 的最小逻辑存储分配单位是数据块，默认是 8KB。因此，大量的更新操作也可能导致数据块的分裂（Block Split），即同一个字段的数据可能存储在不同的数据块中。

频繁的数据块分裂会使数据的存储变得稀疏，并且被不规则的数据填充，所以最终数据会有碎片。

下面演示如何清理表中的碎片。

（1）创建一个新的表，并在表中插入 5000 万条记录。

```
scott=# create table testfragement(tid int,tname varchar(20));
scott=# insert into testfragement
        select n,'myname_'||n from generate_series(1,50000000) n;
```

（2）查看 testfragement 表占用的空间。

```
scott=# select pg_size_pretty(pg_relation_size('testfragement'));
```

输出结果如下。

```
 pg_size_pretty
----------------
 2488 MB
(1 row)
```

（3）清除表中的所有数据。

```
scott=# delete from testfragement;
```

（4）再次查看 testfragement 表占用的空间。

```
scott=# select pg_size_pretty(pg_relation_size('testfragement'));
```

输出结果如下。

```
 pg_size_pretty
----------------
 2488 MB
(1 row)
```

可以看到，尽管删除了表中的数据，但是表所占用的空间没有被释放。

（5）查看 testfragement 表的状态信息。

```
scott=# \x
scott=# select * from pg_stat_user_tables
        where relname = 'testfragement';
```

输出结果如下。

```
-[ RECORD 1 ]-------+------------------------------
relid               | 16574
schemaname          | public
relname             | testfragement
seq_scan            | 1
seq_tup_read        | 50000000
idx_scan            |
idx_tup_fetch       |
n_tup_ins           | 50000000
```

```
n_tup_upd           | 0
n_tup_del           | 50000000
n_tup_hot_upd       | 0
n_live_tup          | 0
n_dead_tup          | 49999426
n_mod_since_analyze | 0
n_ins_since_vacuum  | 0
last_vacuum         |
last_autovacuum     | 2023-04-28 09:14:26.066678+08
last_analyze        |
last_autoanalyze    | 2023-04-28 09:14:46.677939+08
vacuum_count        | 0
autovacuum_count    | 1
analyze_count       | 0
autoanalyze_count   | 1
```

其中，n_live_tup 的数目是当前表的数据量，n_dead_tup 的数据量是未回收的空间。

> 提示　由 n_dead_tup 的输出结果可知，testfragement 表仍然占用了很多“空闲”数据块，其空间没有被回收。

（6）手动进行碎片的清理。

```
scott=# vacuum testfragement;
```

此时会产生相应的后台进程。

```
[root@mydb ~]# ps -ef|grep VACUUM
postgres  6649  3540 .... postgres: postgres [local] VACUUM
```

（7）再次查看 testfragement 表的状态信息。

```
scott=# \x
scott=# select * from pg_stat_user_tables
        where relname = 'testfragement';
```

输出结果如下。

```
-[ RECORD 1 ]-------+------------------------------
relid               | 16574
schemaname          | public
relname             | testfragement
seq_scan            | 1
seq_tup_read        | 50000000
idx_scan            |
idx_tup_fetch       |
n_tup_ins           | 50000000
```

```
n_tup_upd             | 0
n_tup_del             | 50000000
n_tup_hot_upd         | 0
n_live_tup            | 0
n_dead_tup            | 0
n_mod_since_analyze   | 0
n_ins_since_vacuum    | 0
last_vacuum           | 2023-04-28 09:23:05.463206+08
last_autovacuum       | 2023-04-28 09:18:11.434888+08
last_analyze          |
last_autoanalyze      | 2023-04-28 09:14:46.677939+08
vacuum_count          | 1
autovacuum_count      | 2
analyze_count         | 0
autoanalyze_count     | 1
```

n_live_tup 和 n_dead_tup 都变成 0，这说明 testfragement 表所占用的空间已经被回收。

（8）重新查看 testfragement 表占用的空间。

```
scott=# select pg_size_pretty(pg_relation_size('testfragement'));
```

输出结果如下。

```
 pg_size_pretty
----------------
 0 bytes
(1 row)
```

4.2.5　统计信息

数据库的统计信息反映的是数据的分布情况。PostgreSQL 执行 SQL 语句会经过解析过程和查询优化过程。

- 解析过程：解析器将 SQL 语句分解成数据结构并传递给后续步骤。
- 查询优化过程：查询优化器发现执行 SQL 语句的最佳方案，并生成执行计划。

查询优化器决定 SQL 语句如何执行依赖于数据库的统计信息。因此，数据库的统计信息对于 SQL 语句的优化来说非常重要。

> 提示　所有的数据库统计信息都是一个近似值，最新收集到的统计信息也是如此。

4.2.5.1　查看数据库的统计信息

在 PostgreSQL 中，使用如下两个系统表存储数据库的统计信息。

- pg_class：用于记录表和索引的行数、块数等统计信息。
- pg_statistic：用于记录由 analyze 命令创建的统计信息，这些统计信息由查询优化器使用。

> 提示 在实际使用中，并不直接使用系统表 pg_statistic 来获取数据库的统计信息，因为其中记录的数据内容不便于阅读。
>
> PostgreSQL 提供了对应的 pg_stats 视图来获取可识别的数据库的统计信息。下面展示 pg_stats 视图的结构。
>
> ```
> postgres=# \d pg_stats
>                 View "pg_catalog.pg_stats"
>       Column            |   Type     | ... | 说明
> ----------------------+-----------+-----+-------------------
> schemaname              | name       | ... | 模式名
> tablename               | name       | ... | 表名
> attname                 | name       | ... | 列名
> inherited               | boolean    | ... | 是否是继承列
> null_frac               | real       | ... | 空值的比例
> avg_width               | integer    | ... | 平均宽度，字节
> n_distinct              | real       | ... | 大于零就是非重复值的个数，小于零则
> 是非重复值的个数除以行数
> most_common_vals        | anyarray   | ... | 高频值
> most_common_freqs       | real[]     | ... | 高频值的频率
> histogram_bounds        | anyarray   | ... | 直方图
> correlation             | real       | ... | 物理顺序和逻辑顺序的关联性
> most_common_elems       | anyarray   | ... | 高频元素，如数组
> most_common_elem_freqs| real[]       | ... | 高频元素的频率
> elem_count_histogram    | real[]     | ... | 直方图（元素）
> ```

下面演示如何使用系统表 pg_class 和 pg_stats 视图获取数据库的统计信息。

（1）查询系统表 pg_class，获取员工表 emp 的统计信息。

```
postgres=# \c scott
scott=# select oid,relname,
          -- 当前表所占用的数据页数目
          relpages,
          -- 当前表一共有多少行组（记录）
          reltuples
        from pg_class
        where relname = 'emp';
```

输出结果如下。

```
oid  | relname | relpages | reltuples
```

```
-------+---------+----------+-----------
 16422 | emp     |        0 |         0
(1 row)
```

因为员工表 emp 中存在数据，所以从输出结果中可以看出得到的统计信息并不准确。

（2）查询 pg_stats 视图，获取员工表 emp 的统计信息，此时不返回任何结果。

```
scott=# select * from pg_stats where tablename='emp';
```

4.2.5.2 使用 analyze 命令手动收集数据库的统计信息

使用 analyze 命令可以手动收集数据库的统计信息，该命令的语法格式如下。

```
scott=# \h analyze
```

输出结果如下。

```
Command:     ANALYZE
Description: collect statistics about a database
Syntax:
ANALYZE [ ( option [, ...] ) ] [ table_and_columns [, ...] ]
ANALYZE [ VERBOSE ] [ table_and_columns [, ...] ]

where option can be one of:
    VERBOSE [ boolean ]
    SKIP_LOCKED [ boolean ]
and table_and_columns is:
    table_name [ ( column_name [, ...] ) ]
```

下面演示如何使用 analyze 命令获取统计信息。

（1）收集员工表 emp 的统计信息。

```
scott=# analyze verbose emp;
```

输出结果如下。

```
INFO:  analyzing "public.emp"
INFO:  "emp": scanned 1 of 1 pages,
       containing 14 live rows and 14 dead rows;
       14 rows in sample, 14 estimated total rows
ANALYZE
```

使用 analyze 命令会在表上加上读锁。

（2）重新查询系统表 pg_class，获取员工表 emp 的统计信息。

```
scott=# select oid,relname,
           -- 当前表所占用的数据页数目
           relpages,
```

```
    -- 当前表一共有多少行组（记录）
    reltuples
  from pg_class
  where relname = 'emp';
```

输出结果如下。

```
  oid   | relname | relpages | reltuples
-------+---------+----------+-----------
 16422 | emp     |        1 |        14
(1 row)
```

（3）查询 pg_stats 视图，获取员工表 emp 的统计信息。

```
scott=# select tablename as "表名",
               attname as "列名",
               avg_width as "平均长度",
               null_frac as "空值率",
               n_distinct as "去重后的值的个数"
        from pg_stats where tablename='emp';
```

输出结果如下。

```
 表名 |    列名    | 平均长度 |    空值率     | 去重后的值的个数
-----+----------+---------+------------+----------------
 emp  | empno    |        4 |          0   |             -1
 emp  | ename    |        6 |          0   |             -1
 emp  | job      |        7 |          0   |    -0.35714287
 emp  | mgr      |        4 |          0   |           -0.5
 emp  | hiredate |        9 |          0   |     -0.9285714
 emp  | sal      |        4 |          0   |    -0.85714287
 emp  | comm     |        4 | 0.78571427   |    -0.21428573
 emp  | deptno   |        4 |          0   |    -0.21428572
```

4.2.5.3　了解统计信息收集器的配置项

在早期版本的 PostgreSQL 中，使用 stats collector 进程来进行统计信息的收集。从 PostgreSQL 15 开始，取消了 stats collector 进程，并且统计信息也不再存储在文件系统中，而是直接使用动态共享内存来保存数据库的统计信息。

下面列举了与 stats collector 进程相关的配置参数。

- track_activities：是否允许监控当前被任意服务器进程执行的命令，默认值为 on。
- track_counts：用于控制是否收集关于表和索引访问的统计信息，默认值为 on。
- track_functions：是否启用对用户定义函数使用的跟踪，默认值为 none。
- track_io_timing：是否启用对块读/写次数的监控，默认值为 off。

PostgreSQL 在收集统计信息时，还可以配置是否收集 SQL 语句执行过程的统计信息。这主要是由以下 4 个参数决定的。

- log_parser_stats：用来记载数据库解析器的统计信息。
- log_planner_stats：用来记录数据库查询优化器的统计信息。
- log_executor_stats：用来记录数据库执行器的统计信息。
- log_statement_stats：用来记录所有 SQL 语句的统计信息。

> 提示　在生产环境中不建议开启以上 4 个参数；建议在测试环境中开启以上 4 个参数，用于定位问题。

4.2.6 【实战】使用 PostgreSQL 的临时表

PostgreSQL 的临时表在需要保存一些临时数据时是非常有用的。临时表只在当前会话的连接中可见。当关闭连接时，PostgreSQL 会自动删除表并释放所有空间。

所有临时表都存储在临时表空间中，并且临时表空间中的数据可以复用。

> 提示　由于临时表只属于当前会话，因此不同会话的临时表的名称可以重复。当有多个会话执行查询时，使用临时表不必担心重名。

下面演示如何使用临时表。

（1）创建一个临时表。

```
scott=# create temporary table temptable(
        tid int primary key,
        tname varchar(10)
        );
```

（2）在临时表中插入数据。

```
scott=# insert into temptable values(1,'tom');
```

（3）查询临时表中的数据。

```
scott=# select * from temptable;
```

输出结果如下。

```
 tid | tname
-----+-------
   1 | tom
(1 row)
```

（4）查看当前数据库中的表。

```
scott=# \d
```

输出结果如下。

```
                    List of relations
  Schema     |       Name       |       Type       |  Owner
-----------+----------------+----------------+----------
 pg_temp_3 | temptable       | table           | postgres
 ...
```

> 提示　在不同会话中创建的临时表会使用不同的模式，这就保证了在不同的会话中可以创建同名的临时表。

（5）退出当前会话，并重新登录 PostgreSQL。

```
postgres=# \c scott
scott=# select * from temptable;
```

输出结果如下。

```
ERROR:  relation "temptable" does not exist
LINE 1: select * from temptable;
```

4.3　在查询时使用索引

数据库查询是数据库的主要功能之一，最基本的查询算法是顺序查找（Linear Search）。顺序查找的时间复杂度为 $O(n)$。当数据量很大时，顺序查找的效率很低。

优化的查找算法，如二分查找（Binary Search）、二叉树查找（Binary Tree Search）等，虽然查找效率提高了，但是各自对检索的数据都有要求。

- 二分查找要求被检索数据有序。
- 二叉树查找只能应用到二叉查找树上，并且数据本身的组织结构不可能完全满足各种数据结构。

因此，在数据之外，数据库系统还用来维护满足特定查找算法的数据结构。当以某种方式指向数据时，就可以在该数据结构（这种数据结构就是索引）上实现高级查找算法。

4.3.1　索引的基础知识

PostgreSQL 官方将索引定义为帮助 PostgreSQL 高效获取数据的数据结构。

索引是一种数据结构。PostgreSQL 默认的索引类型是 B 树。

1. 什么是 B 树

B 树类似于二叉查找树，能够让查找数据、顺序访问、插入数据及删除数据的操作，在最差的情况下也能在对数时间内完成。

图 4.1 所示为简单的 B 树。B 树与二叉树最大的区别在于：B 树允许一个节点有多于两个的元素，每个节点都包含 key 和数据，在查找时可以使用二分方式快速搜索数据。

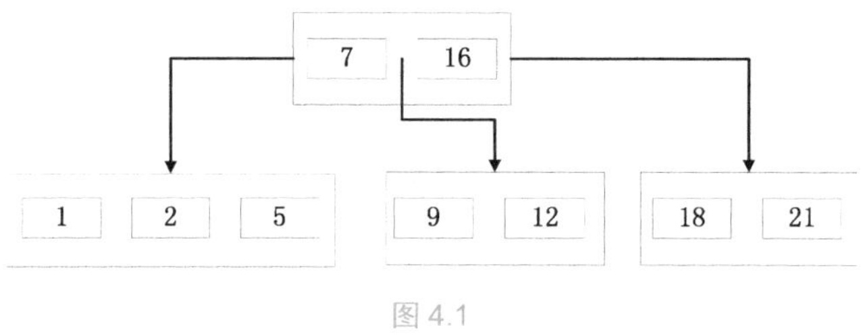

图 4.1

2. 创建 PostgreSQL 的索引

下面演示如何在 PostgreSQL 中创建索引，并且在查询语句中使用它。

（1）查看在 public 模式下已经创建的索引信息。

```
scott=# select schemaname,tablename,indexname
        from pg_indexes where schemaname ='public';
```

输出结果如下。

```
 schemaname |   tablename     |          indexname
------------+-----------------+------------------------------
 public     | dept            | dept_pkey
 public     | emp             | emp_pkey
 public     | testprimarykey  | testprimarykey_pkey
 public     | testparent      | testparent_pkey
 public     | classes         | classes_pkey
 public     | student         | student_pkey
 public     | testunique      | testunique_name_password_key
 public     | testcheck       | testcheck_pkey
 public     | ddl_history     | ddl_history_pkey
(9 rows)
```

> 提示　pg_indexes 是一个视图，可以通过它获取某个模式下的索引信息。

（2）如果要获取索引的更多属性信息，就需要使用 PostgreSQL 的系统表 pg_index。例如，获取员工表 emp 中索引的详细信息。

```
scott=# \x
scott=# select * from pg_index where indrelid in
      (select oid from pg_class where relname = 'emp');
```

输出结果如下。

```
-[ RECORD 1 ]---+------
indexrelid      | 16425    -- 此索引的pg_class的OID
indrelid        | 16422    -- 此索引的基表的pg_class的OID
indnatts        | 1        -- 索引中的总列数
indnkeyatts     | 1        -- 索引中键列的编号
indisunique     | t        -- 表示是否为唯一索引
indisprimary    | t        -- 表示索引是否表示表的主键
indisexclusion  | f        -- 表示索引是否支持一个排他约束
indimmediate    | t        -- 表示唯一性检查是否在插入时立即被执行
indisclustered  | f        -- 如果为真，就表示该表最后以此索引进行了聚簇
indisvalid      | t        -- 如果为真，那么此索引当前可以用于查询;
                           -- 如果为假，就表示此索引可能不完整
indcheckxmin    | f        -- 如果为真，就表示查询时不能使用此索引
indisready      | t        -- 如果为真，就表示此索引当前可以用于插入
indislive       | t        -- 如果为假，那么此索引正处于被删除过程中
indisreplident  | f        -- 如果为真，那么此索引可以作为修改表时的
                           -- replica identity参数使用
indkey          | 1        -- 表示此索引的表列
                           -- 如1 3表示表的第一列和第三列组成索引项
indcollation    | 0        -- 对于索引键中的每列，包含要用于该索引的排序规则的OID,
                           -- 若该列不是一种可排序数据类型则为零
indclass        | 1978     -- 对于索引键中的每列，包含要使用的操作符类的OID
indoption       | 0        -- 用于存储每列的标志位
indexprs        |          -- 非简单列引用索引属性的表达式树
indpred         |          -- 部分索引谓词的表达式树
```

（3）使用 create index 命令在员工表 emp 的工资字段 sal 上创建完全索引。

```
scott=# create index index_full on emp using btree(sal);
```

> 提示　完全索引会基于该字段上的所有值创建索引。在创建索引时会进行锁表，并且可以使用 CIC（Create Index Concurrently），但创建索引的时间相对较长。示例如下。
>
> ```
> scott=# create index concurrently index1 on emp using btree(sal);
> ```

（4）使用下面的语句在员工表 emp 上创建一个部分索引。

```
scott=# create index index_part on emp using btree(sal) where sal<3000;
```

> 提示　部分索引是对于表的部分数据创建索引。如果发现表的某一部分数据的查询次数较多，那么可以考虑在这部分数据上创建一个部分索引。
>
> 相较于完全索引，部分索引不但查询性能更高，而且所占的空间更小。

（5）在员工表 emp 的员工姓名 ename 字段上创建表达式索引。

```
scott=# create index index_exp on emp(lower(ename));
```

> 提示　表达式索引的维护成本比较高，因为在每行插入或更新时需要重新计算相应表达式的值。但是表达式索引的查询效率更高，因为表达式的值会直接存储在索引中。

（6）使用 explain 命令查看 SQL 查询语句的执行计划。

```
scott=# explain select * from emp where lower(ename) like 'king';
```

输出的执行计划如下。

```
                          QUERY PLAN
-----------------------------------------------------
 Seq Scan on emp  (cost=0.00..1.21 rows=1 width=134)
   Filter: (lower((ename)::text) ~~ 'king'::text)
(2 rows)
```

> 提示　由输出的执行计划可以看出，此时并没有使用表达式索引。这是因为 PostgreSQL 并不能强制使用特定的索引，或者完全阻止 PostgreSQL 进行 Seq Scan 的顺序扫描。
>
> 可以将参数 enable_seqscan 设置为 off，从而使 PostgreSQL 尽可能避免执行某些扫描类型，但这种方式多用于开发和调试中。

（7）禁止 PostgreSQL 使用顺序扫描。

```
scott=# set enable_seqscan = off;
```

（8）重新使用 explain 命令查看 SQL 查询语句的执行计划。

```
scott=# explain select * from emp where lower(ename) like 'king';
```

输出的执行计划如下。

```
                                   QUERY PLAN
-------------------------------------------------------------------
 Index Scan using index_exp on emp  (cost=0.14..8.16 rows=1 width=134)
   Index Cond: (lower((ename)::text) = 'king'::text)
   Filter: (lower((ename)::text) ~~ 'king'::text)
(3 rows)
```

4.3.2　索引的类型

PostgreSQL 的索引从底层存储来看，是基于 B 树的数据结构来存储相关信息的。但开发人员可以根据实际需求创建不同类型的索引。

PostgreSQL 中的索引主要包括普通索引、唯一索引、主键索引、组合索引、全文索引和哈希索引。

下面演示如何创建不同的索引。

1. B 树索引

B 树索引是最基本的索引，没有任何限制，用于加速查询。

（1）基于员工表 emp 创建一个新的表。

```
scott=# create table indextable1 as select * from emp;
```

> 提示　通过子查询创建表只会复制表中的数据，不会复制索引。

（2）在员工姓名 ename 字段上创建普通索引。

```
scott=# create index index1 on indextable1(ename);
```

（3）查看 indextable1 表上的索引信息。

```
scott=# \x
scott=# select * from pg_indexes where tablename='indextable1';
```

输出结果如下。

```
-[ RECORD 1 ]----------------------------------------------
schemaname | public
tablename  | indextable1
indexname  | index1
tablespace |
indexdef   | CREATE INDEX index1 ON public.indextable1 USING btree (ename)
```

（4）使用 explain 命令查看 SQL 查询语句的执行计划。

```
scott=# set enable_seqscan = off;
scott=# explain select * from indextable1 where ename='KING';
```

输出的执行计划如下。

```
                          QUERY PLAN
----------------------------------------------------------------
 Index Scan using index1 on indextable1
       (cost=0.14..8.15 rows=1 width=134)
```

```
  Index Cond: ((ename)::text = 'KING'::text)
(2 rows)
```

由输出的执行计划可以看出，查询语句中使用了创建的索引。

2. 块范围索引

块范围索引（Block Range Indexes，BRIN）存储的是表的连续物理块范围值的摘要信息。块范围索引可以支持许多不同的索引策略，并且可以使用块范围索引的特定操作符根据索引策略而变化。

对于具有线性排序顺序的数据类型，索引数据对应每个块范围的列中的最小值和最大值。块范围索引支持的运算符包括<、<=、=和>=。

> 提示 块范围索引适用于列与其在表中存储的物理位置存在某种相关性，具有索引文件小的优点。

3. 通用倒排索引

通用倒排索引（Generalized Inverted Index）存储了一个 Key/List 的结构。其中，Key 是唯一键，List 中存储了 Key 出现的行。通用倒排索引显然是为搜索优化做准备的，可以处理包含多个键的值（如数组）。

通用倒排索引支持的运算符包括<@、@>、=和&&。

下面演示创建一个通用倒排索引。

（1）创建一个新的表 ts。

```
scott=# create table ts(doc text, doc_tsv tsvector);
```

> 提示 tsvector 类型表示一个检索单元，通常是一个数据库表中一行的文本字段或这些字段的可能组合。

（2）在 ts 表中插入数据。

```
scott=# insert into ts(doc) values
  ('Can a sheet slitter slit sheets?'),
  ('How many sheets could a sheet slitter slit?'),
  ('I slit a sheet, a sheet I slit.'),
  ('Upon a slitted sheet I sit.'),
  ('Whoever slit the sheets is a good sheet slitter.'),
  ('I am a sheet slitter.'),
  ('I slit sheets.'),
```

```
  ('I am the sleekest sheet slitter that ever slit sheets.'),
  ('She slits the sheet she sits on.');
```

（3）使用 to_tsvector()函数解析字符串。

```
scott=# update ts set doc_tsv = to_tsvector(doc);
```

> 提示　to_tsvector()函数通常用于解析和标准化文档字符串。

（4）在 doc_tsv 列上创建通用倒排索引。

```
scott=# create index on ts using gin(doc_tsv);
```

（5）查看 ts 表上的索引信息。

```
scott=# \x
scott=# select * from pg_indexes where tablename='ts';
```

输出结果如下。

```
-[ RECORD 1 ]-----------------------------------------------------
schemaname  | public
tablename   | ts
indexname   | ts_doc_tsv_idx
tablespace  |
indexdef    | CREATE INDEX ts_doc_tsv_idx ON public.ts USING gin (doc_tsv)
```

4. 通用搜索树索引

通用搜索树（Generalized Search Tree，GiST）索引并不是单独一种索引类型，更像是一种架构。这个架构可以扩展出其他的索引，使用平衡树作为内部的访问方式。

因为通用搜索树索引支持多种索引策略，所以 PostgreSQL 提供了多个二维几何数据类型的通用搜索树运算符类，这些运算符类支持使用运算符<<、&<、&>、>>、<<|、&<|、|&>、|>>、@>、<@、~=和&&进行索引查询。

> 提示　通用搜索树索引允许自定义数据类型，并且自定义数据类型是其强项。

5. 哈希索引

哈希索引（Hash Index）基于哈希表实现，只有精确匹配索引所有列的查询才有效。对于每行数据，存储引擎会对所有的索引列计算一个哈希码（Hash Code）。哈希码是一个比较小的值，并且不同键值的行计算出来的哈希码也不同。

哈希索引将所有的哈希码存储在索引中，同时在哈希表中保存指向每个数据行的指针。

图 4.2 解释了哈希索引的基本思想。

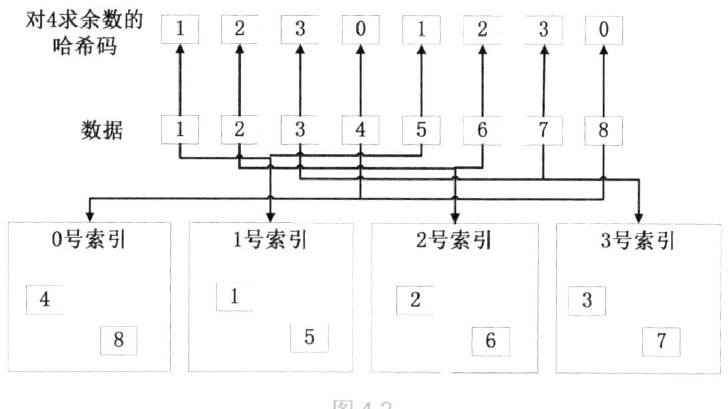

图 4.2

具体的操作步骤如下。

（1）基于员工表 emp 创建一个新的表。

```
scott=# create table indextable5 as select * from emp;
```

（2）在员工姓名 ename 字段上创建哈希索引。

```
scott=# create index index5 on indextable5 using hash(ename);
```

（3）查看 indextable5 表上的索引信息。

```
scott=# \x
scott=# select * from pg_indexes where tablename='indextable5';
```

输出结果如下。

```
-[ RECORD 1 ]----------------------------------------
schemaname   | public
tablename    | indextable5
indexname    | index5
tablespace   |
indexdef     | CREATE INDEX index5 ON public.indextable5 USING hash (ename)
```

4.3.3 【实战】索引的维护

PostgreSQL 具有一组丰富的索引功能，在开发数据库一段时间后，当需要对软件架构进行更改时，往往会忘记对以前的索引进行清理。这就会造成混乱，有时会因为索引过多而降低数据库的运行速度。

下面演示如何监控和维护 PostgreSQL 中的索引信息。

4.3.3.1 使用仅索引扫描

使用仅索引扫描（Index Only Scan）表示查询表的目标列都在索引键中，这样做的目的是减少磁盘的 I/O。此时仅索引扫描会直接使用索引中的键值。

下面通过一个示例来说明。

（1）基于员工表 emp 创建一个新的表。

```
scott=# create table indextable6 as select * from emp;
```

（2）在员工姓名 ename 字段上创建哈希索引。

```
scott=# create index index6 on indextable6(ename,sal);
```

（3）查看 indextable6 表上的索引信息。

```
scott=# \x
scott=# select * from pg_indexes where tablename='indextable6';
```

输出结果如下。

```
-[ RECORD 1 ]--------------------------------------------------
schemaname  | public
tablename   | indextable6
indexname   | index6
tablespace  |
indexdef    | CREATE INDEX index6 ON public.indextable6 USING btree
             (ename, sal)
```

（4）使用 explain 命令查看 SQL 查询语句的执行计划。

```
scott=# explain select ename,sal from indextable6 where ename='KING';
```

输出的执行计划如下。

```
                         QUERY PLAN
------------------------------------------------------------------
 Index Only Scan using index6 on indextable6
      (cost=0.14..8.15 rows=1 width=42)
   Index Cond: (ename = 'KING'::text)
(2 rows)
```

> 提示　由于查询的字段 ename 和 sal 都被包含在索引中，因此这里的执行计划只进行了索引扫描，没有进行表扫描。

4.3.3.2　避免重复索引

PostgreSQL 中允许为同一个列创建多个索引，但在大部分情况下都是不需要的。

通过使用\d 命令能够非常简单地判断出表中是否存在重复索引（Duplicate Indexes），示例如下。

```
scott=# \d indextable7;
                  Table "public.indextable7"
  Column     |         Type          | Collation | Nullable  | Default
-------------+-----------------------+-----------+-----------+---------
 empno       | integer               |           |           |
 ename       | character varying(10) |           |           |
 job         | character varying(10) |           |           |
 mgr         | integer               |           |           |
 hiredate    | character varying(10) |           |           |
 sal         | integer               |           |           |
 comm        | integer               |           |           |
 deptno      | integer               |           |           |
Indexes:
    "index71" btree (job)
    "index72" btree (job)
    "index73" hash (job)
```

下面检查当前数据库中存在的重复索引。

```
scott=# select indrelid::regclass as tablename,
            array_agg(indexrelid::regclass) as indexes
       from pg_index
       group by indrelid,indkey
       having count(*) > 1;
```

输出结果如下。

```
  tablename   |          indexes
-------------+---------------------------
 indextable7 | {index71,index72,index73}
(1 row)
```

4.3.3.3 清除未使用的索引

如果有些索引长期未被使用，那么这些索引可能是错误地创建的。因此，未使用的索引（Unused Indexes）不仅不会发挥任何作用，还会占用不必要的空间使数据插入、修改和删除的成本增加，以及备份的开销增加。清理这些长期未使用的索引对系统整体性能的提升有很大的帮助。

通过 pg_stat_user_indexes 统计视图，可以很清晰地了解到最近是否使用过某个索引。可以将一段时间（如几个月或半年）内没有使用的索引列入未使用索引清理备选清单，经过甄别确认后进行清除。

```
scott=# select relname, indexrelname, idx_scan
       from pg_catalog.pg_stat_user_indexes;
```

输出结果如下。

```
  relname    | indexrelname | idx_scan
-------------+--------------+----------
 dept        | dept_pkey    |       14
 emp         | emp_pkey     |        0
 emp         | index_exp    |        0
 indextable1 | index1       |        0
 indextable5 | index5       |        0
 indextable6 | index6       |        0
 indextable7 | index71      |        0
 indextable7 | index72      |        0
 indextable7 | index73      |        0
(9 rows)
```

下面检查无效的索引。

```
scott=# select indexrelid,indisvalid
      from pg_index where indisvalid = 'f' ;
```

4.4 使用视图简化查询语句

当 SQL 查询语句比较复杂并且需要反复执行时，如果每次都重新编写该语句就不是很方便。因此，PostgreSQL 提供了视图，用于简化复杂的 SQL 查询语句。

4.4.1 什么是视图

由于视图（View）是一种虚表，因此它本身并不包含数据。视图将作为一条 select 语句保存在数据字典中。

视图依赖的表叫作基表。通过视图可以展现基表的部分数据，视图数据来自定义视图的查询时使用的基表。

在 PostgreSQL 中，创建视图的基本语法格式如下。

```
create [temp | temporary] view view_name as
select column1, column2...
from table_name(s)
where [condition];
```

4.4.2 视图的基本操作

下面演示如何使用视图。

（1）基于员工表 emp 创建视图。

```
scott=# create or replace view view1
```

```
        as
        select * from emp where deptno=10;
```

> 提示 视图也可以基于多个表来创建，示例如下。
>
> ```
> scott=# create or replace view view2
>         as
>         select emp.ename,emp.sal,dept.dname
>         from emp,dept
>         where emp.deptno=dept.deptno;
> ```

（2）查看视图 view2 的结构。

```
scott=# \d view2
```

输出结果如下。

```
                    View "public.view2"
 Column |         Type          | Collation | Nullable | Default
--------+-----------------------+-----------+----------+---------
 ename  | character varying(10) |           |          |
 sal    | integer               |           |          |
 dname  | character varying(10) |           |          |
```

（3）查询视图 view2 中的数据。

```
scott=# select * from view2;
```

输出结果如下。

```
 ename  | sal  |   dname
--------+------+------------
 SMITH  |  800 | RESEARCH
 ALLEN  | 1600 | SALES
 WARD   | 1250 | SALES
 MARTIN | 1250 | SALES
 BLAKE  | 2850 | SALES
 CLARK  | 2450 | ACCOUNTING
 SCOTT  | 3000 | RESEARCH
 TURNER | 1500 | SALES
 ADAMS  | 1100 | RESEARCH
 JAMES  |  950 | SALES
 FORD   | 3000 | RESEARCH
 MILLER | 1300 | ACCOUNTING
 JONES  | 3075 | RESEARCH
 KING   | 5000 | ACCOUNTING
(14 rows)
```

（4）通过视图执行 DML 操作，如给 10 号部门员工涨 100 元工资。

```
scott=# update view1 set sal=sal+100;
```

> 提示　并不是所有的视图都可以执行 DML 操作。在定义视图时如果包含以下内容，就不能执行 DML 操作。
>
> - 查询子句中包含 distinct 和组函数。
> - 查询语句中包含 group by 子句和 order by 子句。
> - 查询语句中包含 union、union all 等集合运算符。
> - where 子句中包含相关的子查询。
> - from 子句中包含多个表。
> - 如果视图中有计算列，就不能执行 update 操作。
> - 如果基表中有某个具有非空约束的列未出现在视图定义中，就不能执行 insert 操作。

（5）在创建视图时，使用 with check option 约束。

```
scott=# create or replace view view3
         as
         select * from emp where sal<1000
         with check option;
```

> 提示　with check option 表示对视图执行的 DML 操作，不能违反视图的 where 条件的限制。

（6）在视图 view3 上执行 update 操作。

```
scott=# update view3 set sal=2000;
```

此时将出现如下所示的错误信息。

```
ERROR:  new row violates check option for view "view3"
DETAIL:  Failing row contains
         (7369, SMITH, CLERK, 7902, 1980/12/17, 2000, null, 20).
```

4.4.3 【实战】在 PostgreSQL 中使用临时视图

PostgreSQL 中有临时视图。在当前会话结束时，临时视图就会被自动删除。

下面演示临时视图的使用。

（1）基于员工表和部门表创建一个临时视图。

```
scott=# create or replace temporary view tempview
      as
      select emp.ename,emp.sal,dept.dname
      from emp,dept
      where emp.deptno=dept.deptno;
```

（2）在临时视图中查询数据。

```
scott=# select * from tempview;
```

输出结果如下。

```
 ename  | sal  |   dname
--------+------+------------
 SMITH  |  800 | RESEARCH
 ALLEN  | 1600 | SALES
 WARD   | 1250 | SALES
 MARTIN | 1250 | SALES
 BLAKE  | 2850 | SALES
 SCOTT  | 3000 | RESEARCH
 TURNER | 1500 | SALES
 ADAMS  | 1100 | RESEARCH
 JAMES  |  950 | SALES
 FORD   | 3000 | RESEARCH
 JONES  | 3075 | RESEARCH
 CLARK  | 2550 | ACCOUNTING
 MILLER | 1400 | ACCOUNTING
 KING   | 5100 | ACCOUNTING
(14 rows)
```

（3）切换数据库。

```
scott=# \c mydemodb
You are now connected to database "mydemodb" as user "postgres".
mydemodb=# \c scott
You are now connected to database "scott" as user "postgres".
```

（4）重新查询临时视图。

```
scott=# select * from tempview ;
```

输出如下所示的错误信息。

```
ERROR:  relation "tempview" does not exist
LINE 1: select * from tempview ;
```

> 提示　由于切换数据库就会开启新的会话，因此临时视图将被自动删除，即临时视图只存在于当前会话中。

4.4.4　物化视图

由于视图本身是一个虚表，并不包含数据，因此从视图中查询数据需要访问基表的数据。从这个角度来看创建视图是无法提高性能的。

如果视图可以缓存数据，那么通过视图进行查询可以提高查询的性能。因此，有一种新的视图叫作物化视图。物化视图是从 PostgreSQL 9.3 开始才支持的。

> 提示 物化视图与普通视图最大的区别在于：物化视图是包括一个查询结果的数据库对象，通过缓存查询结果来达到提高性能的目的。

物化视图在 PostgreSQL 系统目录下的信息和基础表的信息完全一样。对于解析器来说，物化视图类似于基础表和视图的关系型表。直接从物化视图中查询数据采用与基础表和视图一样的形式返回结果。

下面演示如何使用 PostgreSQL 的物化视图。

（1）基于员工表和部门表创建一个物化视图。

```
scott=# create materialized view mymatview
         as
         select emp.ename,emp.sal,dept.dname
         from emp,dept
         where emp.deptno=dept.deptno;
```

（2）在物化视图中查询数据。

```
scott=# select * from mymatview;
```

输出结果如下。

```
 ename  | sal  |   dname
--------+------+------------
 SMITH  |  800 | RESEARCH
 ALLEN  | 1600 | SALES
 WARD   | 1250 | SALES
 MARTIN | 1250 | SALES
 BLAKE  | 2850 | SALES
 SCOTT  | 3000 | RESEARCH
 TURNER | 1500 | SALES
 ADAMS  | 1100 | RESEARCH
 JAMES  |  950 | SALES
 FORD   | 3000 | RESEARCH
 JONES  | 3075 | RESEARCH
 CLARK  | 2550 | ACCOUNTING
 MILLER | 1400 | ACCOUNTING
 KING   | 5100 | ACCOUNTING
(14 rows)
```

（3）刷新物化视图中的数据。

```
scott=# refresh materialized view mymatview;
```

> 提示　在刷新物化视图时，PostgreSQL 会锁定整个表，因此不能执行查询表的操作，但可以通过使用 concurrently 关键字避免锁表。使用 concurrently 关键字，PostgreSQL 可以创建物化视图的临时更新版本用于执行查询操作。

（4）使用 concurrently 关键字刷新物化视图中的数据。

```
scott=# refresh materialized view concurrently mymatview;
```

输出如下所示的错误信息。

```
ERROR:  cannot refresh materialized view "public.mymatview" concurrently
HINT:  Create a unique index with no WHERE clause on one or more columns
of the materialized view.
```

> 提示　使用 concurrently 关键字的条件是，物化视图应有唯一索引。

（5）在物化视图上创建唯一索引。

```
scott=# create unique index mymatview_unique on mymatview(ename);
```

（6）重新使用 concurrently 关键字刷新物化视图中的数据。

```
scott=# refresh materialized view concurrently mymatview;
```

> 提示　concurrently 关键字从 PostgreSQL 9.4 才开始支持。

（7）删除物化视图。

```
scott=# drop materialized view mymatview;
```

4.5 序列

序列也被称为序列生成器或序列对象。序列都是用 create sequence 命令创建的特殊的单行表。序列通常用于为表的行生成唯一的标识符。序列可以控制串行数据类型的自动递增。

在序列创建成功后，PostgreSQL 可以轻松更改其初始值、增量值和下一个有效值。因为序列本身也是数据库对象，所以多个表可以使用同一个序列。通过这样的方式可以创建跨表的唯一键值。

PostgreSQL 提供了一系列函数用于操作序列，表 4.5 中列举了这些函数及其作用。

表 4.5

函　　数	作　　用
nextval()	递增序列并返回新值
currval()	返回最近一次用 nextval()函数获取的指定序列的值
lastval()	返回最近一次用 nextval()函数获取的任何序列的值
setval()	设置序列的当前值

下面演示如何使用这些函数操作序列。

（1）创建名称为 myseq 的递增序列，最小为 0，步长为 2，从 4 开始自增。

```
scott=# create sequence myseq as int increment 2 minvalue 0 start 4 ;
```

（2）递增序列 myseq 并返回新值。

```
scott=# select nextval('myseq');
 nextval
---------
       4
(1 row)

scott=# select nextval('myseq');
 nextval
---------
       6
(1 row)

scott=# select nextval('myseq');
 nextval
---------
       8
(1 row)
```

提示　这里调用了 3 次 nextval()函数访问序列中的值，每次递增 2。因此，返回的结果是 4、6、8。

（3）返回最近一次用 nextval()函数获取的指定序列的值。

```
scott=# select currval('myseq');
 currval
---------
       8
(1 row)
```

（4）返回最近一次用 nextval()函数获取的任何序列的值。

```
scott=# select lastval();
 lastval
---------
       8
(1 row)
```

（5）设置序列的当前值。

```
scott=# select setval('myseq',25);
```

（6）递增序列 myseq 并返回新值。

```
scott=# select nextval('myseq');
 nextval
---------
      27
(1 row)
```

第 5 章 并行查询

使用 PostgreSQL 能设计出利用多 CPU 使查询更快的查询计划，这种特性被称为并行查询。并行查询带来的速度提升是显著的。有的并行查询比之前的非并行查询快了超过 2 倍、4 倍甚至更多倍。那些访问大量数据但只为用户返回其中少数行的查询，从并行查询中可以获得最大的好处。

5.1 并行查询是如何工作的

PostgreSQL 的并行化包含 3 个重要组件，分别为进程本身（Leader 进程）、Gather 节点和 Worker 节点。

在没有开启并行化时，进程自身处理所有的数据。一旦计划器决定某个查询或查询中的部分可以并行时，就会在查询的并行化部分添加一个 Gather 节点，将 Gather 节点作为子查询树的根节点，并根据并行查询的参数设置创建相应的 Worker 节点，最终由 Worker 节点执行相应的并行查询任务。

PostgreSQL 的并行查询的工作原理如图 5.1 所示。

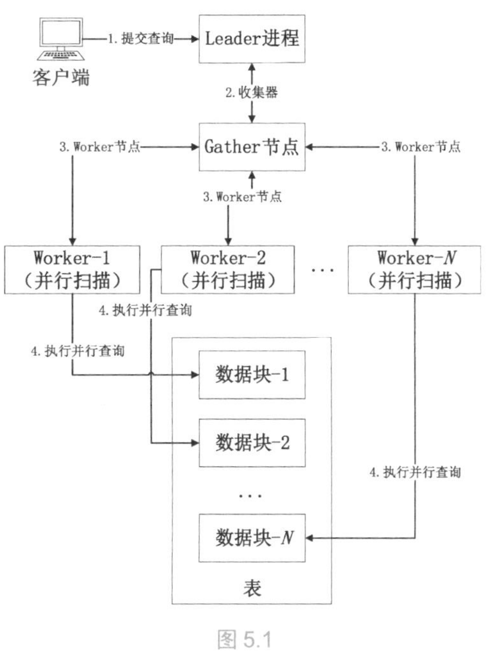

图 5.1

查询执行是从 Leader 进程开始的。一旦开启了并行查询或查询中的部分支持并行，就会分配一个 Gather 节点和多个 Worker 节点。相关联的数据块在各个 Worker 节点之间进行划分。

Worker 节点的数目由 PostgreSQL 的配置参数控制。Worker 节点之间使用共享内存相互协调和通信，一旦 Worker 节点完成了自己的工作，结果就被传给 Leader 进程。

5.2 何时会用到并行查询

在了解并行查询前，需要先了解顺序扫描。下面以之前创建的 testtable1 表为例来说明。

（1）执行一个简单的查询，并输出执行计划。

```
mydemodb=# explain select * from testtable1;
```

输出的执行计划如下。

```
                           QUERY PLAN
---------------------------------------------------------------
 Seq Scan on testtable1  (cost=0.00..22.70 rows=1270 width=36)
(1 row)
```

这里的 Seq Scan 表示顺序扫描。

（2）在 testtable1 表中插入 5000 万条数据。

```
mydemodb=# insert into testtable1 select n,'myname_'||n
from generate_series(1,50000000) n;
```

（3）执行下面的查询，并输出执行计划。

```
mydemodb=# explain analyze select * from testtable1
Mydemodb-# where tname ='myname_10';
```

输出的执行计划如下。

```
                              QUERY PLAN
-------------------------------------------------------------------
 Gather  (cost=1000.00..687114.39 rows=1 width=19)
        (actual time=0.224..1884.530 rows=1 loops=1)
   Workers Planned: 2
   Workers Launched: 2
   ->  Parallel Seq Scan on testtable1
(cost=0.00..686114.29 rows=1 width=19)
        (actual time=2370.242..4742.404 rows=0 loops=2)
         Filter: (tname = 'myname_10'::text)
         Rows Removed by Filter: 25000000
 Planning Time: 0.051 ms
 Execution Time: 1884.549 ms
```

- Workers Planned: 2 表示预估的并行查询进程数。

- Workers Launched: 2 表示实际启动的并行查询进程数。
- Parallel Seq Scan on testtable1 表示对表执行了并行的顺序扫描。

（4）关闭并行查询，并重新生成执行计划。

```
mydemodb=# set max_parallel_workers_per_gather = 0;
mydemodb=# explain analyze select * from testtable1
Mydemodb-# where tname ='myname_10';
```

输出的执行计划如下。

```
                          QUERY PLAN
-----------------------------------------------------------------
 Seq Scan on testtable1  (cost=0.00..943470.90 rows=1 width=19)
                    (actual time=0.028..3608.929 rows=1 loops=1)
   Filter: (tname = 'myname_10'::text)
   Rows Removed by Filter: 49999999
 Planning Time: 0.215 ms
 Execution Time: 3608.948 ms
```

提示 可以得出如下结论：在开启并行查询后，耗时为 1884.549ms；在关闭并行查询后，耗时为 3608.948ms，性能降为原来的 50%。

表 5.1 中列举了影响并行查询的相关参数及其说明。

表 5.1

参数名称	说明
max_worker_processes	设置系统支持的最大后台进程数，默认值为 8
max_parallel_workers	设置系统支持的并行查询进程数，默认值为 8
max_parallel_workers_per_gather	设置每个工作节点允许启动的最大查询数，默认值为 2。如果设置为 0，则表示禁用并行查询
parallel_tuple_cost	设置优化器通过并行进程处理一行数据的成本，默认值为 0.1
parallel_setup_cost	设置优化器启动并行进程的成本，默认值为 1000
min_parallel_table_scan_size	在启动并行进程时，表占用的最小空间，默认值为 8MB
min_parallel_index_scan_size	在启动并行进程时，索引占用的最小空间，默认值为 512KB
force_parallel_mode	是否强制开启并行进程。该参数一般用于测试，对于 OLTP 系统来说，不建议开启并行进程

5.3 【实战】查看并行查询的执行计划

因为每个 Worker 节点只执行计划的并行部分，所以不可能简单地产生一个普通查询计划并使用多个 Worker 节点来执行它。

每个 Worker 节点都会产生输出结果集的一个完整复制，因此这种并行查询并不会比普通查询运行得更快，甚至还会产生不正确的结果。相反，计划的并行部分一定被查询优化器在内部当作一个部分计划，这样每个执行该计划的进程将无重复地产生输出行的一个子集，即保证每个所需要的输出行正好只被一个合作进程生成。这意味着该查询的驱动表上的扫描必须是一种可并行的扫描。

5.3.1 并行扫描

并行扫描包括并行顺序扫描、并行索引扫描和并行位图扫描。

1. 并行顺序扫描

相应的执行计划如下所示。

```
mydemodb=# explain analyze select * from testtable1
Mydemodb-# where tname ='myname_10';
```

输出的执行计划如下。

```
                          QUERY PLAN
-------------------------------------------------------------------
 Gather  (cost=1000.00..687114.39 rows=1 width=19)
        (actual time=0.224..1884.530 rows=1 loops=1)
   Workers Planned: 2
   Workers Launched: 2
   ->  Parallel Seq Scan on testtable1
   ...
```

2. 并行索引扫描

下面通过一个具体的示例来演示 PostgreSQL 的并行索引扫描。

（1）在 testtable1 表中创建一个索引。

```
mydemodb=# create index index1 on testtable1(tid);
```

（2）执行一个简单的查询，由执行计划可以看出只使用了索引扫描。

```
mydemodb=# explain analyze select * from testtable1 where tid=1;
```

输出的执行计划如下。

```
                          QUERY PLAN
--------------------------------------------------------------------
 Index Scan using index1 on testtable1
     (cost=0.56..8.58 rows=1 width=19)
     (actual time=2.672..2.679 rows=1 loops=1)
   Index Cond: (tid = 1)
```

```
 Planning Time: 3.811 ms
 Execution Time: 2.859 ms
```

（3）执行下面的查询并查看执行计划，可以看出使用了并行索引扫描。

```
mydemodb=# explain analyze select count(tname)
Mydemodb-# from testtable1 where tid<10000000;
```

输出的执行计划如下。

```
                        QUERY PLAN
-------------------------------------------------------------
 Finalize Aggregate (cost=298125.00..298125.01 rows=1 width=8)
(actual time=3221.020..3224.478 rows=1 loops=1)
   -> Gather  (cost=298124.79..298125.00 rows=2 width=8)
(actual time=3214.224..3224.464 rows=3 loops=1)
        Workers Planned: 2
        Workers Launched: 2
        -> Partial Aggregate
(cost=297124.79..297124.80 rows=1 width=8)
             (actual time=3209.053..3209.055 rows=1 loops=3)
             -> Parallel Index Scan using testtable1_pkey on testtable1
                  (cost=0.56..286823.62 rows=4120466 width=15)
                 (actual time=3.922..2502.204 rows=3333333 loops=3)
                  Index Cond: (tid < 10000000)
 Planning Time: 1.656 ms
 Execution Time: 3224.528 ms
```

3. 并行位图扫描

下面使用前面创建的 testtable1 表来演示 PostgreSQL 的并行位图扫描。

```
mydemodb=# explain analyze select * from testtable1
           where tid=1 or tid=2;
```

输出的执行计划如下。

```
      QUERY PLAN
-------------------------------------------------------------------
Bitmap Heap Scan on testtable1  (cost=9.15..17.16 rows=2 width=19)
   (actual time=0.080..0.083 rows=2 loops=1)
     Recheck Cond: ((tid = 1) OR (tid = 2))
     Heap Blocks: exact=1
     -> BitmapOr  (cost=9.15..9.15 rows=2 width=0)
   (actual time=0.070..0.071 rows=0 loops=1)
          -> Bitmap Index Scan on index1
   (cost=0.00..4.57 rows=1 width=0)
   (actual time=0.064..0.064 rows=1 loops=1)
              Index Cond: (tid = 1)
```

```
        -> Bitmap Index Scan on index1
(cost=0.00..4.57 rows=1 width=0)
(actual time=0.004..0.004 rows=1 loops=1)
             Index Cond: (tid = 2)
 Planning Time: 0.080 ms
 Execution Time: 0.123 ms
```

5.3.2 并行连接

在多表执行连接操作时也可以使用并行扫描。需要注意的是，在多表连接场景下，能够使用的并行连接并不是指多表连接本身使用并行，而是指多表连接涉及的表数据检索能够使用并行方式进行处理。

并行连接包括嵌套循环链接、哈希连接和合并连接。

> 提示 为了更加方便地展示并行连接的试验效果，这里将创建两个表，分别为 table_small 和 table_big，并且在这两个表中插入一些测试数据。
>
> 创建一个小表 table_small。
>
> ```
> create table table_small(
>  sid int,
>  sname varchar(20)
> );
> ```
>
> 在 table_small 表中插入 10 000 条数据。
>
> ```
> insert into table_small select n,'small_'||n from generate_series(1,
> 10000) n;
> ```
>
> 创建一个大表 table_big。
>
> ```
> create table table_big(
>  bid int,
>  bname varchar(20)
> );
> ```
>
> 在 table_big 表中插入 5000 万条数据。
>
> ```
> insert into table_big select n,'big_'||n from generate_series(1,50000000) n;
> ```

1. 嵌套循环连接

嵌套循环连接（Nested Loop Join）将使用驱动表的每条记录匹配被驱动表的每列，如果匹配到相应的记录就返回。因此，当被驱动表的数据集比较小时，嵌套循环连接是比较好的选择。

> 提示 驱动表是指 from 语句中靠右侧的表，被驱动表是指 from 语句中靠左侧的表。

下面来演示嵌套循环连接。

（1）为了能够更好地观察到试验效果，建议把参数 force_parallel_mode 设置为 on，此时将强制开启并行查询功能。

```
postgres=# set force_parallel_mode = on;
```

（2）执行简单的查询语句，用于产生 table_big 表和 table_small 表的笛卡儿积，并输出执行计划。

```
postgres=# explain analyze select * from table_big,table_small
     where table_big.bid<10000;
```

输出的执行计划如下。

```
                              QUERY PLAN
------------------------------------------------------------
 Nested Loop  (cost=1000.00..1692286.85 rows=89660000 width=30)
 (actual time=3951.626..27154.537 rows=99990000 loops=1)
   ->  Seq Scan on table_small
       (cost=0.00..155.00 rows=10000 width=14)
       (actual time=0.021..14.213 rows=10000 loops=1)
   ->  Materialize  (cost=1000.00..571404.26 rows=8966 width=16)
                 (actual time=0.395..1.067 rows=9999 loops=10000)
         ->  Gather  (cost=1000.00..571359.43 rows=8966 width=16)
                  (actual time=3951.596..3956.779 rows=9999 loops=1)
               Workers Planned: 2
               Workers Launched: 2
               ->  Parallel Seq Scan on table_big
                  (cost=0.00..569462.83 rows=3736 width=16)
                  (actual time=3944.772..3947.203 rows=3333 loops=3)
                    Filter: (bid < 10000)
                    Rows Removed by Filter: 16663334
 Planning Time: 0.145 ms
 Execution Time: 32795.493 ms
(11 rows)
```

可以看出，在连接 table_big 表和 table_small 表生成笛卡儿积时，采用了嵌套循环连接，并且在扫描 table_big 表时使用了并行扫描。

2. 哈希连接

哈希连接也叫作散列连接，用于对每个表各做一次哈希运算，并执行一次连接操作。哈希连接的优点在于在执行连接操作时，每个表只访问一次。因此，哈希连接适合连接都是小表的情况，因为小表可以直接放在内存中，以便进行哈希运算。

执行下面的语句输出相应的执行计划。

```
postgres=# explain analyze select * from table_big,table_small
           where table_big.bid=table_small.sid;
```

输出的执行计划如下。

```
                              QUERY PLAN
-----------------------------------------------------------------
 Gather  (cost=1288.89..597897.62 rows=10395 width=31)
       (actual time=10433.664..10445.942 rows=10000 loops=1)
   Workers Planned: 2
   Workers Launched: 2
   ->  Hash Join  (cost=288.89..595858.12 rows=4331 width=31)
               (actual time=10428.390..10433.410 rows=3333 loops=3)
        Hash Cond: (table_big.bid = table_small.sid)
        ->  Parallel Seq Scan on table_big
           (cost=0.00..517336.67 rows=20850467 width=16)
           (actual time=0.028..4533.798 rows=16666667 loops=3)
        ->  Hash  (cost=158.95..158.95 rows=10395 width=15)
                (actual time=6.693..6.694 rows=10000 loops=3)
             Buckets: 16384  Batches: 1  Memory Usage: 586kB
             ->  Seq Scan on table_small
                (cost=0.00..158.95 rows=10395 width=15)
                (actual time=0.030..2.761 rows=10000 loops=3)
 Planning Time: 0.223 ms
 Execution Time: 10446.863 ms
(11 rows)
```

可以看出，在连接 table_big 表和 table_small 表时采用的是哈希连接，并且在连接这两个表时启动了两个 Worker 节点进行并行扫描。

3. 合并连接

在通常情况下，哈希连接的性能都比较好，但是如果连接的表已经被排过序，那么在执行排序连接时就不需要再排序，这时合并连接的性能会优于哈希连接。

合并连接适用于等值连接，以及“<”和“>”的不等值连接，但不支持其他连接操作。

下面演示合并连接。

（1）新创建两个表：tbl1 和 tbl2。

```
postgres=# create table tbl1 (id int, info text);
postgres=# create table tbl2 (id int, info text);
postgres=# insert into tbl1 select generate_series(1,10000000),'test';
postgres=# insert into tbl2 select * from tbl1;
postgres=# create index idx_tbl1 on tbl1(id);
postgres=# create index idx_tbl2 on tbl2(id);
```

（2）执行一个简单的查询，只在连接条件中的一个表上加上过滤条件，并输出相应的执行计划。

```
postgres=# explain (analyze,verbose,timing,costs,buffers)
         select count(*) from tbl1 join tbl2 on (tbl1.id=tbl2.id)
         where tbl1.id between 2000000 and 2090000;
```

输出的执行计划如下。

```
                  QUERY PLAN
------------------------------------------------------------
 Finalize Aggregate  (cost=67614.21..67614.22 rows=1 width=8)
               (actual time=153.063..153.116 rows=1 loops=1)
   Output: count(*)
   Buffers: shared hit=269762 read=498
   ->  Gather  (cost=67614.00..67614.21 rows=2 width=8)
          (actual time=153.055..153.110 rows=3 loops=1)
        Output: (PARTIAL count(*))
        Workers Planned: 2
        Workers Launched: 2
        Buffers: shared hit=269762 read=498
        ->  Partial Aggregate
             (cost=66614.00..66614.01 rows=1 width=8)
               (actual time=145.792..145.794 rows=1 loops=3)
             Output: PARTIAL count(*)
             Buffers: shared hit=269762 read=498
             Worker 0:  actual time=137.756..137.757 rows=1 loops=1
               Buffers: shared hit=134256 read=246
             Worker 1:  actual time=146.895..146.896 rows=1 loops=1
               Buffers: shared hit=62530 read=116
             ->  Nested Loop
                  (cost=0.87..66514.49 rows=39805 width=0)
                   (actual time=0.332..141.578 rows=30000 loops=3)
                  Buffers: shared hit=269762 read=498
                  Worker 0:
                    actual time=0.078..131.956 rows=44792 loops=1
                    Buffers: shared hit=134256 read=246
                  Worker 1:
                    actual time=0.122..143.642 rows=20862 loops=1
                    Buffers: shared hit=62530 read=116
                  ...
 Planning:
   Buffers: shared hit=2 read=14
 Planning Time: 5.835 ms
 Execution Time: 153.186 ms
(43 rows)
```

> 提示 可以看出，SQL 语句在执行时使用了并行查询，但表依然采用的是嵌套循环连接方式。

（3）执行一个简单的查询，在连接条件中的两个表上都加上过滤条件，并输出相应的执行计划。

```
postgres=# explain (analyze,verbose,timing,costs,buffers)
            select count(*) from tbl1 join tbl2 on (tbl1.id=tbl2.id)
              where tbl1.id between 2000000 and 2090000 and
              tbl2.id between 2000000 and 2090000;
```

输出的执行计划如下。

```
                  QUERY PLAN
-------------------------------------------------------
 Aggregate  (cost=6426.39..6426.40 rows=1 width=8)
          (actual time=66.191..66.193 rows=1 loops=1)
   Output: count(*)
   Buffers: shared hit=500
   ->  Merge Join  (cost=1.04..6424.10 rows=917 width=0)
                (actual time=0.053..58.430 rows=90001 loops=1)
        Merge Cond: (tbl1.id = tbl2.id)
        Buffers: shared hit=500
        ->  Index Only Scan using idx_tb1 on public.tbl1
                (cost=0.43..2959.09 rows=95533 width=4)
                (actual time=0.026..13.574 rows=90001 loops=1)
             Output: tbl1.id
             Index Cond: ((tbl1.id >= 2000000) AND (tbl1.id <= 2090000))
             Heap Fetches: 0
             Buffers: shared hit=250
        ->  Index Only Scan using idx_tb2 on public.tbl2
             (cost=0.43..2977.05 rows=96031 width=4)
             (actual time=0.023..14.149 rows=90001 loops=1)
             Output: tbl2.id
             Index Cond: ((tbl2.id >= 2000000) AND (tbl2.id <= 2090000))
             Heap Fetches: 0
             Buffers: shared hit=250
 Planning:
   Buffers: shared hit=16
 Planning Time: 0.362 ms
 Execution Time: 66.234 ms
(20 rows)
```

> 提示 可以看出，SQL 语句在执行时使用了合并连接，但没有使用并行查询，因为使用合并连接的效率更高。

5.4　并行查询的限制

在使用 PostgreSQL 的并行查询时，需要注意以下几点。

- 并行查询只支持不带锁谓词的 select 查询。
- 如果所有 CPU 内核都已饱和，就不要启用并行查询，否则并行查询会从其他查询中窃取 CPU 时间，反而会增加查询时间。
- 并行查询增加了内存的使用量，因此，需要保证系统总的内存容量能够满足所有并行查询的 work_mem 参数值的总和。
- 在进行窗口计算和使用有序集聚合函数时，不能使用并行查询。
- 在使用外部数据源时，不能使用并行查询。

第 6 章 事务与并发控制

在数据库操作中使用事务是为了保持逻辑数据的一致性与可恢复性。锁是数据库提供的一种管理机制，用于规定并发访问同一个数据库资源时的先后次序。事务的实现需要依赖数据库提供的锁。

6.1 PostgreSQL 的事务

事务是数据库的基本概念。在 PostgreSQL 中，使用 begin 命令或 start transaction 命令可以开启一个事务，使用 commit 命令或 rollback 命令可以回滚一个事务。除此之外，PostgreSQL 中还有子事务、多事务和 2PC 事务的概念。

6.1.1 事务简介

事务是关系型数据库与 NoSQL 数据库最大的区别。

- 关系型数据库（如 MySQL、Oracle 等）都支持事务。
- 虽然有的 NoSQL 数据库（如 Redis）也支持简单的事务，但是无法严格地保证数据库的一致性和完整性。

1. 什么是事务

数据库的事务通常由一组 DML 语句（以 insert、update 和 delete 命令为核心的语句）组成。通过事务可以保证数据库中数据的完整性，保证这一组 DML 语句要么全部执行，要么全部不执行。因此，可以把事务看成一个逻辑工作单元，可以通过提交或回滚操作来结束一个事务。

当事务被成功提交给数据库后，可以保证其中的所有操作都成功完成且结果被永久保存在数据库中。如果有部分操作没有成功完成，事务中的所有操作就需要回滚，数据回到事务执行前的状态。

数据库之所以提供事务的机制，主要有以下两方面原因。

- 为操作数据库的一组操作提供了从失败状态恢复到正常状态的途径，同时保证数据库即使在异常状态下也能保持数据的一致性。
- 当多个应用程序并发访问数据库时，可以在这些应用程序之间提供一个隔离方法，以防止彼此的操作互相干扰。

> 提示　使用 PostgreSQL 客户端连接 PostgreSQL 服务器端，PostgreSQL 将默认开启事务的提交，即每执行一条 DML 语句会自动完成提交过程。用户可以使用\set autocommit off 命令关闭自动提交，可以使用 begin 命令或 start transaction 命令开启一个事务块。

2. 事务的特性

数据库的事务应当具备 4 个不同的特性，即事务的 ACID 特性。ACID 分别代表原子性（Atomicity）、一致性（Consistency）、隔离性（Isolation）和持久性（Durability）。

1）原子性

原子性是指事务中的所有 DML 操作，要么全部执行成功，要么全部执行失败，不存在“部分执行成功，另一部分执行失败”的情况。如果事务在执行过程中发生错误，操作的数据就会回滚到事务开始前的状态，相当于事务没有执行过。

2）一致性

一致性是指在事务开始执行前和事务执行结束后，数据库中的数据完整性没有被破坏。数据应该从一个正确的状态，转换到另一个正确的状态，并且完全符合所有的预设规则。数据不存在中间的状态。

> 提示　事务执行结束包含两种情况，分别为提交事务和回滚事务，这两种操作都表示一个事务被成功结束。

3）隔离性

由于数据库支持并发操作，因此允许多个客户端或多个事务同时操作数据库中的数据。数据库必须有一种方式来隔离不同的操作，以防止各事务并发执行时由于交叉执行导致数据不一致，这就是事务的隔离性。数据库的隔离分为不同的隔离级别。

4）持久性

持久性是指当事务成功结束后就提交成功，事务对数据的修改是永久的。数据不会因为系统出现故障而丢失。因此，为了实现事务的持久性，PostgreSQL 与 MySQL、Oracle 一样，在提交事务时都采用预写日志的方式。也就是说，在提交事务后，先写日志，再写数据。只要日志成功写入，就是事务提交成功。

> 提示 Oracle 的日志叫作 Redo Log，即重做日志；而 MySQL 的日志通常是指 binlog 日志。

6.1.2 控制事务

SQL 的标准中定义了事务的控制语句，关系型数据库都支持这样的语句。因此，在如何控制事务方面，PostgreSQL 与其他的关系型数据库类似。

6.1.2.1 事务的控制语句

通过事务的控制语句可以开启一个事务、提交一个事务和回滚一个事务。PostgreSQL 还提供了保存点（Savepoint）机制，以便在执行事务发生错误时可以控制事务回滚的位置。

表 6.1 中列举了与事务相关的控制语句。

表 6.1

与事务相关的控制语句	作 用
begin 或 start transaction	二者都是显式开启一个事务
commit 或 commit work	二者都用于提交事务，使已对数据库进行的所有修改成为永久性的
rollback 或 rollback work	二者都用于回滚事务，并撤销已经修改但未提交的所有的操作
savepoint [保存点名称]	在事务中创建一个保存点，一个事务中可以有多个保存点
release savepoint [保存点名称]	删除事务中的保存点
rollback to [保存点名称]	将事务回滚到指定的保存点
set transaction	设置事务的隔离级别

6.1.2.2 【实战】使用事务的控制语句

下面演示如何在 PostgreSQL 中使用事务。这里使用之前创建的员工表 emp 中的数据进行演示。

（1）查询员工 KING 和 JONES 的工资。

```
scott=# select ename,sal from emp where ename in ('KING','JONES');
```

输出结果如下。

```
 ename | sal
-------+------
 JONES | 2975
 KING  | 5000
(2 rows)
```

（2）开启事务，之后从 KING 的账号上转 100 元给 JONES。

```
scott=# start transaction;
scott=*#  update emp set sal=sal-100 where ename='KING';
scott=*#  update emp set sal=sal+100 where ename='JONES';
```

（3）重新查询员工 KING 和 JONES 的工资。

```
scott=*# select ename,sal from emp where ename in ('KING','JONES');
```

输出结果如下。

```
 ename | sal
-------+------
 KING  | 4900
 JONES | 3075
(2 rows)
```

> 提示　可以看出，已经完成了转账过程，但当前事务并没有执行提交操作。

（4）直接关闭当前会话的命令行窗口，以模拟客户端发生异常而中断出错。

（5）重新登录 PostgreSQL，并切换到 scott 数据库中查询员工 KING 和 JONES 的工资。

```
postgres=# \c scott
```

输出结果如下。

```
scott=# select ename,sal from emp where ename in ('KING','JONES');
 ename | sal
-------+------
 JONES | 2975
 KING  | 5000
(2 rows)
```

> 提示　可以看出，由于事务并没有执行提交操作，因此在数据库发生异常时，事务自动执行回滚操作，撤销了第（2）步中 update 语句的更新操作。

（6）重新执行第（2）步，并提交事务。

```
scott=*# commit;
```

（7）再次执行第（4）步和第（5）步。此时会发现，即使数据库发生异常，由于事务已经成功提交，因此对数据的修改将永久地保存下来。

输出结果如下。

```
 ename | sal
-------+------
 KING  | 4900
```

```
 JONES  | 3075
(2 rows)
```

（8）重新开启一个事务，并且再次从 KING 的账号上转 100 元给 JONES。

```
scott=# start transaction;
scott=*# update emp set sal=sal-100 where ename='KING';
scott=*# savepoint point1;
scott=*# update emp set sal=sal+100 where ename='JONES';
```

> 提示 这里加粗的语句在事务中设置了一个保存点 point1，可以用于控制事务回滚的位置。

（9）查询员工 KING 和 JONES 的工资。

```
scott=*# select ename,sal from emp where ename in ('KING','JONES');
```

输出结果如下。

```
 ename  | sal
--------+------
 KING   | 4800
 JONES  | 3175
(2 rows)
```

（10）将事务回滚到保存点 point1。

```
scott=*# rollback to savepoint point1;
```

（11）再次查询员工 KING 和 JONES 的工资。

```
scott=*# select ename,sal from emp where ename in ('KING','JONES');
```

输出结果如下。

```
 ename  | sal
--------+------
 JONES  | 3075
 KING   | 4800
(2 rows)
```

> 提示 由输出结果可以看出，由于在执行回滚操作时指定了保存点的位置，因此只有第 2 条 update 语句被撤销，第 1 条 update 语句依然有效。此时，整个事务并没有执行提交操作。如果发生异常，那么事务将自动回滚第 1 条 update 语句。

（12）回滚整个事务。

```
scott=*# rollback;
```

6.1.3 事务的并发

数据库允许多个客户端并发访问。当这些客户端并发访问数据库中同一部分数据时，如果没有采取必要的隔离措施，就容易出现并发一致性问题，从而破坏数据的完整性。下面以图 6.1 中的场景为例展开介绍。

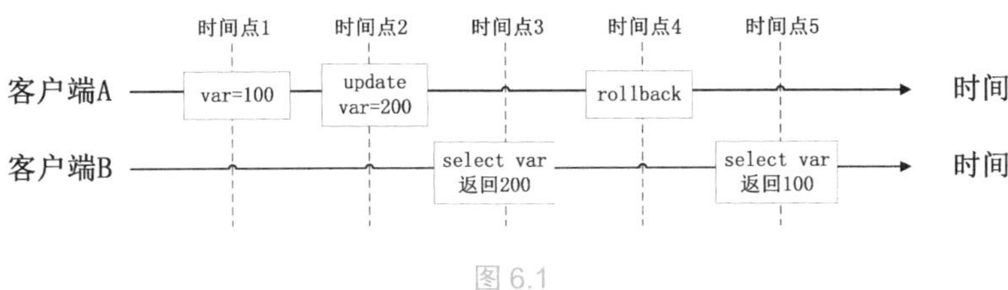

图 6.1

在时间点 1 上，var 的值是 100。

在时间点 2 上，客户端 A 将 var 的值更新为 200，但没有提交事务。

在时间点 3 上，客户端 B 读取到了客户端 A 还未提交的 var 的值 200。

在时间点 4 上，客户端 A 执行了回滚操作。

对于客户端 B 来说，如果在时间点 5 上再次读取数据，得到就应该是 100。那么客户端 B 就存在数据不一致的问题。而出现这个问题的根本原因在于，客户端 B 读取到了客户端 A 还没有提交的事务中的数据。

6.1.3.1 事务隔离级别

为了解决并发访问时数据的一致性问题，PostgreSQL 提供了 4 种事务隔离级别，分别为读未提交（READ-UNCOMMITTED）、读已提交（READ-COMMITTED）、可重复读（REPEATABLE-READ）和可序列化读（SERIALIZABLE）。

执行下面的语句可以得到 PostgreSQL 默认的事务隔离级别是读已提交。

```
scott=# show default_transaction_isolation;
```

输出结果如下。

```
default_transaction_isolation
-------------------------------
 read committed
(1 row)
```

PostgreSQL 在不同的事务隔离级别下会有不同的行为，从而在并发访问数据时带来不同的问题，主要包含以下 4 种问题。

（1）脏读：一个事务读取了另一个并行未提交事务写入的数据。

（2）不可重复读：一个事务重新读取之前读取过的数据，发现该数据已经被另一个事务修改。

（3）幻读：一个事务重新执行一个返回符合搜索条件的行集合的查询，发现满足条件的行集合因为另一个最近提交的事务而发生变化。

（4）序列化异常：成功提交一组事务的结果与这些事务所有可能的串行执行结果都不一致。

表 6.2 中对比了 SQL 标准和 PostgreSQL 中不同的事务隔离级别下可能产生的问题。

表 6.2

事务隔离级别	脏　　读	不可重复读	幻　　读	序列化异常
读未提交	√（PostgreSQL 不会产生）	√	√	√
读已提交	×	√	√	√
可重复读	×	×	√（PostgreSQL 不会产生）	√
可序列化读	×	×	×	×

下面将通过设置不同的事务隔离级别来说明到底什么是脏读、不可重复读和幻读。

6.1.3.2 【实战】事务的脏读

脏读是指一个事务读取到了另一个事务还没有提交的数据。下面的示例演示的就是脏读。数据库中一旦发生了脏读就是非常危险的。

（1）创建一个新表用于测试，并在表中插入一些测试数据。

```
scott=# create table transactiondemo
Scott-# (tid int,tname varchar(10),money int);
scott=# insert into transactiondemo values(1,'tom',1000);
scott=# insert into transactiondemo values(2,'mike',1000);
```

（2）查询 transactiondemo 表中的数据。

```
scott=# select * from transactiondemo;
```

输出结果如下。

```
 tid | tname | money
-----+-------+-------
   1 | tom   |  1000
   2 | mike  |  1000
(2 rows)
```

> 提示　在初始时，tom 和 mike 各有 1000 元。

（3）打开两个命令行窗口登录 PostgreSQL，设置其中一个会话的事务隔离级别为读未提交。两个命令行窗口开启各自的会话，如图 6.2 所示。

```
scott=# set transaction isolation level read uncommitted;
```

```
 1000
(1 row)

scott=#
scott=# start transaction;
START TRANSACTION
scott=*#
```

```
scott=# start transaction;
START TRANSACTION
scott=*# set transaction isolation level read
uncommitted;
SET
scott=*# show transaction_isolation;
 transaction_isolation
-----------------------
 read uncommitted
(1 row)

scott=*#
```

图 6.2

提示　由于 PostgreSQL 在默认的事务隔离级别下不会发生脏读，因此可以手动修改事务隔离级别。例如，将右侧窗口中会话的事务隔离级别设置为读未提交，此时右侧窗口中的事务就可能发生脏读问题。

（4）模拟一个实际的场景。左侧窗口中是买家 tom，右侧窗口中是卖家 mike。tom 给 mike 转账 100 元用于购买商品，但 tom 并没有提交事务。在左侧窗口中执行下面的语句。

```
scott=*# update transactiondemo set money=money+100 where tname='mike';
```

（5）右侧窗口中的卖家 mike 由于事务隔离级别是读未提交，按照标准 SQL 中的定义，此时会发生脏读问题。但此时 mike 查询到的钱依然是 1000 元，如图 6.3 所示。

```
 1000
(1 row)

scott=#
scott=# start transaction;
START TRANSACTION
scott=*# update transactiondemo set money=
money+100 where tname='mike';
UPDATE 1
scott=*#
```

```
-----------------------
 read uncommitted
(1 row)

scott=*# select money from transactiondemo where
tname='mike';
 money
-------
  1000
(1 row)

scott=*#
```

图 6.3

提示　此时，右侧窗口中并没有发生脏读问题。这是由于在 PostgreSQL 内部只实现了 3 种事务隔离级别，而读未提交的行为和读已提交的行为相同。

由此可以得出结论：PostgreSQL 不支持读未提交的事务隔离级别，也就不存在脏读问题。

6.1.3.3 【实战】事务的不可重复读

不可重复读是指，在同一个事务中前后两次读取数据的结果不一致，这时就无法判断哪一个结果是正确的。使用下面的测试数据进行演示。

```
scott=#  select * from transactiondemo;
```

输出结果如下。

```
 tid | tname | money
-----+-------+-------
   1 | tom   |  1000
   2 | mike  |  1000
(2 rows)
```

按照下面的步骤来演示不可重复读的问题。

（1）先开启两个会话的窗口，再开启事务，将右侧窗口中会话的事务隔离级别设置为读已提交，如图 6.4 所示。

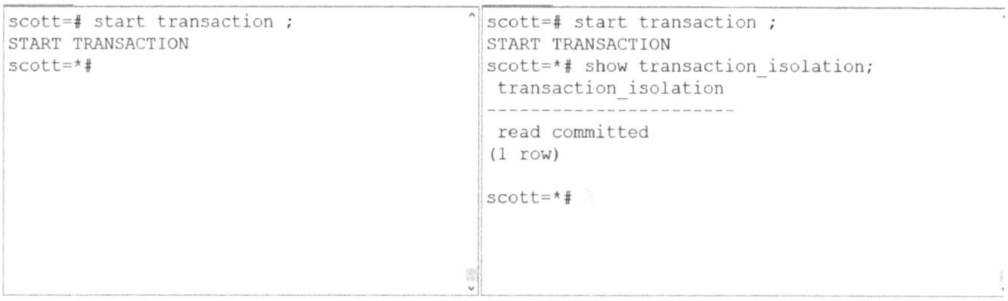

```
scott=# start transaction ;
START TRANSACTION
scott=*#
```

```
scott=# start transaction ;
START TRANSACTION
scott=*# show transaction_isolation;
 transaction_isolation
-----------------------
 read committed
(1 row)

scott=*#
```

图 6.4

（2）模拟一个真实的场景。左侧窗口代表储户，右侧窗口代表银行。如果银行要统计存款总额，则可以开启一个事务进行统计，并执行下面的语句。

```
scott=*# select sum(money) from transactiondemo;
```

输出结果如图 6.5 所示。

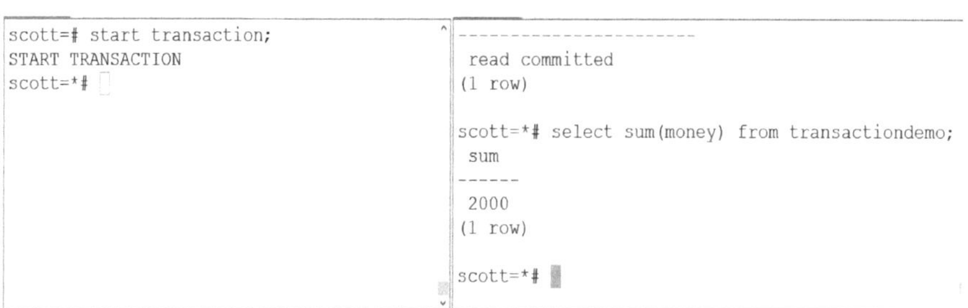
scott=# start transaction;
START TRANSACTION
scott=*#
----
read committed
(1 row)
scott=*# select sum(money) from transactiondemo;
sum

2000
(1 row)
scott=*#

图 6.5

提示　此时右侧窗口中并没有结束当前的事务操作。

（3）储户在自己的账号里存入 100 元，并且提交了事务。

```
scott=*# update transactiondemo set money=money+100 where tid=1;
scott=*# commit;
```

（4）右侧窗口的银行在同一个事务中再次统计存款的总额，就会发现与之前的结果不一致，如图 6.6 所示。

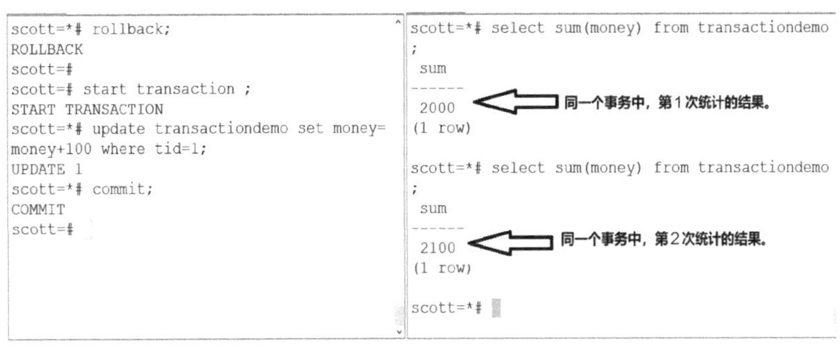

图 6.6

> 提示　由于此时银行会话窗口中的事务产生了不可重复读的问题，因此无法判断到底哪一个统计结果是正确的。要避免不可重复读的问题，只需要把事务隔离级别再提高一级到可重复读即可。

（5）将事务隔离级别设置为可重复读。

```
scott=*# set transaction isolation level repeatable read;
```

（6）重复第（1）～（4）步的操作。

> 提示　在可重复读的事务隔离级别下，尽管可以避免不可重复读的问题，但存在幻读的问题。
>
> 幻读是指在一个事务中读取到了其他事务新插入的未提交数据。
>
> 要避免幻读的问题，可以再次将事务隔离级别提高到可序列化读。该隔离级别可以被理解为将 PostgreSQL 设置成单线程的工作模式，这样即使执行的是查询操作，也需要等待其他事务完成后才能执行。
>
> 尽管改为可序列化读可以解决幻读的问题，但是会严重影响数据库的性能，因此一定要谨慎使用。

6.2 PostgreSQL 的锁

在并发环境下，为了解决并发一致性问题，保证事务的隔离性，PostgreSQL 采用了锁的机制。

当一个事务在进行操作时会对操作的数据加锁，从而限制另一个事务的操作。为了保证效率，加锁的粒度不宜太大。

加锁的意义在于：当多个会话同时访问数据库的同一数据时，为所有会话提供高效的数据访问，并同时维护严格的数据一致性，从而实现数据的多版本并发控制。

> 提示　多版本并发控制可以为每个数据库会话提供事务隔离，这样可以保证在一个事务中的语句不会在相同数据行上由其他事务操作产生更新，从而造成数据不一致。
>
> 使用多版本并发控制，不仅可以避免传统的数据库系统的锁定方法，还可以通过锁争夺最小化的方法来达到多会话并发访问时的性能最大化目的。

6.2.1 锁的类型

PostgreSQL 提供了多种类型的锁模式，用于控制对表中数据的并发访问。其中，最主要的是表级锁与行级锁，此外还有页级锁、咨询锁等。下面重点介绍表级锁与行级锁。

1. 表级锁

表级锁通常会在执行各种命令时自动获取，或者通过在事务中使用 lock 语句显式获取。每种表级锁都有自己的冲突集合。在同一时刻，两个事务不能在同一个表上持有属于相互冲突模式的锁，但可以持有不冲突模式的锁。

PostgreSQL 的表级锁总共有 8 种模式（见表 6.3），并且存储在共享内存中。

表 6.3

表级锁的模式	说　明
ACCESS SHARE	select 命令在被引用的表上获得一个这种模式的锁。通常，任何只读取表而不修改它的查询都将获得这种锁模式
ROW SHARE	select FOR UPDATE 命令和 select FOR SHARE 命令在目标表上获得这种锁模式
ROW EXCLUSIVE	update 命令、delete 命令和 insert 命令在目标表上获得这种锁模式，通常这种锁模式可以被任何修改表中数据的语句获得
SHARE UPDATE EXCLUSIVE	这种模式保护一个表不受并发模式改变和 VACUUM 运行的影响，通常由命令 vacuum（不带 FULL 选项）、analyze、create index concurrently、reindex concurrently、create statistics，以及某些 alter index 和 alter table 获得
SHARE	这种模式保护一个表不受并发数据改变的影响，通常由命令 create index（不带 concurrently 选项）获得
SHARE ROW EXCLUSIVE	这种模式保护一个表不受并发数据修改的影响，并且具有排他性。这样在一个时刻只能有一个会话持有它。通常由命令 create trigger 和某些形式的 alter table 获得

续表

表级锁的模式	说　明
EXCLUSIVE	这种模式只允许与已存在的并发 ACCESS SHARE 锁共存，即只有来自表的读操作可以与一个持有该锁模式的事务并行处理。 通常由命令 refresh materialized view concurrently 获得
ACCESS EXCLUSIVE	这种模式可以保证持有者是访问该表的唯一事务。通常由命令 alter table、drop table、truncate、reindex、cluster、vacuum full 和 refresh materialized view（不带 concurrently 选项）获取。这种锁模式也是未显式指定模式的 lock table 命令的默认模式

这 8 种表级锁彼此之间存在一定的冲突，如表 6.4 所示（×表示相互之间存在冲突）。

表 6.4

请求的锁	已获取的锁							
	ACCESS SHARE	ROW SHARE	ROW EXCLUSIVE	SHARE UPDATE EXCLUSIVE	SHARE	SHARE ROW EXCLUSIVE	EXCLUSIVE	ACCESS EXCLUSIVE
ACCESS SHARE								×
ROW SHARE							×	×
ROW EXCLUSIVE					×	×	×	×
SHARE UPDATE EXCLUSIVE				×	×	×	×	×
SHARE			×	×		×	×	×
SHARE ROW EXCLUSIVE			×	×	×	×	×	×
EXCLUSIVE		×	×	×	×	×	×	×
ACCESS EXCLUSIVE	×	×	×	×	×	×	×	×

在 PostgreSQL 中，可以通过 pg_locks 系统视图查询表中已经获取到的表级锁信息。下面通过一个具体的示例来说明。

（1）在会话一中查看当前数据库中的表，并查看 testtable1 表的结构。

```
postgres=# \d
          List of relations
 Schema |    Name     | Type  |  Owner
--------+-------------+-------+----------
 public | testtable1 | table | postgres
(1 row)

postgres=# \d testtable1;
```

```
           Table "public.testtable1"
 Column  |  Type   | Collation | Nullable | Default
--------+---------+-----------+----------+---------
 tid     | integer |           | not null |
 tname   | text    |           |          |
Indexes:
   "testtable1_pkey" PRIMARY KEY, btree (tid)
Tablespace: "mydemotbs"
```

（2）查看 testtable1 表的 OID。

```
postgres=# select oid,relname,relkind,relfilenode from pg_class
postgres-# where relname ='testtable1';
  oid   |  relname    | relkind | relfilenode
-------+------------+---------+-------------
 16395 | testtable1 | r       |     16395
(1 row)
```

（3）在会话一中开启一个事务并执行一条 update 语句。

```
postgres=# start transaction;
postgres=*# update testtable1 set tname='tom123' where tid=1;
```

这里执行的事务没有结束。

（4）在会话二中更改 testtable1 表的结构，如添加一个新的列。

```
postgres=# alter table testtable1 add dno int;
```

此时会话二的操作会被阻塞。

（5）在会话三中查看 testtable1 表的锁信息。

```
postgres=# \x
postgres=# select * from pg_locks where relation = 16395;
```

这里的“\x”表示将输出结果竖向显示。

输出结果如下。

```
-[ RECORD 1 ]-------+--------------------
locktype            | relation
database            | 13580
relation            | 16395
page                |
tuple               |
virtualxid          |
transactionid       |
classid             |
objid               |
```

```
objsubid            |
virtualtransaction  | 4/401
pid                 | 41381
mode                | AccessExclusiveLock
granted             | f
fastpath            | f
-[ RECORD 2 ]-------+--------------------
locktype            | relation
database            | 13580
relation            | 16395
page                |
tuple               |
virtualxid          |
transactionid       |
classid             |
objid               |
objsubid            |
virtualtransaction  | 3/644
pid                 | 40920
mode                | RowExclusiveLock
granted             | t
fastpath            | f
```

提示　由输出结果可以看出，此时 testtable1 表中有两个表级锁，分别为 AccessExclusiveLock 和 RowExclusiveLock，但此时无法观察到会话之间的阻塞。

（6）执行语句检查锁等待。

提示　由于检查锁等待的 SQL 语句比较复杂，因此这里不再列举，请参考“脚本代码\06\SQL 脚本.txt”。

输出结果如下。

```
-[ RECORD 1 ]---+----------------------------------------------------
locktype        | relation
datname         | postgres
relation        | testtable1
page            |
tuple           |
virtualxid      |
transactionid   |
classid         |
objid           |
objsubid        |
```

```
lock_conflict
| Pid: 41381
                | Lock_Granted: false , Mode: AccessExclusiveLock , ...
                | SQL (Current SQL in Transaction):
                | alter table testtable1 add dno int;
                | --------
                | Pid: 40920
                | Lock_Granted: true , Mode: RowExclusiveLock , ...
                | SQL (Current SQL in Transaction):
                | update testtable1 set tname='tom123' where tid=1;
```

> 提示　由上述输出结果可以看到阻塞的进程 ID，以及发生等待的 SQL 语句。

（7）在会话一中执行结束事务操作。

```
postgres=*# commit;
```

之后会话二将成功执行。

（8）重新在会话三中查看 testtable1 表的锁信息，此时不会输出任何锁信息。

```
postgres=# select * from pg_locks where relation = 16395;
```

2. 行级锁

同一个事务可能会在相同的行上持有冲突的锁。除此之外，两个事务永远不可能在相同的行上持有冲突的锁。PostgreSQL 的行级锁不影响数据查询，只阻塞对同一行的写入者和加锁者。行级锁在事务结束或保存点回滚时释放，就像表级锁一样。

PostgreSQL 的行级锁支持 4 种不同的模式，如表 6.5 所示。

表 6.5

行级锁的模式	说　明
FOR UPDATE	FOR UPDATE 会导致由 select 命令检索到的行被锁定，就好像它们要被更新。这可以阻止它们被其他事务锁定、修改或删除，一直到当前事务结束。也就是说，其他尝试执行 update、delete、select FOR UPDATE、select FOR NO KEY UPDATE、select FOR SHARE 或 select FOR KEY SHARE 操作的这些行的事务将被阻塞，直到当前事务结束。反之，select FOR UPDATE 将等待已经在相同行上运行以上这些命令的并发事务，并且接着锁定并返回被更新的行
FOR NO KEY UPDATE	FOR NO KEY UPDATE 的行为与 FOR UPDATE 类似，但获得的锁较弱。这种锁不会阻塞尝试在相同行上获得锁的 select FOR KEY SHARE 命令。任何不获取 FOR UPDATE 锁的 update 命令都会获得这种锁模式
FOR SHARE	FOR SHARE 与 FOR NO KEY UPDATE 类似，但该模式的锁在每个检索到的行上获得一个共享锁而不是排他锁。一个共享锁会阻塞其他事务在这些行上执行 update、delete、select FOR UPDATE 或 select FOR NO KEY UPDATE 操作，但是不会阻止执行 select FOR SHARE 或 select FOR KEY SHARE 操作

续表

行级锁的模式	说　明
FOR KEY SHARE	FOR KEY SHARE 与 FOR SHARE 类似，但获得的锁较弱：select FOR UPDATE 操作会被阻塞，select FOR NO KEY UPDATE 操作不会被阻塞。一个键共享锁会阻塞其他事务执行修改键值的 delete 或 update 命令，但不会阻塞其他 update 命令，也不会阻止 select FOR NO KEY UPDATE、select FOR SHARE 或 select FOR KEY SHARE 操作

这 4 种行级锁彼此之间存在一定的冲突，表 6.6 中列举了它们之间的冲突关系（×表示相互之间存在冲突）。

表 6.6

请求的锁	已获取的锁			
	FOR UPDATE	FOR NO KEY UPDATE	FOR SHARE	FOR KEY SHARE
FOR UPDATE				×
FOR NO KEY UPDATE			×	×
FOR SHARE		×	×	×
FOR KEY SHARE	×	×	×	×

在 PostgreSQL 中，可以通过查询 pg_locks 系统视图来获取行级锁的相关信息。pg_locks 系统视图的结构如下。

```
postgres=# \d pg_locks;
                    View "pg_catalog.pg_locks"
       Column        |   Type    | Collation | Nullable | Default
---------------------+-----------+-----------+----------+---------
 locktype            | text      |           |          |
 database            | oid       |           |          |
 relation            | oid       |           |          |
 page                | integer   |           |          |
 tuple               | smallint  |           |          |
 virtualxid          | text      |           |          |
 transactionid       | xid       |           |          |
 classid             | oid       |           |          |
 objid               | oid       |           |          |
 objsubid            | smallint  |           |          |
 virtualtransaction  | text      |           |          |
 pid                 | integer   |           |          |
 mode                | text      |           |          |
 granted             | boolean   |           |          |
 fastpath            | boolean   |           |          |
```

表 6.7 中列举了 pg_locks 系统视图的每个字段。

表 6.7

字段	说明
locktype	可锁对象的类型，取值可以是以下几个。 • relation：等待获得一个关系的锁。 • extend：等待扩展一个关系的锁。 • frozenid：等待升级 pg_database.datfrozenxid 和 pg_database.datminmxid 的锁。 • page：等待获取一个关系页面上的锁。 • tuple：等待获取元组上的锁。 • transactionid：等待事务完成的锁。 • virtualxid：等待获取虚拟事务 ID 的锁。 • spectoken：等待获取推测的插入锁。 • object：等待获取非关系型数据库对象上的锁。 • userlock：等待获取用户锁。 • advisory：等待获得一个建议用户锁
database	锁目标存在的数据库的 OID。若目标是一个共享对象，则为 0；若目标是一个事务 ID，则为空
relation	作为锁目标的关系的 OID。若目标不是一个关系或只是关系的一部分，则此列为空
page	作为锁目标的页在关系中的页号。若目标不是一个关系页或元组，则此列为空
tuple	作为锁目标的元组在页中的元组号。若目标不是一个元组，则此列为空
virtualxid	作为锁目标的事务虚拟 ID。若目标不是一个虚拟事务 ID，则此列为空
transactionid	作为锁目标的事务 ID。若目标不是一个事务 ID，则此列为空
classid	包含锁目标的系统目录的 OID。若目标不是一个普通数据库对象，则此列为空
objid	锁目标在它的系统目录中的 OID。若目标不是一个普通数据库对象，则此列为空
objsubid	锁的目标列号（classid 和 objid 是指表本身）。若目标是某种其他普通数据库对象，则此列为 0；若目标不是一个普通数据库对象，则此列为空
virtualtransaction	保持这个锁或正在等待这个锁的事务的虚拟 ID
pid	保持这个锁或正在等待这个锁的服务器进程的 PID，若此锁被一个预备事务所持有，则此列为空
mode	此进程已持有或希望持有的锁模式的名称
granted	若锁已授予，则为真；若锁被等待，则为假
fastpath	若通过快速路径获得锁，则为真；若通过主锁表获得锁，则为假

6.2.2 死锁

死锁是指两个或两个以上的事务在执行过程中因互相等待或争抢锁资源而造成的互相等待的现象。

要了解 PostgreSQL 中的死锁，需要先了解 3 个和查询有关的超时设置参数。

- deadlock_timeout：进行死锁检测之前在一个锁上等待的总时间。
- lock_timeout：锁等待的超时时间。语句在试图获取表、索引、行或其他数据库对象上的锁时等待超过指定的毫秒数，该语句将被中止。

- statement_timeout：控制语句的执行时长，单位是毫秒。一旦超过设定值，该语句将被中止。

6.2.2.1 【实战】模拟死锁的产生

在了解了有关死锁的信息后，下面通过一个具体的示例来模拟死锁的产生，以及 PostgreSQL 的处理行为。

（1）查看 deadlock_timeout 参数的默认值。

```
postgres=# show deadlock_timeout;
```

输出结果如下。

```
 deadlock_timeout
------------------
 1s
(1 row)
```

（2）将 deadlock_timeout 参数设置为 60 秒。

```
postgres=# alter system set deadlock_timeout = 60000;
```

（3）重启 PostgreSQL。

（4）在会话一和会话二中分别执行下面的语句。

```
--会话一
postgres=# start transaction;
postgres=# update testtable1 set tname='tom123' where tid=1;

--会话二
postgres=# start transaction;
postgres=# update testtable1 set tname='mary123' where tid=2;
```

（5）在会话一和会话二中分别执行下面的语句。

```
--会话一
postgres=# update testtable1 set tname='mary123' where tid=2;

--会话二
postgres=# update testtable1 set tname='tom123' where tid=1;
```

（6）由于第（2）步将 deadlock_timeout 参数设置为 60 秒，因此 60 秒之内在会话三中执行下面的语句可以监控到死锁的信息。

> 提示　关于 SQL 脚本，请参考“脚本与代码\06\SQL 脚本.txt”。

```
postgres=# \x;
postgres=# SELECT
         blocked_locks.pid AS blocked_pid,
         blocked_activity.usename AS blocked_user,
         blocking_locks.pid AS blocking_pid,
         blocking_activity.usename AS blocking_user,
         blocked_activity.query AS blocked_statement,
         blocking_activity.query AS current_statement_in_blocking_process
       FROM  pg_catalog.pg_locks blocked_locks
       JOIN pg_catalog.pg_stat_activity blocked_activity
         ON blocked_activity.pid = blocked_locks.pid
       JOIN pg_catalog.pg_locks blocking_locks
         ON blocking_locks.locktype = blocked_locks.locktype
         AND blocking_locks.DATABASE IS NOT DISTINCT
       FROM blocked_locks.DATABASE
         AND blocking_locks.relation IS NOT DISTINCT
       FROM blocked_locks.relation
         AND blocking_locks.page IS NOT DISTINCT
       FROM blocked_locks.page
         AND blocking_locks.tuple IS NOT DISTINCT
       FROM blocked_locks.tuple
         AND blocking_locks.virtualxid IS NOT DISTINCT
       FROM blocked_locks.virtualxid
         AND blocking_locks.transactionid IS NOT DISTINCT
       FROM blocked_locks.transactionid
         AND blocking_locks.classid IS NOT DISTINCT
       FROM blocked_locks.classid
         AND blocking_locks.objid IS NOT DISTINCT
       FROM blocked_locks.objid
         AND blocking_locks.objsubid IS NOT DISTINCT
       FROM blocked_locks.objsubid
         AND blocking_locks.pid != blocked_locks.pid
       JOIN pg_catalog.pg_stat_activity blocking_activity
       ON blocking_activity.pid = blocking_locks.pid
       WHERE NOT blocked_locks.GRANTED;
```

输出结果如下。

```
-[ RECORD 1 ]------------------------+-----------------------------------
blocked_pid                          | 52717
blocked_user                         | postgres
blocking_pid                         | 52746
blocking_user                        | postgres
```

```
   blocked_statement                     | update testtable1 set tname='mary123'
where tid=2;
   current_statement_in_blocking_process | update testtable1 set tname='tom123'
where tid=1;
   -[ RECORD 2 ]-----------------------+----------------------------------
   blocked_pid                           | 52746
   blocked_user                          | postgres
   blocking_pid                          | 52717
   blocking_user                         | postgres
   blocked_statement                     | update testtable1 set
tname='tom123' where tid=1;
   current_statement_in_blocking_process | update testtable1 set tname=
'mary123' where tid=2;
```

> 提示　从监控信息中可以观察到产生死锁的相关信息。

（7）等待 60 秒后在会话一中会产生如下所示的错误信息。

```
postgres=*# update testtable1 set tname='mary123' where tid=2;
ERROR:  deadlock detected
DETAIL:  Process 52717 waits for ShareLock on transaction 557;
blocked by process 52746.
Process 52746 waits for ShareLock on transaction 556;
blocked by process 52717.
HINT:  See server log for query details.
CONTEXT:  while updating tuple (0,2) in relation "testtable1"
```

（8）查看 PostgreSQL 的运行时日志，可以看到如下所示的错误信息。

```
   ...
   2023-04-24 19:46:43.212 CST,"postgres","postgres",52717,"[local]",64466b92.
cded,1,"UPDATE",2023-04-24 19:44:18 CST,3/7,556,ERROR,40P01,"deadlock detected",
"Process 52717 waits for ShareLock on transaction 557; blocked by process
52746.
   Process 52746 waits for ShareLock on transaction 556; blocked by process
52717.
   Process 52717: update testtable1 set tname='mary123' where tid=2;
   Process 52746: update testtable1 set tname='tom123' where tid=1;","See
server log for query details.",,,"while updating tuple (0,2) in relation
""testtable1""","update testtable1 set tname='mary123' where tid=2;",,,"psql",
"client backend"
   ...
```

6.2.2.2　如何避免死锁

可以通过以下几种方式避免死锁。

- 以固定的顺序访问表和行。例如，对于两个任务批量更新的情形，比较简单的方法是对 ID 列表先排序，后执行，这样可以避免出现交叉等待锁的情形。又如，对于 6.2.2.1 节的情形，将两个事务的 SQL 顺序调整为一致也能避免死锁。
- 将大事务拆小。大事务更容易产生死锁，如果业务允许，就将大事务拆小。
- 在同一个事务中，尽可能做到一次锁定所需要的所有资源，减小发生死锁的概率。
- 降低事务隔离级别。如果业务允许，将隔离级别调低也是比较好的选择，可以避免很多因为锁造成的死锁。
- 为表添加合理的索引。

第 7 章 应用程序开发

PostgreSQL 在 SQL 的基础上提供了自己的开发语言，即 PL/pgSQL。使用 PL/pgSQL 不仅可以开发功能强大的应用程序，还可以进一步开发 PostgreSQL 的存储过程、存储函数和触发器。

PostgreSQL 应用开发的核心是，掌握什么是 PL/pgSQL，并使用该语言进行应用程序的开发。

7.1 PL/pgSQL 基础

PL/pgSQL 是一种程序语言，叫作过程化语言（Procedural Language）或 PostgreSQL。PL/pgSQL 是 PostgreSQL 对 SQL 语句的扩展。由于在普通 SQL 语句的使用上增加了编程语言的特点，因此 PL/pgSQL 就是把数据操作和查询语句组织在 PL/pgSQL 代码的过程性单元中，通过逻辑判断、循环等操作实现复杂的功能或计算的程序语言。

PL/pgSQL 程序块的基本结构如下。

```
[ <<label>> ]
[ declare
    说明部分 ]
begin
    程序体语句部分
end;
```

程序块中的每个声明和每条语句都是用一个分号终止的，如果一个块在另外一个块中，那么在 end 的后面必须有一个分号。在一个程序块的语句段中，任何语句都可以是一个子块。子块可以用于逻辑分组，或者把变量局部化为作用于一个比较小的语句组。

在 PL/pgSQL 中，所有的关键字和标识符都可以采用混合大小写的方式。除非被双引号包围，否则标识符被隐含地转换成小写字符。

PL/pgSQL 中有以下两种类型的注释。

- “--”引出一个扩展到该行结尾的注释。

- “/*”引出一个块注释，一直扩展到“*/”的出现。虽然块注释不能嵌套，但是“--”注释可以包含在块注释中，并且可以隐藏一个块注释分隔符“/*”和“*/”。

7.1.1 【实战】开发第一个 PL/pgSQL 程序

下面开发 PostgreSQL 的第一个 PL/pgSQL 程序。该程序将在屏幕上输出字符串“Hello World”。

（1）使用 psql 命令行窗口登录数据库。

```
[postgres@mydb pgsql]$ bin/psql
```

（2）在 psql 命令行窗口中直接编写 PL/pgSQL 程序，打印字符串“Hello World”。

```
postgres=# do $$
           declare
           begin
             raise notice 'Hello World';
           end $$;
```

按 Enter 键执行 PL/pgSQL 程序，输出结果如下。

```
NOTICE:  Hello World
DO
```

> 提示　语句“do $$”的作用是将 SQL 语句的结束符由“;”修改为“$$”。这样在程序块的定义中，就不会将“;”解释成语句的结束而引起错误。

（3）在 psql 命令行窗口中可以开发并执行 PL/pgSQL 程序，但是使用起来并不是很方便。借助 pgAdmin 可以更好地开发、运行和调试 PL/pgSQL 程序。

图 7.1 展示了在 pgAdmin 4 中运行 PL/pgSQL 程序的效果。

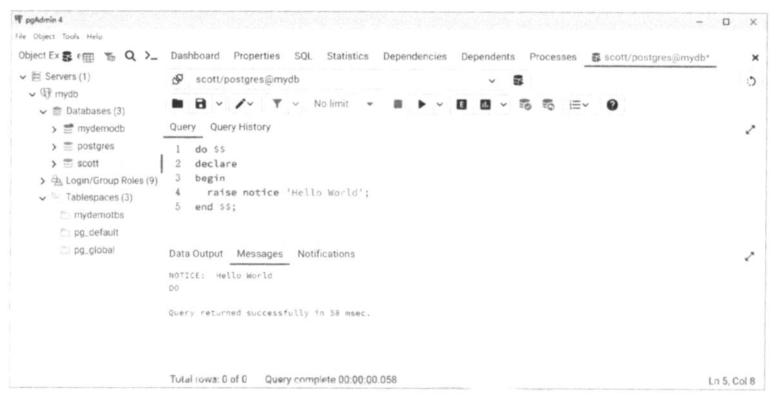

图 7.1

7.1.2　使用 PL/pgSQL 的基本数据类型

PL/pgSQL 的变量和常量的名称由字母、数字及下画线等组成。在默认情况下，变量名和常量名不区分大小写，并且不能使用 PL/pgSQL 的保留关键字作为变量名。

PL/pgSQL 允许使用各种数据类型定义变量和常量，如字符串、日期和数字等，示例如下。

```
--数值类型
quantity1 numeric;              --任何精度和比例的数字
quantity2 numeric(4);           --4 个精度的整数
quantity3 numeric(6,2);         --6 个精度的数字，小数点后保留 2 位

--整数类型
user_id1 smallint;              --2 字节整数
user_id2 integer;               --4 字节整数（典型选择）
user_id3 bigint;                --8 字节整数

--字符串类型
name1 varchar(10);              --变长字符串
name2 char(10);                 --定长字符串
name3 text;                     --无限变长字符串
```

下面通过一段 PL/pgSQL 程序来介绍如何使用这些变量与常量。

（1）开发 PL/pgSQL 程序，查询员工号为 7839 员工的姓名和工资。

```
scott=# do $$
       declare
         --定义变量保存员工的姓名和工资
         pename varchar(10);     --定义一个字符串类型的变量 pename
         psal   numeric(7,2);    --定义一个浮点类型的变量 psal，并保留 2 位小数
       begin
         --执行查询语句，并将查询结果赋值给变量
         select ename,sal into pename,psal from emp where empno=7839;

         --打印查询结果
         raise notice '% 的工资是：%',pename,psal;
       end;
       $$;
```

（2）执行 PL/pgSQL 程序，输出结果如下。

```
NOTICE:  KING 的工资是：4900.00
DO
```

7.1.3 使用 PL/pgSQL 的高级数据类型

PL/pgSQL 程序中有 3 种特殊的定义变量的方式。

- 复制类型：使用%type 定义一个与变量或表列类型相同的数据类型。
- 行类型：将变量定义为行类型可以保存使用 select 命令或 for 命令查询到的结果中的一整行。
- 记录类型：记录变量和行类型变量类似，但是它们没有预定义的结构，而是采用在一条 select 命令或 for 命令中为其赋值的行的真实结构。一个记录类型变量的子结构能在每次它被赋值时改变。

下面演示如何使用复制类型和行类型定义变量。

（1）使用复制类型变量改写 7.1.2 节中的程序，改写后的代码如下。

```
scott=# do $$
       declare
         --定义变量保存员工的姓名和工资
         pename emp.ename%type; --定义复制类型变量保存员工的姓名
         psal   emp.sal%type;    --定义复制类型变量保存员工的工资
       begin
         --执行查询语句，并将查询结果赋值给变量
         select ename,sal into pename,psal from emp where empno=7839;

         --打印查询结果
         raise notice '% 的工资是：%',pename,psal;
       end;
       $$;
```

> 提示　可以看出，复制类型变量通过使用%type 来引用列的数据类型。例如，变量 pename 复制了员工表 emp 中 ename 列的类型，变量 psal 复制了员工表 emp 中 sal 列的类型。

（2）执行 PL/pgSQL 程序，输出结果如下。

```
NOTICE:  KING 的工资是：4900
DO
```

（3）使用行类型变量改写 7.1.2 节中的程序，改写后的代码如下。

```
scott=# do $$
       declare
         --定义行类型变量保存该员工的所有信息
         precord emp%rowtype;
       begin
         --执行查询语句，并将查询结果赋值给变量
         select * into precord from emp where empno=7839;
```

```
    --打印查询结果
    raise notice '% 的工资是：%',precord.ename,precord.sal;
  end;
  $$;
```

> 提示　可以看出，记录类型的变量通过使用%rowtype 来引用表中一行的类型。要引用该行中的每个列值，直接通过记录型变量指定列名即可。

7.2 PL/pgSQL 面向过程编程

PL/pgSQL 是 PostgreSQL 对 SQL 的扩展，不仅支持基本的变量和常量的定义，还支持面向过程的编程。这主要体现为 PL/pgSQL 可以使用 if 语句进行条件判断，也可以使用 loop 语句进行循环控制。

7.2.1 在 PL/pgSQL 程序中使用条件判断

与其他的编程语言类似，在 PL/pgSQL 中也可以使用 if 语句进行条件判断。

第一种形式的语法如下。

```
if 条件 then
   语句 1;
   语句 2;
end if;
```

第二种形式的语法如下。

```
if 条件 then
   语句 1;
   语句 2;
else
   语句 3;
   语句 4;
end if;
```

第三种形式的语法如下。

```
if 条件 then
   语句 1;
   语句 2;
elsif
   语句 3;
   语句 4;
```

```
else
   语句 5;
   语句 6;
end if;
```

提示 需要注意第三种形式中 elsif 的用法。另外，PL/pgSQL 程序对大小写不敏感。

下面通过一个具体的例子来介绍如何在 PL/pgSQL 程序中使用条件判断。先通过键盘接收一个数字，再根据判断结果输出相应的数字。

```
scott=# do $$
        declare
          --定义变量保存需要判断的数字
          pnum int := 2;
        begin
          --判断输入数字的值
          if pnum = 0 then raise notice '您输入的是 0';
            elsif pnum = 1 then raise notice '您输入的是 1';
            elsif pnum = 2 then raise notice '您输入的是 2';
            else raise notice '其他数字';
          end if;
        end;
        $$ ;
```

执行 PL/pgSQL 程序，输出结果如下。

```
NOTICE:  您输入的是 2
DO
```

7.2.2 在 PL/pgSQL 程序中使用循环

PL/pgSQL 不仅支持使用 if 语句进行条件判断，还支持使用循环语句。

与 if 语句类似，PL/pgSQL 程序中的循环也有 3 种不同的形式。

第一种形式的语法如下。

```
while 循环条件
loop
  语句 1;
  语句 2;
  语句 3;
end loop;
```

第二种形式的语法如下。

```
loop
```

```
exit [when 退出条件]
  语句 1;
  语句 2;
  语句 3;
end loop;
```

第三种形式的语法如下。

```
for I in 1...3
loop
  语句 1;
  语句 2;
  语句 3;
end loop;
```

提示　第三种形式中的 for 循环将循环 3 次。

以下程序代码将通过循环直接打印数字 1～10。

```
scott=# do $$
       declare
         --定义循环变量，并设定初始值为 1
         pnum int := 1;
       begin
         --开始执行循环
         loop
           --退出条件
           exit when pnum > 10;
           --输出信号变量的值
           raise notice '%',pnum;
           --循环变量加 1
           pnum := pnum + 1;
         end loop;
       end;
       $$ ;
```

输出结果如下。

```
NOTICE:  1
NOTICE:  2
NOTICE:  3
NOTICE:  4
NOTICE:  5
NOTICE:  6
NOTICE:  7
NOTICE:  8
```

```
NOTICE:  9
NOTICE:  10
DO
```

7.2.3 在 PL/pgSQL 程序中使用游标

从本质上来说，游标是内存中的一块区域，由系统或用户以变量的形式定义。由于游标存储在内存中，因此通过游标访问数据可以提高效率。

使用游标可以从一个结果集中每次提取一行记录，即游标提供了在逐行的基础上操作表中数据的方法。从功能来看，游标类似于 Java 中的迭代器。

定义游标的语法格式如下。

```
游标名称 [[NO]SCROLL] cursor [参数列表] for select 语句;
```

下面演示如何使用游标获取表中的数据。

（1）编写 PL/pgSQL 程序查询员工的姓名和工资。

> 提示 关于完整代码，请参考“脚本与代码\07\1.sql”。

```
scott=# do $$
        declare
          --定义游标，查询员工的姓名和工资
          cemp cursor for select ename,sal from emp;

          --定义两个引用型变量，分别代表员工的姓名和工资
          pename emp.ename%type;
          psal   emp.sal%type;
        begin
          --游标在使用前需要打开
          open cemp;
          loop
            --使用 fetch 关键字从游标中获取一条记录
            fetch cemp into pename,psal;

            --通过使用游标的 not found 属性判断是否读取到记录
            exit when not found;

            --当从游标中读取到记录后，输出相应的数据
            raise notice '%的工资是%',pename,psal;
          end loop;

          --游标使用完成后需要关闭
```

```
    close cemp;
  end;
  $$ ;
```

（2）执行 PL/pgSQL 程序，输出结果如下。

```
NOTICE:  SMITH 的工资是 800
NOTICE:  ALLEN 的工资是 1600
NOTICE:  WARD 的工资是 1250
NOTICE:  MARTIN 的工资是 1250
NOTICE:  BLAKE 的工资是 2850
NOTICE:  CLARK 的工资是 2450
NOTICE:  SCOTT 的工资是 3000
NOTICE:  TURNER 的工资是 1500
NOTICE:  ADAMS 的工资是 1100
NOTICE:  JAMES 的工资是 950
NOTICE:  FORD 的工资是 3000
NOTICE:  MILLER 的工资是 1300
NOTICE:  KING 的工资是 4900
NOTICE:  JONES 的工资是 3075
DO
```

（3）定义游标还可以指定参数，下面的 PL/pgSQL 程序中的游标用来查询指定部门的员工的姓名和工资。

> 提示　关于完整代码，请参考“脚本与代码\07\2.sql”。

```
scott=# do $$
        declare
          --定义一个带参数的游标
          cemp cursor (dno int)
               for select ename,sal from emp where deptno=dno;

          --定义两个引用型变量，分别代表员工的姓名和工资
          pename emp.ename%type;
          psal   emp.sal%type;
        begin
          --游标在使用前需要打开
          open cemp(20);
          loop
            --使用 fetch 关键字从游标中获取一条记录
            fetch cemp into pename,psal;

            --通过使用游标的 not found 属性判断是否读取到记录
            exit when not found;
```

```
      --当从游标中读取到记录后，输出相应的数据
      raise notice '%的工资是%',pename,psal;
    end loop;

    --游标使用完成后需要关闭
    close cemp;
  end;
  $$ ;
```

（4）执行 PL/pgSQL 程序，输出结果如下。

```
NOTICE:  SMITH 的工资是 800
NOTICE:  SCOTT 的工资是 3000
NOTICE:  ADAMS 的工资是 1100
NOTICE:  FORD 的工资是 3000
NOTICE:  JONES 的工资是 3075
DO
```

7.2.4 在 PL/pgSQL 程序中处理例外

例外（Exception）是程序设计语言提供的一种功能，用来增强程序的健壮性和容错性。PL/pgSQL 中的例外机制与 Java 中的类似，但是 PL/pgSQL 有自己的关键字来捕获例外和处理例外。PL/pgSQL 中的例外分为两种不同的类型，分别为系统预定义例外和用户自定义例外。

7.2.4.1 处理系统预定义例外

PostgreSQL 为开发人员预定义了一些常见的例外，这些例外可以直接使用。表 7.1 中列举了部分常见的系统预定义例外。

表 7.1

系统预定义例外	说　明
data_exception	数据例外
array_subscript_error	数组下标错误
character_not_in_repertoire	字符不在准备好的范围内
datetime_field_overflow	日期时间字段溢出
division_by_zero	被零除
error_in_assignment	赋值中出错
escape_character_conflict	逃逸字符冲突
indicator_overflow	指示器溢出
interval_field_overflow	内部字段溢出
invalid_argument_for_logarithm	对数运算的非法参数
invalid_argument_for_ntile_function	调用 ntile()函数时出错

以下程序代码使用系统预定义例外 division_by_zero 来演示如何在 PL/pgSQL 程序中捕获和处理例外。

> 提示　关于完整代码，请参考“脚本与代码\07\3.sql”。

```
scott=# do $$
        declare
          --定义一个浮点类型的变量
          pnum numeric;
        begin
          --这里的零不能作为被除数，将产生系统预定义例外 zero_divide
          pnum := 1/0;

        --通过关键字 exception 捕获程序中产生的例外
        exception
          --通过关键字匹配具体的例外并处理
          when division_by_zero then raise notice '1:0 不能做被除数';
                                     raise notice '请检查程序代码。';
          when data_exception then raise notice '算术或转换错误';
          when others then raise notice '其他例外';
        end;
        $$ ;
```

输出结果如下。

```
NOTICE:  1:0 不能做被除数
NOTICE:  请检查程序代码。
DO
```

7.2.4.2 处理用户自定义例外

在 PL/pgSQL 程序中，可以使用 raise exception 命令抛出用户自定义例外。用户自定义例外的捕获和处理方式与系统预定义例外相同。也可以不捕获用户自定义例外，直接由系统处理。

下面演示如何在 PL/pgSQL 程序中使用用户自定义例外。

> 提示　关于完整代码，请参考“脚本与代码\07\4.sql”。

```
scott=# do $$
       declare
         --定义游标查询 50 号部门的员工姓名
         --由于员工表中不存在 50 号部门的员工，因此这个游标将不包含任何结果
         cemp cursor for select ename from emp where deptno=50;
         pename emp.ename%type;
```

```
begin
  --打开游标
  open cemp;

  --从游标中获取一条记录
  fetch cemp into pename;

  --由于游标中不存在记录，因此游标的not found属性将返回true
  if not found then
    --抛出例外
    raise exception '没有找到员工';
  end if;

  --关闭游标
  close cemp;
end;
$$ ;
```

输出结果如下。

```
ERROR:  没有找到员工
CONTEXT:  PL/pgSQL function inline_code_block line 18 at RAISE
```

7.3 【实战】综合案例——基于员工表统计各工资段的员工人数及各部门的工资总额

下面通过一个综合案例来强化读者的 PL/pgSQL 编程能力。

本节将基于员工表 emp 来实现按部门分段［3000 元以下、3000～6000 元（包括 3000 元和 6000 元）、6000 元以上］统计各工资段的员工人数及各部门的工资总额（工资总额中不包括奖金）。统计的结果如表 7.2 所示。

表 7.2

部门号	低于 3000 元的人数/人	3000~6000 元的人数/人	高于 6000 元的人数/人	部门的工资总额/元
10	2	1	0	8650
20	2	3	0	10 975
30	6	0	0	9400
40	0	0	0	0

具体的步骤与程序代码如下。

（1）创建一个新的表用于保存结果。

```
scott=# create table msg
(deptno numeric,      --部门号
count1 numeric,       --低于 3000 元的人数
count2 numeric,       --3000~6000 元的人数
count3 numeric,       --高于 6000 元的人数
saltotal numeric);    --部门的工资总额
```

- deptno 代表部门的部门号。
- count1、count2 和 count3 分别代表每个工资段的人数。
- saltotal 代表部门的工资总额。

（2）编写 PL/pgSQL 程序，完成各部门工资段人数的统计。

> 提示　关于完整代码，请参考“脚本与代码\07\5.sql”。

```
scott=# do $$
      declare
        --定义游标保存所有的部门
        cdept cursor for select deptno from dept;
        pdeptno dept.deptno%type;

        --定义游标保存某个部门中员工的工资
        cemp cursor (dno numeric) is
             select sal from emp where deptno=dno;
        psal emp.sal%type;

        --每个工资段的人数
        count1 numeric; count2 numeric; count3 numeric;
        --部门的工资总额:
        saltotal numeric;
      begin
          --打开游标
        open cdept;
        loop
          --取出一个部门
          fetch cdept into pdeptno;
          --通过使用游标的 not found 属性判断是否读取到记录
          exit when not found;

          --初始化
          count1:=0;count2:=0;count3:=0;
          --部门的工资总额
          select sum(sal) into saltotal from emp where deptno=pdeptno;
```

```
            --获取该部门中员工的工资
            open cemp(pdeptno);
            loop
              --获取一个员工的工资
              fetch cemp into psal;
              exit when not found;

              --判断工资的范围区间
              if psal < 3000 then count1:=count1+1;
                elsif psal>=3000 and psal<6000 then count2:=count2+1;
                else count3:=count3+1;
              end if;

            end loop;
            close cemp;

            --保存当前部门的结果
            insert into msg values
               (pdeptno,count1,count2,count3,coalesce(saltotal,0));
          end loop;
          close cdept;
          --提交操作
          commit;

          raise notice '完成';
        end;
        $$ ;
```

（3）查询结果表中的统计数据。

```
scott=# select deptno "部门号",
               count1 "低于 3000 元的人数",
               count2 "3000~6000 元的人数",
               count3 "高于 6000 元的人数",
               saltotal "部门的工资总额"
        from msg;
```

输出结果如下。

```
 部门号 | 低于 3000 元的人数 | 3000~6000 元的人数 | 高于 6000 元的人数 | 部门的工资总额
------+----------------+------------------+----------------+--------
   10 |              2 |                1 |              0 |       8650
   20 |              2 |                3 |              0 |      10975
   30 |              6 |                0 |              0 |       9400
   40 |              0 |                0 |              0 |          0
(4 rows)
```

7.4　使用 PL/pgSQL 开发存储过程与存储函数

存储过程和存储函数是指存储在数据库中供所有用户调用的子程序，它们先经过编译再存储在数据库系统中。因此，调用存储过程和存储函数来完成业务逻辑可以提高性能。

7.4.1　存储过程与存储函数

虽然存储过程和存储函数的结构类似，但是存储函数必须有一个 return 子句用于返回函数的值，而存储过程没有 return 子句。

> 提示　尽管存储过程没有 return 子句，但是可以通过一个或多个 inout 参数来指定返回值。关于 inout 参数的内容，请参考 7.4.4 节。

创建存储过程的语法格式如下。

```
create [or replace] procedure 存储过程名称(参数列表)
language plpgsql
as $$
  PL/pgSQL 子程序体;
$$;
```

创建存储函数的语法格式如下。

```
create [or replace] function 存储函数名称(参数列表)
return 函数返回值类型
as $$
  PL/pgSQL 子程序体;
$$ language plpgsql;
```

7.4.2　【实战】创建和使用存储过程

下面演示如何创建和使用存储过程。

（1）创建第一个存储过程 sayhelloworld()，输出“Hello World”字符串。

```
scott=# create or replace procedure sayhelloworld()
       language plpgsql
       as $$
           --说明部分
       begin
           raise notice 'Hello World';
       end;
       $$ ;
```

（2）在存储过程创建成功后，可以在 PL/pgSQL 程序中调用它。例如，以下代码调用了两次存储过程 sayhelloworld()。

```
scott=# do $$
       begin
        call sayhelloworld();
        call sayhelloworld();
       end;
       $$;
```

输出结果如下。

```
NOTICE:  Hello World
NOTICE:  Hello World
DO
```

（3）也可以使用 call 命令单独调用存储过程，示例如下。

```
scott=# call sayhelloworld();
```

（4）基于员工表 emp 创建存储过程 raiseSalary，为指定的员工涨 10%的工资，并输出涨前和涨后的工资。

> 提示 关于完整代码，请参考“脚本与代码\07\raiseSalary.sql”。

```
scott=# create or replace procedure raiseSalary(in eno int)
       language plpgsql
       as $$
       declare
         psal emp.sal%type;
       begin
         --得到涨前的工资
         select sal into psal from emp where empno=eno;

         --工资涨 100 元
         update emp set sal=sal+100 where empno=eno;

         --输出查询到的结果
         raise notice '涨前：%，涨后：%',psal,(psal+100);
       end;
       $$ ;
```

> 提示 存储过程 raiseSalary()接收一个输入参数 eno 代表员工的员工号，这里的 in 表示输入参数。

（5）调用存储过程 raiseSalary()。

```
scott=# call raiseSalary(7839);
```

输出结果如下。

```
NOTICE:  涨前：4900，涨后：5000
CALL
```

7.4.3　【实战】创建和使用存储函数

存储函数与存储过程最大的区别在于：存储函数可以通过 return 子句返回函数的值，但存储过程没有 return 子句。

下面演示如何创建和使用存储函数。

（1）创建存储函数 queryemptotalincome()查询指定员工的年收入。

> 提示　关于完整代码，请参考“脚本与代码\07\queryEmpTotalIncome.sql”。

```
scott=# create or replace function queryemptotalincome(in eno int)
       returns numeric
       as $$
       declare
          --定义引用型变量保存员工的工资和奖金
          psal emp.sal%type;
          pcomm emp.comm%type;
       begin
          --查询指定员工的工资和奖金，并赋值给变量
          select sal,comm into psal,pcomm from emp where empno=eno;

          --返回年收入
          return psal*12+coalesce(pcomm,0);
       end;
       $$ language plpgsql ;
```

（2）调用存储函数 c##scott.queryemptotalincome()查询 7839 号员工的年收入。

```
scott=# select queryemptotalincome(7839);
```

输出结果如下。

```
 queryemptotalincome
---------------------
               60000
(1 row)
```

7.4.4　【实战】设置存储过程中的 inout 参数

在存储过程中，不仅可以使用 in 参数代表输入参数，还可以使用 inout 参数。inout 参数既可以

代表输入参数值，又可以代表输出参数值。在存储过程有了 inout 参数后，就可以像存储函数那样返回值。

下面演示如何使用 inout 参数。

（1）创建存储过程 queryempinfo()查询指定员工的姓名、工资和职位。

> 提示 关于完整代码，请参考“脚本与代码\07\queryempinfo.sql”。

```
scott=# create or replace procedure queryempinfo(
                            in eno numeric,
                            inout pename varchar,
                            inout psal numeric,
                            inout pjob varchar)
      language plpgsql
      as $$
      begin
        --查询指定员工的姓名、工资和职位，并赋值给变量
       select ename,sal,job into pename,psal,pjob
       from emp where empno=eno;
      end;
      $$ ;
```

> 提示 存储过程 queryempinfo()一共接收 4 个参数：第 1 个是 in 输入参数，后面 3 个都是 inout 参数。

（2）编写一段 PL/pgSQL 程序调用开发好的存储过程 queryempinfo()查询 7839 号员工的信息。调用的代码程序如下。

```
scott=# do $$
      declare
        pename varchar;
        psal numeric;
        pjob varchar;
      begin
          call queryempinfo(7839,pename,psal,pjob);
          raise notice '姓名：%，工资：%，职位：%',pename,psal,pjob;
      end;
      $$ ;
```

输出结果如下。

```
NOTICE:  姓名：KING，工资：5000，职位：PRESIDENT
DO
```

7.4.5 【实战】在 inout 参数中使用游标

存储过程通过 inout 参数返回相应的数据。但是如果需要返回的数据太多，使用 inout 参数一个个返回就不是很方便。因此，inout 参数也支持使用游标。采用这样的方式可以通过 inout 参数返回一个集合。

> 提示　如果要在 inout 参数中使用游标，就需要将 inout 参数的返回值类型定义为游标，用 refcursor 表示。

下面演示如何在 inout 参数中使用游标。这里将使用存储过程查询某个部门中员工的姓名、工资和职位。

（1）开发存储过程 queryemplist()以查询某个部门中员工的姓名、工资和职位。

```
scott=# create or replace procedure queryemplist
      (in dno int,inout empList refcursor)
      language plpgsql
      as $$
      begin
       open empList for select ename,sal,job from emp where deptno=dno;
      end;
      $$ ;
```

（2）使用 PL/pgSQL 调用上面的存储过程。

```
scott=# do $$
       declare
         empList refcursor;
         pename emp.ename%type;
         psal   emp.sal%type;
         pjob   emp.job%type;
       begin
          call queryemplist(10,empList);
          loop
              fetch empList into pename,psal,pjob;

              --通过使用游标的 not found 属性判断是否读取到记录
              exit when not found;

              --当从游标中读取到记录后，输出相应的数据
              raise notice '%的工资是%，职位是：%',pename,psal,pjob;
          end loop;

          close empList;
```

```
end;
$$;
```

输出结果如下。

```
NOTICE:  CLARK 的工资是 2450，职位是：MANAGER
NOTICE:  MILLER 的工资是 1300，职位是：CLERK
NOTICE:  KING 的工资是 5000，职位是：PRESIDENT
DO
```

7.5 使用 PL/pgSQL 开发触发器

PostgreSQL 中的触发器分为常规触发器和事件触发器两个大的类别。

7.5.1 常规触发器

PostgreSQL 的常规触发器是与表相关的数据库对象，在满足定义条件时它会被触发，并自动执行触发器中定义的语句序列。

常规触发器的这种特性可以协助应用在数据库端确保数据的完整性。因此，从功能特性来看，PostgreSQL 的触发器与 MySQL 的事件相似。二者的区别在于：触发器是基于条件的，而事件是基于时间的。

PostgreSQL 的常规触发器分为以下两种类型，这两种触发器是通过 for each row 进行区分的。

- 语句级触发器：在指定的操作语句之前或之后执行一次，不管这个操作影响了多少行记录。语句级触发器针对的是表。
- 行级触发器：触发语句作用的每条记录都被触发。行级触发器针对的是表中的每行。在行级触发器中，可以使用关键字 old 和 new 来表示同一行数据在操作之前和之后的值。以员工表 emp 为例，old.sal 操作该行之前员工的工资，而 new.sal 操作该行之后员工的工资。

> 提示　old 和 new 表示表中的同一行，二者的区别在于：old 表示操作之前，而 new 表示操作之后。这里的表示方式与 MySQL 中的表示方式是一样的。

7.5.1.1 常规触发器的定义

创建 PostgreSQL 的触发器的语法格式如下。

```
create trigger 触发器名
{before|after}
{insert|delete|update [of 列名]}
on 表名
```

```
[for each row [when (条件)]]
execute procedure|function 存储过程名或存储函数名;
```

- before|after：在操作之前还是之后被触发。
- insert|delete|update：执行的操作。
- for each row：触发器的类型，分为语句级触发器和行级触发器两种类型。

> 提示　在 PostgreSQL 中创建触发器与在其他数据库中创建有所不同。它必须先创建一个存储过程或存储函数用于实现触发器的应用逻辑，再在创建触发器时调用该存储过程或存储函数。不能直接在创建触发器时编写出一个触发器的全部内容。

下面演示如何在 PostgreSQL 中创建并使用常规触发器完成相应的业务逻辑。

7.5.1.2 【实战】利用常规触发器实现安全性检查

利用数据库的触发器可以实现安全性检查。这里的需求是，禁止周末在员工表中插入数据（执行 insert 操作）。

（1）创建一个存储函数，用于判断当前时间是否为非工作时间。

> 提示　关于完整代码，请参考“脚本与代码\07\checkCurrentWeekDay.sql”。

```
scott=# create or replace function checkCurrentWeekDay()
       returns trigger
       as $$
       begin
         if extract(dow from now()) in (0,6) or
             extract(hour from now()) not between 9 and 18 then
            raise exception '当前时间为非工作时间';
         end if;
         return null;
       end;
       $$
       language plpgsql;
```

> 提示　存储函数 checkCurrentWeekDay()中指定的非工作时间有两个：一个是星期六和星期日，另一个是早 9 点之前和晚 6 点之后。需要注意的是，星期六和星期日分别用数字 6 和 0 表示。

（2）创建语句级触发器 securityemp，禁止在非工作时间插入员工数据。

```
scott=# create trigger securityemp
       before insert
       on emp
```

```
       execute procedure checkCurrentWeekDay();
```

(3) 在星期六或星期日时，在员工表上执行 insert 操作。

```
scott=# insert into emp(empno,ename,sal,deptno)
        values(1234,'tom',1234,10);
```

此时将抛出以下错误信息。

```
ERROR:  当前时间为非工作时间
CONTEXT:  PL/pgSQL function checkcurrentweekday() line 4 at RAISE
```

(4) 删除触发器。

```
scott=# drop trigger securityemp on emp;
```

7.5.1.3 【实战】利用常规触发器进行数据确认

利用数据库的触发器可以在更新数据之前对数据进行确认。例如，员工涨工资之后的工资不能比涨工资之前的工资少，这样的需求就可以使用行级触发器来实现。

(1) 创建一个存储函数 checksalary()，用于确定员工涨工资之后的工资不能比涨工资之前的工资少。

> 提示　关于完整代码，请参考“脚本与代码\07\checksalary.sql”。

```
scott=# create or replace function checksalary()
       returns trigger
       as $$
       begin
        if new.sal < old.sal then
           raise exception
       '涨后的工资不能比涨前的工资少。员工号：%，姓名：%，涨前：%涨后：%。',
       old.empno,old.ename,old.sal,new.sal;
         end if;
         return null;
       end;
       $$
       language plpgsql;
```

> 提示　在存储函数 checksalary()中，使用 new.sal 和 old.sal 分别表示执行 update 操作时更新后和更新前的工资。当更新后的工资小于更新前的工资时，就会抛出相应的错误信息和对应的员工数据。

(2) 创建行级触发器 checksalarybeforeupdate，用于在更新员工工资之前检查员工的工资。

```
scott=# create trigger checksalarybeforeupdate
       before update      --在 update 操作之前执行触发器
       on emp             --在员工表上定义触发器
       for each row       --指定触发器为行级触发器
       execute procedure checksalary();
```

（3）执行 update 操作降低员工的工资。

```
scott=# update emp set sal=sal-100;
```

此时将抛出以下错误信息。

```
ERROR:  涨后的工资不能比涨前的工资少。员工号：7369，姓名：SMITH，涨前：800 涨后：700。
CONTEXT:  PL/pgSQL function checksalary() line 4 at RAISE
```

（4）删除触发器。

```
scott=# drop trigger checksalarybeforeupdate on emp;
```

7.5.1.4　【实战】利用常规触发器实现审计

由于一旦数据库的触发器的触发条件被满足，就自动执行定义的语句序列，因此可以使用触发器来完成审计功能。例如，在招聘新员工时，审计部门人数超过 5 人的部门信息。

PostgreSQL 的审计功能要借助 PostgreSQL 的扩展 pgaudit 来实现。下面介绍如何使用触发器来实现审计功能。

（1）创建一个新表用于保存审计信息。

```
scott=# create table audit_message(info varchar(50));
```

（2）创建存储函数用于记录审计信息。

> 提示　关于完整代码，请参考“脚本与代码\07\audit_emp_number.sql”。

```
scott=# create or replace function audit_emp_number()
       returns trigger
       as $$
       declare
       empTotal int;--定义变量保存部门人数
       begin
         empTotal := 0;

         --统计部门人数
         select count(*) into empTotal from emp where deptno=new.deptno;

         --当部门人数大于 5 人时，执行审计操作
```

```
    if  empTotal > 5 then
      insert into audit_message
       values('部门:' ||new.deptno||'已经有5个员工了');
    end if;
    return null;
  end;
  $$
  language plpgsql;
```

（3）创建行级触发器 audit_emp_number_trigger，实现审计功能。

```
scott=# create trigger audit_emp_number_trigger
        before insert     --在 insert 操作之前执行触发器
        on emp            --将触发器定义在员工表上
        for each row      --指定触发器为行级触发器
        execute procedure audit_emp_number();
```

（4）插入一个 10 号部门的员工。

```
scott=# insert into emp(empno,ename,sal,deptno)
         values(1,'tom',1000,10);
```

（5）查询 audit_message 中的审计信息，此时将没有任何审计记录。

```
scott=# select * from audit_message;
```

输出结果如下。

```
 info
------
(0 rows)
```

（6）插入一个 30 号部门的员工。

```
scott=# insert into emp(empno,ename,sal,deptno)
         values(2,'mike',1000,30);
```

（7）再次查询 audit_message 中的审计信息。

```
scott=# select * from audit_message;
```

输出结果如下。

```
         info
------------------------
 部门:30 已经有5个员工了
(1 row)
```

（8）删除触发器。

```
scott=# drop trigger audit_emp_number_trigger on emp;
```

7.5.2 事件触发器

PostgreSQL 的常规触发器依附于单个表并捕获 DML 事件；事件触发器是数据库全局性的，可以捕获 DDL 事件。与常规触发器一样，事件触发器可以用任何包含事件触发器支持的过程语言编写，也可以用 C 语言编写，但不能用纯 SQL 编写。

当与事件关联的事件在定义它的数据库中发生时，会触发对应的事件触发器。

create event trigger 命令的语法格式如下。

```
scott=# \h create event trigger;
Command:     CREATE EVENT TRIGGER
Description: define a new event trigger
Syntax:
CREATE EVENT TRIGGER name
    ON event
    [ WHEN filter_variable IN (filter_value [, ... ]) [ AND ... ] ]
    EXECUTE { FUNCTION | PROCEDURE } function_name()
```

下面说明事件触发器的作用。

（1）创建一个用于存储 DDL 操作记录的表。

```
scott=# create table ddlhistory
          (optime timestamp, operation text, obj text);
```

（2）定义存储函数，用于跟踪对象的创建和修改操作。

> 提示　关于完整代码，请参考“脚本与代码\07\logddl.sql”。

```
scott=# create or replace function logddl()
     returns event_trigger
     as $$
     declare
       audit_query text;
       r record;
     begin
       r := pg_event_trigger_ddl_commands ( );
       insert into ddlhistory
           values(statement_timestamp(),tg_tag,r.object_identity);
     end;
     $$ language plpgsql;
```

（3）创建事件触发器。

```
scott=# create event trigger logddl_trigger
        on ddl_command_end execute procedure logddl();
```

（4）执行 DDL 测试。

```
scott=# create table testtable (id int, fname text);
scott=# alter table testtable add column lname text;
scott=# alter table testtable add column mname text;
scott=# alter table testtable rename column mname to midlname;
scott=# alter table testtable drop column midlname;
```

（5）查看 DDL 的操作记录。

```
scott=# select * from ddlhistory;
```

输出结果如下。

```
          optime           |  operation    |          obj
---------------------------+---------------+-----------------------
 2023-04-29 15:10:31.433498 | CREATE TABLE | public.testtable
 2023-04-29 15:10:31.442556 | ALTER TABLE  | public.testtable
 2023-04-29 15:10:31.445925 | ALTER TABLE  | public.testtable
 2023-04-29 15:10:31.448603 | ALTER TABLE  | public.testtable.midlname
 2023-04-29 15:10:32.365492 | ALTER TABLE  | public.testtable
(5 rows)
```

第 8 章 管理数据库安全

随着数据库在企业应用系统中和互联网上的广泛使用，为了保证存储数据的安全，数据库提供了相应的用户权限功能及审计功能，以保护用户的隐私。

PostgreSQL 提供了强大的用户管理和审计功能，因此系统管理员能够针对不同的用户实施强大的保护措施，及时发现可疑活动，并做出精心优化的安全应对。

8.1 用户管理

不同用户对数据库功能的需求是不同的。出于安全等因素的考虑，数据库功能需要根据不同的用户需求来定制。关键的、重要的数据库功能需要限制部分用户才能使用。

8.1.1 用户与角色

在 PostgreSQL 中，可以创建不同用户执行数据库的操作。在生产环境下，在操作数据库时，绝对不可以使用管理员用户进行操作，而是先创建特定的普通用户，并且授予这个普通用户特定的操作权限，然后使用这个普通用户进行操作，主要的操作就是数据的增加、删除、修改和查询。

在 PostgreSQL 中，建议每个数据库用户都有自己的数据库账户和验证方式，这样可以避免存在潜在的安全漏洞，从而为特定的审计活动提供有意义的数据。

> 提示 PostgreSQL 中不区分用户和角色的概念。PostgreSQL 中的用户被看成角色的别名。可以将数据库中的一个用户看成数据库的一个角色。

> 提示 create user 命令为 create role 命令的别名，这两条命令的功能几乎是完全相同的，唯一的区别如下。

- 使用 create user 命令创建的用户默认具有 LOGIN 属性
- 使用 create role 命令创建的用户默认不具有 LOGIN 属性。

下面说明 create user 命令和 create role 命令的区别。

（1）查看 create user 命令的帮助信息。

```
postgres=# \h create user;
```

输出结果如下。

```
Command:     CREATE USER
Description: define a new database role
Syntax:
CREATE USER name [ [ WITH ] option [ ... ] ]

where option can be:

      SUPERUSER | NOSUPERUSER
    | CREATEDB | NOCREATEDB
    | CREATEROLE | NOCREATEROLE
    | INHERIT | NOINHERIT
    | LOGIN | NOLOGIN
    | REPLICATION | NOREPLICATION
    | BYPASSRLS | NOBYPASSRLS
    | CONNECTION LIMIT connlimit
    | [ ENCRYPTED ] PASSWORD 'password' | PASSWORD NULL
    | VALID UNTIL 'timestamp'
    | IN ROLE role_name [, ...]
    | IN GROUP role_name [, ...]
    | ROLE role_name [, ...]
    | ADMIN role_name [, ...]
    | USER role_name [, ...]
    | SYSID uid
```

> 提示 create role 命令与 create user 命令的格式几乎完全一样。表 8.1 中列举了用户（角色）的部分属性。

表 8.1

属　性	说　明
LOGIN	只有具有 LOGIN 属性的角色可以用作数据库连接的初始角色名
SUPERUSER	数据库超级用户
CREATEDB	创建数据库权限

续表

属　性	说　明
CREATEROLE	创建或删除其他普通的用户
REPLICATION	做流复制时用到的一个用户属性，一般单独设定
PASSWORD	在登录时只有要求指定密码才会起作用。例如，可以是 md5 模式或 password 模式，与客户端的连接认证方式有关
INHERIT	用户组对组员的一个继承标志，成员可以继承用户组的权限特性

（2）创建 david 角色和 sandy 用户。

```
postgres=# create role david;    --默认不具有 LOGIN 属性，即不能登录数据库
CREATE ROLE
postgres=# create user sandy;    --默认具有 LOGIN 属性，即可以登录数据库
CREATE ROLE
```

（3）查看 PostgreSQL 中的用户信息。

```
postgres=# \x
postgres=# \du
```

输出结果如下。

```
List of roles
-[ RECORD 1 ]-------------------------------------------------------
Role name  | david
Attributes | Cannot login
Member of  | {}
-[ RECORD 2 ]-------------------------------------------------------
Role name  | postgres
Attributes | Superuser, Create role, Create DB, Replication, Bypass RLS
Member of  | {}
-[ RECORD 3 ]-------------------------------------------------------
Role name  | sandy
Attributes |
Member of  | {}
```

提示　由输出结果可知，当前 david 不能登录数据库。

（4）查询 pg_roles 系统表，获取当前数据库中的角色信息。

```
postgres=# select rolname from pg_roles ;
```

输出结果如下。

```
        rolname
---------------------------
 pg_monitor
```

```
 pg_read_all_settings
 pg_read_all_stats
 pg_stat_scan_tables
 pg_read_server_files
 pg_write_server_files
 pg_execute_server_program
 pg_signal_backend
 postgres
 david
 sandy
(11 rows)
```

（5）查询 pg_user 系统表，获取当前数据库中的用户信息。

```
postgres=# select usename from pg_user;
```

输出结果如下。

```
 usename
----------
 postgres
 sandy
(2 rows)
```

> 提示　在创建角色 david 时没有为其分配 LOGIN 属性，所以不存在用户 david。

（6）使用 david 和 sandy 登录 PostgreSQL。

```
[postgres@mydb pgsql]$ bin/psql -U david
psql: error: FATAL:  role "david" is not permitted to log in

[postgres@mydb pgsql]$ bin/psql -U sandy
psql: error: FATAL:  database "sandy" does not exist
```

> 提示　由输出结果可知，david 不允许登录数据库；sandy 可以登录数据库，只是在登录时还没有为其指定对应的数据库。可以使用参数-d 指定用户登录 PostgreSQL 时需要访问的数据库。示例如下。

```
[postgres@mydb pgsql]$ bin/psql -U sandy -d postgres
psql (13.3)
Type "help" for help.

postgres=>
```

（7）修改 david 的权限，为其增加登录数据库的权限。

```
postgres=# alter role david login;
```

（8）重新查看 PostgreSQL 中的用户信息。

```
postgres=# \du
```

输出结果如下。

```
List of roles
-[ RECORD 1 ]--------------------------------------------------------
Role name  | david
Attributes |
Member of  | {}
-[ RECORD 2 ]--------------------------------------------------------
Role name  | postgres
Attributes | Superuser, Create role, Create DB, Replication, Bypass RLS
Member of  | {}
-[ RECORD 3 ]--------------------------------------------------------
Role name  | sandy
Attributes |
Member of  | {}
```

（9）重新查询 pg_roles 系统表，获取当前数据库中的角色信息。

```
postgres=# select rolname from pg_roles ;
```

输出结果如下。

```
        rolname
---------------------------
 pg_monitor
 pg_read_all_settings
 pg_read_all_stats
 pg_stat_scan_tables
 pg_read_server_files
 pg_write_server_files
 pg_execute_server_program
 pg_signal_backend
 postgres
 david
 sandy
(11 rows)
```

（10）重新查询 pg_user 系统表，获取当前数据库中的用户信息。

```
postgres=# select usename from pg_user;
```

输出结果如下。

```
 usename
----------
 postgres
```

```
 sandy
 david
(3 rows)
```

> 提示　为 david 角色分配 LOGIN 属性，系统将自动创建同名用户 david。

（11）验证 david 的 LOGIN 属性。

```
[postgres@mydb pgsql]$ bin/psql -U david -d postgres
psql (13.3)
Type "help" for help.

postgres=>
```

> 提示　此时 david 也可以登录数据库。

（12）查询 pg_roles 系统表，获取用户（角色）的完整信息。

```
postgres=# select * from pg_roles;
```

输出结果如图 8.1 所示。

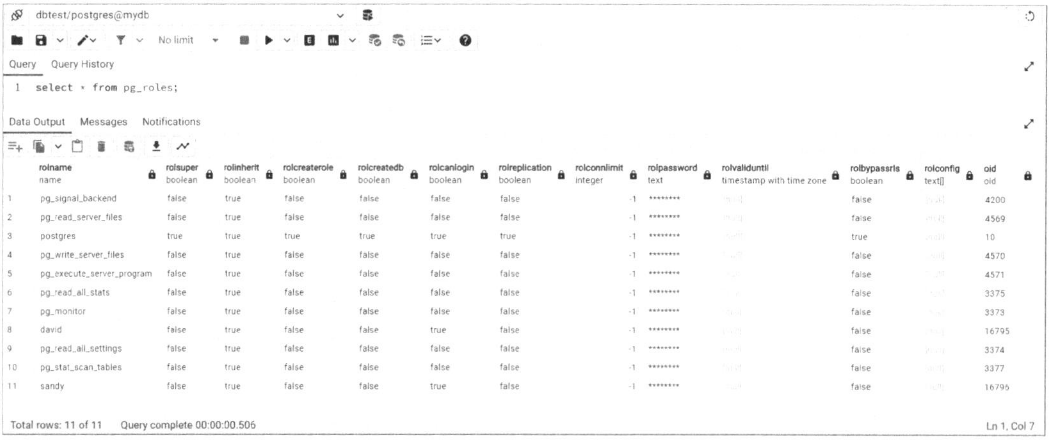

dbtest/postgres@mydb

No limit

Query　Query History

```
1  select * from pg_roles;
```

Data Output　Messages　Notifications

	rolname name	rolsuper boolean	rolinherit boolean	rolcreaterole boolean	rolcreatedb boolean	rolcanlogin boolean	rolreplication boolean	rolconnlimit integer	rolpassword text	rolvaliduntil timestamp with time zone	rolbypassrls boolean	rolconfig text[]	oid oid
1	pg_signal_backend	false	true	false	false	false	false	-1	********	[null]	false	[null]	4200
2	pg_read_server_files	false	true	false	false	false	false	-1	********	[null]	false	[null]	4569
3	postgres	true	true	true	true	true	true	-1	********	[null]	true	[null]	10
4	pg_write_server_files	false	true	false	false	false	false	-1	********	[null]	false	[null]	4570
5	pg_execute_server_program	false	true	false	false	false	false	-1	********	[null]	false	[null]	4571
6	pg_read_all_stats	false	true	false	false	false	false	-1	********	[null]	false	[null]	3375
7	pg_monitor	false	true	false	false	false	false	-1	********	[null]	false	[null]	3373
8	david	false	true	false	false	true	false	-1	********	[null]	false	[null]	16795
9	pg_read_all_settings	false	true	false	false	false	false	-1	********	[null]	false	[null]	3374
10	pg_stat_scan_tables	false	true	false	false	false	false	-1	********	[null]	false	[null]	3377
11	sandy	false	true	false	false	true	false	-1	********	[null]	false	[null]	16796

Total rows: 11 of 11　Query complete 00:00:00.506　Ln 1, Col 7

图 8.1

> 提示　图 8.1 中的 true 和 false 表示该用户是否具有对应的权限。

8.1.2　管理用户的密码

8.1.1 节在创建用户或角色时并没有为其指定密码。PostgreSQL 不仅允许使用 SQL 语句来管理和修改用户的密码，还提供了 passwordcheck 插件用于检查用户密码的复杂度。

8.1.2.1　使用 SQL 语句管理用户的密码

使用语句 alter user 或 alter role 可以修改用户或角色的密码，下面演示修改过程。

> 提示　在创建用户或角色时，也可以同时为其指定相应的密码。

（1）使用用户 postgres 登录数据库，并修改用户 david 的密码。

```
postgres=# alter user david with password 'Welcome_1';
```

（2）开启一个新的命令行窗口，使用用户 david 登录。

```
[postgres@mydb pgsql]$ bin/psql -U david -d dbtest
psql (15.3)
Type "help" for help.

dbtest=> \c
You are now connected to database "dbtest" as user "david".
```

> 提示　使用用户 david 登录数据库时发现，不需要输入密码即可登录，这不符合实际情况。

> 提示　由表 8.1 中关于角色属性 PASSWORD 的说明可以看出，在登录时要求指定密码时才会起作用，这与客户端的连接认证方式有关。因此，需要在 pg_hba.conf 文件中进行相应的配置。

（3）查看 pg_hba.conf 文件，发现 local 的 METHOD 为 trust，因此不需要输入密码。

```
local   all   all   trust
```

（4）将 local 的 METHOD 更改为 password。

```
local   all   all   password
```

（5）重启 PostgreSQL。

（6）再次使用用户 david 登录数据库。

```
[postgres@mydb pgsql]$ bin/psql -U david  -d scott
Password for user david:
```

（7）输入正确的密码后即可成功登录 PostgreSQL。

（8）切换为 postgres 用户，并修改用户 david 的密码有效期。

```
scott=> \c postgres
You are now connected to database "postgres" as user "david".
postgres=# alter user david valid until '2023-12-31';
```

（9）查看用户 david 的信息。

```
postgres=# \x
postgres=# \du+ david
```

输出结果如下。

```
List of roles
-[ RECORD 1 ]--------------------------------------------
Role name   | david
Attributes  | Password valid until 2023-12-31 00:00:00+08
Member of   | {}
Description |
```

8.1.2.2 使用 passwordcheck 插件检查密码的复杂度

PostgreSQL 提供的 passwordcheck 插件以进行简单的密码复杂度检查，防止使用过短或包含用户名的密码。下面演示如何使用 passwordcheck 插件。

（1）进入 PostgreSQL 的源码目录下，编译和安装 passwordcheck 插件。

```
cd postgresql-15.3/
./configure --prefix=/home/postgres/training/pgsql
cd contrib/passwordcheck/
make
make install
```

（2）修改配置文件 postgresql.conf 中的参数 shared_preload_libraries。

```
shared_preload_libraries = 'passwordcheck'
```

（3）重启 PostgreSQL。

（4）使用用户 postgres 登录数据库。

（5）尝试修改用户 david 的密码。

```
postgres=# alter user david with password 'postgres';
```

此时将出现以下错误信息。

```
ERROR:  password must contain both letters and nonletters
```

（6）再次尝试修改用户 david 的密码。

```
postgres=# alter user david with password 'Welcome_1';
ALTER ROLE
```

> 提示　此时用户密码修改成功。

8.1.3　预定义角色

PostgreSQL 在初始化时总是包含一个预定义的角色，此角色始终是“超级用户”。在默认情况下，该角色将与初始化数据库集群的操作系统用户同名。通常，此角色将被命名为 postgres。为了创建更多角色，必须先使用这个初始角色进行连接。

除具有 postgres 角色外，在初始状态下 PostgreSQL 还具有另外 8 个角色，如表 8.2 所示。

表 8.2

角　色	说　明
pg_monitor	读取和执行各种监视视图与功能。这个角色是 pg_read_all_settings、pg_read_all_stats 和 pg_stat_scan_tables 的成员
pg_read_all_settings	读取所有仅对超级用户可见的配置变量
pg_read_all_stats	读取所有以 pg_stat_ 开头的系统视图，并且可以使用各种与统计相关的扩展
pg_stat_scan_tables	执行可能会在表上取得 ACCESS SHARE 锁的监控函数
pg_read_server_files	允许使用 COPY 及其他文件访问函数在服务器上该数据库可以访问的任意位置读取文件
pg_write_server_files	允许使用 COPY 及其他文件访问函数在服务器上该数据库可以访问的任意位置写入文件
pg_execute_server_program	允许用运行该数据库的用户执行数据库服务器上的程序来配合 COPY 和其他允许执行服务器端程序的函数
pg_signal_backend	向后端发送信号（如取消查询、中止）

8.2　权限管理

在 PostgreSQL 中，任何数据库对象都是所有者的，即数据库对象都是属于某个用户的。无须把对象的权限赋予所有者，因为所有者默认拥有该对象的所有权限。在 PostgreSQL 中，删除及修改对象的权限都不能赋予其他用户，因为它们是所有者的固有权限，不能被赋予或撤销，所有者也隐式地拥有把操作该对象的权限授予其他用户的权利。

在 PostgreSQL 中，权限可以被分成两类：一是在创建用户时指定的权限，二是使用 grant 命令和 revoke 命令管理的权限。

8.2.1　【实战】在创建用户时指定的权限

这类权限是在使用语句 create user 或 create role 时同时为用户指定的。8.1.1 节介绍了使用 create user 命令和 create role 命令时的各个权限选项。

> 提示　如果在创建用户时没有指定这类权限，那么之后可以通过使用命令 alter user 或 alter role 来修改。

下面演示在创建用户时为其赋予相应的权限。

（1）创建用户 tom 并为其赋予 createdb 权限。

```
postgres=# create role tom createdb ;
postgres=# \x
postgres=# \du
```

输出结果如下。

```
List of roles
-[ RECORD 1 ]-------------------------------------------------------
Role name  | david
Attributes | Password valid until 2023-12-31 00:00:00+08
Member of  | {}
-[ RECORD 2 ]-------------------------------------------------------
Role name  | postgres
Attributes | Superuser, Create role, Create DB, Replication, Bypass RLS
Member of  | {}
-[ RECORD 3 ]-------------------------------------------------------
Role name  | regress_user1
Attributes |
Member of  | {}
-[ RECORD 4 ]-------------------------------------------------------
Role name  | sandy
Attributes |
Member of  | {}
-[ RECORD 5 ]-------------------------------------------------------
Role name  | tom
Attributes | Create DB, Cannot login
Member of  | {}
```

（2）赋予 tom 登录权限。

```
postgres=# alter role tom with login;
postgres=# \du
```

输出结果如下。

```
List of roles
-[ RECORD 1 ]-------------------------------------------------------
Role name  | david
Attributes | Password valid until 2023-12-31 00:00:00+08
Member of  | {}
```

```
-[ RECORD 2 ]------------------------------------------------------
Role name  | postgres
Attributes | Superuser, Create role, Create DB, Replication, Bypass RLS
Member of  | {}
-[ RECORD 3 ]------------------------------------------------------
Role name  | regress_user1
Attributes |
Member of  | {}
-[ RECORD 4 ]------------------------------------------------------
Role name  | sandy
Attributes |
Member of  | {}
-[ RECORD 5 ]------------------------------------------------------
Role name  | tom
Attributes | Create DB
Member of  | {}
```

（3）创建用户 mary 并为其赋予创建数据库及带有密码登录的权限。

```
postgres=# create role mary createdb password 'password123' login;
postgres=# \du
```

输出结果如下。

```
List of roles
-[ RECORD 1 ]------------------------------------------------------
Role name  | david
Attributes | Password valid until 2023-12-31 00:00:00+08
Member of  | {}
-[ RECORD 2 ]------------------------------------------------------
Role name  | mary
Attributes | Create DB
Member of  | {}
-[ RECORD 3 ]------------------------------------------------------
Role name  | postgres
Attributes | Superuser, Create role, Create DB, Replication, Bypass RLS
Member of  | {}
-[ RECORD 4 ]------------------------------------------------------
Role name  | regress_user1
Attributes |
Member of  | {}
-[ RECORD 5 ]------------------------------------------------------
Role name  | sandy
Attributes |
Member of  | {}
-[ RECORD 6 ]------------------------------------------------------
```

```
Role name  | tom
Attributes | Create DB
Member of  | {}
```

（4）赋予 mary 创建角色的权限。

```
postgres=# alter role mary with createrole;
postgres=# \du
```

输出结果如下。

```
List of roles
-[ RECORD 1 ]-------------------------------------------------------
Role name  | david
Attributes | Password valid until 2023-12-31 00:00:00+08
Member of  | {}
-[ RECORD 2 ]-------------------------------------------------------
Role name  | mary
Attributes | Create role, Create DB
Member of  | {}
-[ RECORD 3 ]-------------------------------------------------------
Role name  | postgres
Attributes | Superuser, Create role, Create DB, Replication, Bypass RLS
Member of  | {}
-[ RECORD 4 ]-------------------------------------------------------
Role name  | regress_user1
Attributes |
Member of  | {}
-[ RECORD 5 ]-------------------------------------------------------
Role name  | sandy
Attributes |
Member of  | {}
-[ RECORD 6 ]-------------------------------------------------------
Role name  | tom
Attributes | Create DB
Member of  | {}
```

8.2.2 使用 grant 命令和 revoke 命令管理的权限

在 PostgreSQL 中，可以使用 grant 命令为用户授权，也可以使用 revoke 命令撤销用户的权限。以下权限可以使用这两条命令进行管理。

- 在数据库中创建模式的权限。
- 在指定的数据库中创建临时表的权限。
- 连接某个数据库的权限。
- 在某个数据库中创建数据库对象的权限，如表、视图和函数等。

- 在一些表中执行 select、insert、update 和 delete 等操作的权限。
- 在一个表的列上执行 select、update 和 delete 等操作的权限。
- 对序列进行操作的权限，如执行序列的 currval()函数和 nextval()函数。
- 在表上创建触发器的权限。
- 把表、索引创建到指定表空间中的权限。

1. grant 命令

grant 命令的语法格式如下。

```
postgres=# \h grant
Command:     GRANT
Description: define access privileges
Syntax:
```

输出结果如下。

```
--表相关的权限
GRANT {
 {SELECT | INSERT | UPDATE | DELETE | TRUNCATE | REFERENCES | TRIGGER }
   [, ...] | ALL [ PRIVILEGES ] }
 ON {[TABLE] table_name [, ...]|ALL TABLES IN SCHEMA schema_name [, ...]}
 TO role_specification [, ...] [ WITH GRANT OPTION ]

--列相关的权限
GRANT
 {{SELECT | INSERT | UPDATE | REFERENCES } ( column_name [, ...] )
   [, ...] | ALL [ PRIVILEGES ] ( column_name [, ...] ) }
 ON [ TABLE ] table_name [, ...]
 TO role_specification [, ...] [ WITH GRANT OPTION ]

--序列相关的权限
GRANT
 {{USAGE | SELECT | UPDATE }[, ...] | ALL [ PRIVILEGES ] }
 ON {SEQUENCE sequence_name [, ...] |
     ALL SEQUENCES IN SCHEMA schema_name [, ...]}
 TO role_specification [, ...] [ WITH GRANT OPTION ]

--数据库相关的权限
GRANT
 {{CREATE | CONNECT | TEMPORARY | TEMP } | ALL [ PRIVILEGES ]}
 ON DATABASE database_name [, ...]
 TO role_specification [, ...] [ WITH GRANT OPTION ]

GRANT { USAGE | ALL [ PRIVILEGES ] }
```

```
 ON DOMAIN domain_name [, ...]
 TO role_specification [, ...] [ WITH GRANT OPTION ]

GRANT { USAGE | ALL [ PRIVILEGES ] }
 ON FOREIGN DATA WRAPPER fdw_name [, ...]
 TO role_specification [, ...] [ WITH GRANT OPTION ]

GRANT { USAGE | ALL [ PRIVILEGES ] }
 ON FOREIGN SERVER server_name [, ...]
 TO role_specification [, ...] [ WITH GRANT OPTION ]

--存储过程和存储函数相关的权限
GRANT { EXECUTE | ALL [ PRIVILEGES ] }
 ON {{ FUNCTION | PROCEDURE | ROUTINE }
    routine_name [([[ argmode ] [ arg_name ] arg_type [, ...]])]
    [, ...]
    | ALL { FUNCTIONS | PROCEDURES | ROUTINES }
      IN SCHEMA schema_name [, ...] }
 TO role_specification [, ...] [ WITH GRANT OPTION ]

...

--模式相关的权限
GRANT
 {{CREATE | USAGE } [, ...] | ALL [ PRIVILEGES ] }
 ON SCHEMA schema_name [, ...]
 TO role_specification [, ...] [ WITH GRANT OPTION ]

--表空间相关的权限
GRANT
 {CREATE | ALL [ PRIVILEGES ] }
 ON TABLESPACE tablespace_name [, ...]
 TO role_specification [, ...] [ WITH GRANT OPTION ]

...

--角色相关的权限
GRANT role_name [, ...] TO role_specification [, ...]
 [ WITH ADMIN OPTION ]
 [ GRANTED BY role_specification ]

where role_specification can be:
    [ GROUP ] role_name
  | PUBLIC
```

```
  | CURRENT_USER
  | SESSION_USER
```

2. revoke 命令

revoke 命令是 grant 命令的逆过程。下面演示 grant 命令和 revoke 命令的使用方法。

（1）查看当前数据库中的用户名信息。

```
postgres=# select usename from pg_user;
```

输出结果如下。

```
   usename
---------------
 postgres
 sandy
 regress_user1
 tom
 mary
 david
(6 rows)
```

（2）查看当前已存在的数据库。

```
postgres=# select datname from pg_database;
```

输出结果如下。

```
  datname
-----------
 postgres
 mydemodb
 template1
 template0
 dbtest
 dbtest1
 scott
(7 rows)
```

（3）切换到用户 david，并指定访问数据库 scott。

```
postgres=# \c scott david
Password for user david:
You are now connected to database "scott" as user "david".
```

（4）查看数据库 scott 中的表信息。

```
scott=> \d
```

输出结果如下。

```
          List of relations
 Schema |    Name     | Type  |  Owner
--------+-------------+-------+----------
 public | dept        | table | postgres
 public | emp         | table | postgres
(2 rows)
```

（5）查看 10 号部门的员工的姓名。

```
scott=> select ename from emp where deptno=10;
ERROR:  permission denied for table emp
```

（6）使用超级用户授权用户 david 可以访问当前数据库中 public 模式下的所有表。

```
postgres=# \c scott postgres
scott=> grant select,insert,update,delete on all tables
       in schema public to david;
```

（7）重新使用用户 david 查看 10 号部门的员工的姓名。

```
scott=> \c scott david
You are now connected to database "scott" as user "david".
scott=> select ename from emp where deptno=10;
```

输出结果如下。

```
 ename
--------
 CLARK
 KING
 MILLER
(3 rows)
```

> 提示　上面的授权操作只对已存在的数据库对象有效，对后续新创建的数据库对象是没有权限的，此时需要赋予用户一个默认权限。示例如下。
>
> ```
> scott=# \c
> You are now connected to database "scott" as user "postgres".
> scott=# alter default privileges grant select,insert,update,delete on tables to david;
> ALTER DEFAULT PRIVILEGES
> ```
>
> 此时，用户 david 也可以访问在数据库 scott 中新创建的表。

（8）撤销用户 david 的权限。

```
scott=# \c scott postgres
You are now connected to database "scott" as user "postgres".
```

```
scott=# revoke select,insert,update,delete on all tables
       in schema public from david;
REVOKE

scott=# alter default privileges revoke
       select,insert,update,delete on tables from david;
ALTER DEFAULT PRIVILEGES
```

8.2.3　在授权时使用 admin option 选项和 grant option 选项

在使用 grant 命令时有两个特殊的选项，分别为 admin option 和 grant option。

- 在使用 admin option 选项授予角色时，角色的被授予者可以将得到的角色转授给其他角色。
- 在使用 grant option 选项授权时，权限的被授予者可以将权限赋予其他用户。

下面演示如何使用 admin option 选项和 grant option 选项。

（1）使用超级用户登录数据库。创建角色 role1，以及用户 emily 和 jeff。

```
postgres=# create role role1;
postgres=# create user emily with password 'Welcome_1';
postgres=# create user jeff with password 'Welcome_1';
```

这里的用户 emily 和 jeff 同时是两个角色。

（2）切换到 scott 数据库。

```
postgres=# \c scott
You are now connected to database "scott" as user "postgres".
```

（3）为角色 role1 授权。

```
scott=# grant select,update,delete on all tables
        in schema public to role1;
```

（4）将角色 role1 授予用户 emily，授权时使用 admin option 选项。

```
scott=# grant role1 to emily with admin option;
```

（5）切换到用户 emily。

```
scott=# \c scott emily
Password for user emily:
You are now connected to database "scott" as user "emily".
```

（6）将角色 role1 转授给用户 jeff。

```
scott=> grant role1 to jeff;
```

> 提示　如果在第（4）步中没有使用 admin option 选项，那么此时会出现以下错误信息。
>
> ```
> ERROR:  must have admin option on role "role1"
> ```

（7）切换到超级用户 postgres。

```
postgres=> \c scott postgres
Password for user postgres:
You are now connected to database "scott" as user "postgres".
```

（8）授予用户 emily 查询员工表 emp 的权限，授权时使用 grant option 选项。

```
scott=# grant select on emp to emily with grant option;
```

在完成授权后，用户 emily 可以查询员工表 emp 中的数据。

（9）切换到用户 emily，将查询员工表 emp 的权限转授给用户 jeff。

```
scott=> grant select on emp to jeff;
```

> 提示　在完成授权后，用户 jeff 可以查询员工表 emp 中的数据。如果在第（8）步授权时没有使用 grant option 选项，那么此时会出现错误。

（10）切换到超级用户 postgres。

```
scott=# \c scott postgres
You are now connected to database "scott" as user "postgres".
```

（11）撤销用户 emily 查询员工表 emp 的权限。

```
scott=# revoke select on emp from emily;
```

此时将出现以下错误信息。

```
ERROR:  dependent privileges exist
HINT:  Use CASCADE to revoke them too.
```

> 提示　由于用户 emily 已经将查询员工表 emp 的权限转授给用户 jeff 了，用户 jeff 与 emily 之间便存在权限的依赖，因此在撤销权限时，必须先撤销用户 jeff 的权限，再撤销用户 emily 的权限，或者使用 cascade 选项进行级联撤销。示例如下。
>
> ```
> scott=# revoke select on emp from emily cascade;
> ```

8.2.4　使用组角色管理权限

在系统的角色管理中，通常需要管理大量的用户和对象权限。为了便于管理权限，降低复杂度，可以先将用户进行分组，再以组为单位执行权限的授予和撤销操作。

PostgreSQL 引入了组角色的概念，组角色中的成员角色会自动继承组角色的权限。组角色和成员角色是父子关系。

下面演示如何使用 PostgreSQL 的组角色。

（1）创建组角色。

```
postgres=# create role father login nosuperuser nocreatedb nocreaterole
         password 'Welcome_1'
         inherit;
```

> 提示　出于安全的考虑，PostgreSQL 不允许超级用户权限通过继承的方式传递。这里的 inherit 表示组角色。father 的任何一个成员角色都将自动继承除超级用户权限外的所有权限。

（2）查看组角色的信息。

```
postgres=# \x
postgres=# \du father
```

输出结果如下。

```
-[ RECORD 1 ]------
Role name  | father
Attributes |
Member of  | {}
```

（3）为组角色 father 赋予连接数据库 scott 的权限，以及查询数据库 scott 中员工表 emp 的权限。

```
postgres=# grant connect on database scott to father;
postgres=# \c scott
postgres=# grant usage on schema public to father;
postgres=# grant select on public.emp to father;
```

（4）创建成员角色，并将组角色 father 赋予 son1。

```
postgres=# create role child1 login nosuperuser nocreatedb nocreaterole
          password 'Welcome_1'
          inherit;
postgres=# grant father to child1;
```

> 提示　还有另一种方法，就是在创建用户时同时赋予角色权限。示例如下。
>
> ```
> postgres=# create role child2 login nosuperuser nocreatedb nocreaterole
>          password 'Welcome_1'
>          inherit
>          in role father;
> ```

（5）使用角色 child1 切换到数据库 scott，并执行查询操作获取员工表 emp 中的数据。

```
scott=# \c scott child1
Password for user child1:
You are now connected to database "scott" as user "child1".

scott=> \dt
          List of relations
 Schema |    Name      | Type  |  Owner
--------+--------------+-------+----------
 public | dept         | table | postgres
 public | emp          | table | postgres
 public | indextable1  | table | postgres
 public | indextable3  | table | postgres
 public | indextable5  | table | postgres
 public | indextable6  | table | postgres
 public | indextable7  | table | postgres


scott=> select ename,sal from emp where deptno=10;
 ename  | sal
--------+------
 CLARK  | 2450
 KING   | 5000
 MILLER | 1300
(3 rows)
```

此时，角色 child1 具有访问员工表 emp 中数据的权限。

（6）使用角色 child1 执行查询操作获取部门表 dept 中的数据。

```
scott=> select * from dept;
ERROR:  permission denied for table dept
```

角色 child1 只能查询 emp 表中的数据，不能查询 dept 表中的数据。

（7）查询角色组信息。

```
scott=> \c postgres postgres
Password for user postgres:
You are now connected to database "postgres" as user "postgres".
postgres=# \du child*
```

输出结果如下。

```
          List of roles
 Role name | Attributes | Member of
-----------+------------+----------
```

```
child1     |             | {father}
child2     |             | {father}
```

提示　上述输出结果中的 Member of 表示角色 child1 和 child2 属于组角色 father。

8.2.5　使用 set role 命令显示启用角色的权限

set role 命令的功能是在不改变当前会话角色的情况下设置当前用户的用户标识为指定的角色。例如，father_role、mother_role 和 child_role 存在如图 8.2 所示的角色关系。

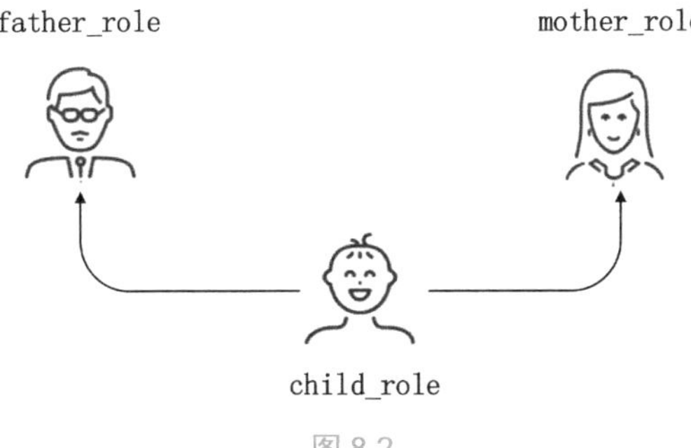

图 8.2

child_role 继承了两个角色，分别为 father_role 和 mother_role。其中，角色 father_role 具有查询数据库 scott 中员工表 emp 的权限，角色 mother_role 具有查询数据库 scott 中部门表 dept 的权限。在创建一个新的用户时，如果使用了 noinherit 选项，就可以使用 set role 命令显示获得某个父角色的权限。

下面说明 set role 命令的使用方法。

（1）创建角色 father_role、mother_role 和 child_role。

```
scott=> \c scott postgres
scott=# create role father_role;
scott=# create role mother_role;
scott=# create role child_role;
```

（2）为角色 father_role 和 mother_role 授权。

```
scott=# grant usage on schema public to father_role;
scott=# grant usage on schema public to mother_role;
scott=# grant select on table public.emp to father_role;
scott=# grant select on table public.dept to mother_role;
```

（3）确认角色 father_role 和 mother_role 的权限信息。

```
scott=# \x
scott=# select * from information_schema.table_privileges
```

```
        where grantee in ('father_role','mother_role');
```

输出结果如下。

```
-[ RECORD 1 ]--+------------
grantor        | postgres
grantee        | father_role
table_catalog  | scott
table_schema   | public
table_name     | emp
privilege_type | SELECT
is_grantable   | NO
with_hierarchy | YES
-[ RECORD 2 ]--+------------
grantor        | postgres
grantee        | mother_role
table_catalog  | scott
table_schema   | public
table_name     | dept
privilege_type | SELECT
is_grantable   | NO
with_hierarchy | YES
```

（4）为角色 child_role 授予角色。

```
scott=# grant father_role to child_role;
scott=# grant mother_role to child_role;
```

（5）查看角色 child_role 的信息。

```
scott=# \du child_role
```

输出结果如下。

```
List of roles
-[ RECORD 1 ]------------------------
Role name  | child_role
Attributes | Cannot login
Member of  | {father_role,mother_role}
```

（6）创建用户测试，并授予角色 child_role。

```
scott=# create user user1 noinherit password 'Welcome_1';
scott=# grant child_role to user1;
```

（7）切换到用户 user1，并确定当前的 current_user 和 session_user。

```
scott=# \c scott user1
scott=> select current_user,session_user;
```

输出结果如下。

```
-[ RECORD 1 ]+------
current_user | user1
session_user | user1
```

（8）启用角色 father_role，并确定当前的 current_user 和 session_user。

```
scott=> set role father_role;
scott=> select current_user,session_user;
```

输出结果如下。

```
-[ RECORD 1 ]+------------
current_user | father_role
session_user | user1
```

（9）执行两个简单的查询操作。

```
scott=> select count(*) from emp;
-[ RECORD 1 ]
count | 14

scott=> select count(*) from dept;
ERROR:  permission denied for table dept
```

（10）启用角色 mother_role，并确定当前的 current_user 和 session_user。

```
scott=> set role mother_role;
scott=> select current_user,session_user;
```

输出结果如下。

```
-[ RECORD 1 ]+------------
current_user | mother_role
session_user | user1
```

（11）重新执行两个简单的查询操作。

```
scott=> select count(*) from emp;
ERROR:  permission denied for table emp

scott=> select count(*) from dept;
-[ RECORD 1 ]
count | 4
```

提示　由上述内容可知，在使用 set role 命令切换用户时，不会改变 session_user，但是会改变 current_user，这样在执行 SQL 语句做权限校验时就会使用 current_user，继而具有不同的权限。

8.3 审计管理

在执行数据库审计时，将捕获并存储数据库系统中所发生的特定的事件信息，因此开启数据库的审计功能会增加数据库额外必须执行的工作量。

审计必须有重点，即只捕获有意义的事件。如果审计重点设置适当，就会最大限度地减少对系统性能的影响。如果审计重点设置不当，就会对系统性能产生明显的影响。

8.3.1 PostgreSQL 的审计日志功能

PostgreSQL 自带了审计日志的功能，通过在 postgresql.conf 文件中将参数 logging_collector 设置为 on 就可以启用这项功能。

```
logging_collector = on
```

此时可以启用日志收集器，使 PostgreSQL 开始记录审计日志。参数 logging_collector 的默认值是 off。在修改参数 logging_collector 后需要重启 PostgreSQL。

除参数 logging_collector 外，表 8.3 中还列举了其他与审计日志功能相关的参数。

表 8.3

参　数	说　明
log_destination	日志文件的格式，示例如下。 `log_destination = 'csvlog'` 表示使用 CSV 格式记录审计日志，并在每行日志信息前添加时间戳、用户 ID、数据库名称和进程 ID
log_directory	日志文件的存储路径
log_filename	日志文件的名称。在指定文件名称时可以使用日期的通配符，示例如下。 `log_filename = 'postgresql-%Y-%m-%d.log'` 该格式将日志文件命名为 postgresql-年-月-日.log，如 postgresql-2023-04-13.log
log_file_mode	在 UNIX 或 Linux 操作系统上，当 logging_collector 被启用时，该参数用于设置日志文件的权限。该参数的默认值是 0600，表示只有服务器拥有者才能读取或写入日志文件。其他常用的设置是 0640，表示允许拥有者的组成员读取文件
log_truncate_on_rotation	默认值为 off。如果设置为 on，就以覆盖方式将日志信息写入日志文件
log_rotation_age	保留单个日志文件的最大时长，默认是 1 天，也可以是 1 小时、1 分钟或 1 秒
log_rotation_size	保留单个文件的最大占用空间大小，默认是 10MB
log_min_messages	日志信息的级别，该参数主要支持以下级别设置。 • debug5：最详细的日志级别，记录所有调试信息。 • debug4：记录详细的调试信息。 • debug3：记录更加详细的调试信息

续表

参　数	说　明
log_min_messages	• debug2：记录非常详细的调试信息。 • debug1：记录较为详细的调试信息。 • info：记录普通信息。 • notice：记录普通警告信息。 • warning：记录严重警告信息。 • error：记录错误信息。 • log：记录所有日志信息
log_min_duration_statement	该参数的取值包含以下 3 个。 • -1：禁用该参数。 • 0：将记录所有 SQL 语句和它们的耗时。 • 大于 0：只记录那些耗时超过（或等于）这个值（单位为毫秒）的 SQL 语句
log_checkpoints	记录检查点信息
log_connections	记录连接到数据库客户端的信息
log_disconnections	记录断开与数据库连接的客户端信息
log_duration	记录每条 SQL 语句的执行时间
log_error_verbosity	设置错误信息的详细程度
log_hostname	记录每个连接到数据库客户端的主机名
log_line_prefix	设置每行日志信息的前缀，可以包括时间戳、用户名、数据库名等信息
log_lock_waits	记录等待锁的信息
log_statement	记录执行的每条 SQL 语句，下面列举了该参数的取值。 • none：不记录任何操作。 • ddl：记录所有 DDL 语句，如 create 语句、alter 语句和 drop 语句。 • mod：记录所有 DDL 语句，以及数据修改语句 insert 和 update 等。 • all：记录所有执行的语句，该参数值可以跟踪整个数据库执行的 SQL 语句，但会对数据库性能产生较大影响，在生产环境中不建议配置此值
log_temp_files	记录使用临时文件的信息
log_timezone	设置日志记录的时区信息

一个推荐的 PostgreSQL 审计日志的参数配置如下。

```
logging_collector = on
log_destination = 'csvlog'
log_directory = 'logs'
log_filename = 'postgresql-%Y-%m-%d_%H%M%S.csv'
log_truncate_on_rotation = on
log_connections = on
log_disconnections = on
log_statement = ddl
log_min_duration_statement = 60s
```

```
log_checkpoints = on
log_lock_waits = on
deadlock_timeout = 1s
```

> 提示 这里还将死锁的超时时间设置为 1 秒。

在重启 PostgreSQL 完成后，尝试创建一个简单的表，示例如下。

```
postgres=# \c scott
scott=# create table testaudit as select * from emp;
```

查看 logs 目录下生成的日志文件，示例如下。

```
[postgres@mydb logs]$ pwd
/home/postgres/training/pgsql/data/logs
[postgres@mydb logs]$ ll
total 8
... postgresql-2023-05-06_084043.csv
... postgresql-2023-05-06_084043.csv.csv
```

查看日志文件 postgresql-2023-05-06_084043.csv.csv 中的内容，得到的审计日志信息如下。

```
...
2023-05-06 08:41:31.165 CST,"postgres","scott",87330,"[local]",
6455a22f.15522,3,"idle",2023-05-06 08:41:19 CST,4/4,0,LOG,00000,
"statement: create table testaudit as select * from emp;",,,,,,,,,
"psql","client backend"
...
```

8.3.2 PostgreSQL 的审计扩展插件 pgaudit

使用 PostgreSQL 自带的审计日志功能能够实现审计的基本需求，但是无法提供审计要求的详细程度。因此，PostgreSQL 的审计还需要有更加强大的功能来保证业务场景的需要，这就需要借助扩展插件 pgaudit 来完成。

pgaudit 插件通过标准 PostgreSQL 日志记录工具可以提供详细的会话或对象审核日志记录。

> 提示 由于使用 pgaudit 插件可能会生成大量日志，因此应确定实际环境中的哪些内容需要被审计，以避免产生过多的审计记录。

下面演示如何使用 pgaudit 插件完成 PostgreSQL 的审计。

（1）从 GitHub 官网上下载 pgaudit 插件的安装包，作者下载的是 pgaudit-1.7.0.tar.gz，如图 8.3 所示。

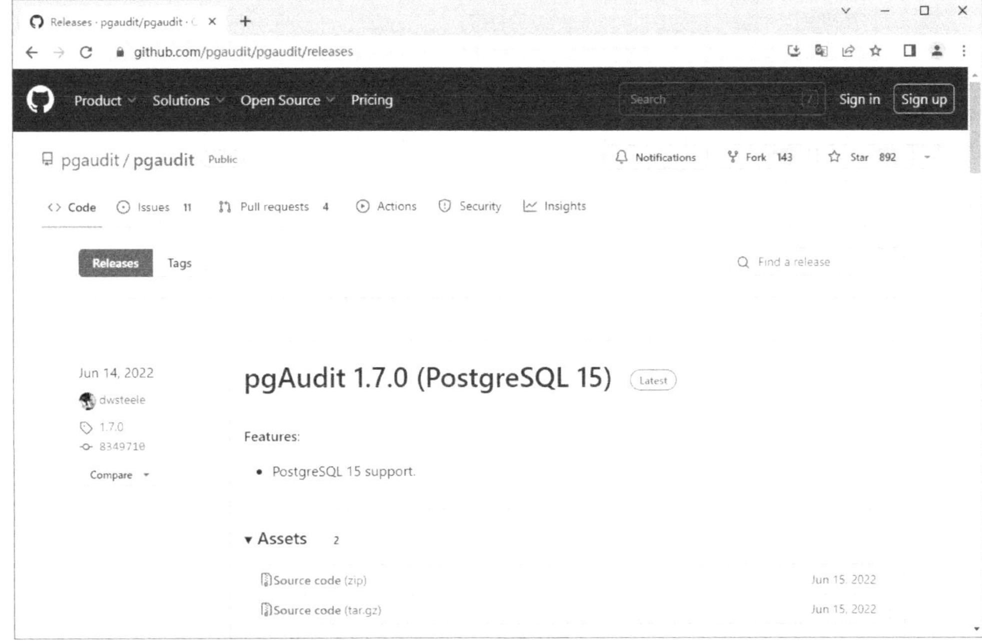

图 8.3

（2）对下载的安装包进行解压缩并且安装 pgaudit 插件。

```
tar -zxvf pgaudit-1.7.0.tar.gz
cd pgaudit-1.7.0/
make install USE_PGXS=1 \
          PG_CONFIG=/home/postgres/training/pgsql/bin/pg_config
```

（3）将生成的 pgaudit.so 文件复制到 PostgreSQL 安装目录的 lib 目录下。

```
cp pgaudit.so ~/training/pgsql/lib/
```

（4）修改 postgresql.conf 文件的参数配置。

```
shared_preload_libraries = 'pgaudit'
```

（5）重启 PostgreSQL。

（6）登录 PostgreSQL，并创建扩展。

```
postgres=# create extension pgaudit;
```

（7）查询 pgaudit 插件的参数配置。

```
postgres=# select name,setting from pg_settings
        where name like '%audit%';
```

输出结果如下。

```
            name              | setting
------------------------------+---------
 pgaudit.log                  | none
 pgaudit.log_catalog          | on
 pgaudit.log_client           | off
 pgaudit.log_level            | log
 pgaudit.log_parameter        | off
 pgaudit.log_relation         | off
 pgaudit.log_statement_once   | off
 pgaudit.role                 |
(8 rows)
```

> 提示 这里最重要的是 pgaudit.log 参数，该参数的取值有以下几种。
>
> - read：审计表上的查询操作，包括命令 select 和 copy。
> - write：审计表上的命令 insert、update、delete、truncate 和 copy。
> - function：审计 PL/pgSQL 程序。
> - role：审计角色与权限相关的操作语句。
> - ddl：审计 DDL 语句。
> - misc：审计其他命令，如 discard、fetch、checkpoint、vacuum 和 set。
> - misc_set：审计其他 set 命令，如 set role。
> - all：审计所有的数据库操作。

表 8.4 中列举了 pgaudit 插件的其他参数。

表 8.4

参　数	说　明
pgaudit.log	指定会话审计日志记录了哪些语句类
pgaudit.log_catalog	指定当一条语句的所有表都位于 pg_catalog 中时，应该启用会话日志记录。禁用此设置将减少来自 psql 和 pgAdmin 等工具的日志噪声，这些工具会产生大量的查询目录
pgaudit.log_client	指定日志消息是否对客户端进程可见
pgaudit.log_level	指定日志级别，默认为 log
pgaudit.log_parameter	指定审核日志记录是否包含语句传递的参数，默认值为 off
pgaudit.log_relation	指定会话审计日志记录是否应该为 select 或 DML 语句中引用的每个关系（如表、视图等）创建日志条目
pgaudit.log_statement_once	指定日志记录是在语句或子语句组合的第一个日志条目中，还是在每个条目中都包含语句文本和参数

续表

参　数	说　明
pgaudit.role	指定用于对象审核日志记录的主角色，可以通过将多个审核角色授予主角色来定义多个审核角色

（8）修改 postgresql.conf 文件增加以下参数配置，并重启 PostgreSQL。

```
pgaudit.log = all
pgaudit.log_catalog = on
pgaudit.log_client = on
pgaudit.log_level = log
pgaudit.log_parameter = on
pgaudit.log_relation = on
pgaudit.log_statement_once = on
logging_collector = off
```

提示　这里关闭了 logging_collector 参数，这是为了让 pgaudit 插件将审计日志输出到标准日志文件中。否则，pgaudit 插件的审计信息将输出到 PostgreSQL 指定的日志文件中。

（9）执行几个简单的 SQL 操作。

```
postgres=# \c scott
scott=# create table myaudit as select * from emp;
scott=# select count(*) from myaudit;
```

（10）查看标准日志输出中的审计日志信息。

```
...
2023-05-06 ... LOG:  statement: create table myaudit as select * from emp;
2023-05-06 ... LOG:  AUDIT: SESSION,2,1,READ,SELECT,TABLE,
public.emp,create table myaudit as select * from emp;,<none>
2023-05-06 ... LOG:  AUDIT: SESSION,2,1,WRITE,INSERT,TABLE,
public.myaudit,<previously logged>,<previously logged>
2023-05-06 ... LOG:  AUDIT: SESSION,2,2,DDL,CREATE TABLE AS,,,
create table myaudit as select * from emp;,<none>
2023-05-06 ... STATEMENT:  scott=# select count(*) from myaudit;
2023-05-06 ... LOG:  AUDIT: SESSION,3,1,READ,SELECT,TABLE,
public.myaudit,select count(*) from myaudit;,<none>
...
```

第 9 章 备份与恢复

数据库在运行过程中可能会出现各种故障，因此对数据库进行备份是非常重要的。有了数据库的备份，在数据库出现故障时就可以保证数据的安全。PostgreSQL 提供了强大的数据库备份与恢复机制。

9.1 备份与恢复的基本概念

备份数据库就是将数据库中的数据，以及保证数据库正常运行的有关信息保存起来，以备数据库出现故障后恢复数据库时使用。备份的对象不限于数据本身，也包括和数据相关的数据库对象、用户及权限、数据库环境等。

恢复数据库是指将数据库从故障或瘫痪状态恢复到可正常运行的状态，并且将数据恢复到可接受状态的活动。

9.1.1 数据库的故障类型

在数据库的日常运行过程中，存在各种不同类型的故障，针对不同的数据库故障有不同的备份策略和术语。

在开始学习 PostgreSQL 的备份与恢复机制前，有必要先了解一下这些相关的内容。

PostgreSQL 中可能出现的故障类型有很多，主要包括语句错误、用户进程错误、网络故障、用户错误、实例错误和介质故障等。

1. 语句错误

语句错误是指在操作单个数据库时失败，如在执行 select 语句、insert 语句、update 语句或 delete 语句时发生错误。

在对单个数据库操作失败后，只有数据库管理员进行干预才能纠正用户的权限或数据库空间分配中的错误。对于未直接发生在任务范围内的问题，数据库管理员也可以协助诊断故障和解决问题。

对于使用数据库的应用程序，在没有软件开发人员的情况下，数据库管理员是唯一的联系点，必须由其检查应用程序中的逻辑错误。

表 9.1 中列举了几种典型的语句错误及其可能的解决方法。

表 9.1

典型的语句错误	可能的解决方法
尝试在表中输入无效的数据	与用户合作来验证并更正数据
尝试在权限不足时执行操作	提供适当的对象或系统权限
尝试分配未成功分配的空间	• 启用可恢复的空间分配。 • 增加所有者限额。 • 增加表空间
应用程序中的逻辑错误	通过与开发人员合作来更正程序错误

2. 用户进程错误

为了确保服务器进程会话仍保持连接，PostgreSQL 会定期轮询服务器进程。如果发现某个服务器进程的用户进程不再处于连接状态，那么 PostgreSQL 会从任何正在进行的事务处理中进行恢复，以及回滚没有提交的更改并释放失败会话中持有的所有锁。

在从用户进程失败中进行恢复时，不需要数据库管理员进行干预，但是数据库管理员必须观察 PostgreSQL 恢复的趋势。例如，个别用户存在异常断开的情况，有时会出现少量用户进程失败的情况，数据库存储存在一致性故障和系统性故障。但如果用户进程与服务器进程异常断开连接的比例较高，就表示用户在操作数据库时可能存在问题，需要专业的培训。此外，还有一种可能就是存在网络或应用程序问题。

表 9.2 中列举了几种典型的用户进程错误及其可能的解决方法。

表 9.2

<table>
<tr><th>典型的用户进程错误</th><th>可能的解决方法</th></tr>
<tr><td>用户执行了异常断开连接操作</td><td rowspan="3">通常不需要数据库管理员执行操作就可以解决用户进程错误。实例后台进程会回退未提交的更改并解除锁定</td></tr>
<tr><td>用户会话异常终止</td></tr>
<tr><td>用户遇到了终止会话的程序错误</td></tr>
</table>

3. 网络故障

当网络发生故障时，最佳的解决方法是为网络连接提供冗余的网络路径。通过备份监听程序、网络连接和网络接口等降低网络故障对数据库产生的影响，从而提高系统的可用性。

表 9.3 中列举了几种典型的网络故障及其可能的解决方法。

表 9.3

典型的网络故障	可能的解决方法
监听程序失败	配置备份监听程序和转移连接故障
网络接口故障	配置多块网卡
网络连接失败	配置备份网络连接

4. 用户错误

用户错误是指用户成功完成了操作，但是操作不正确。例如，误删除了表和表空间，以及误删除了数据等。如果尚未提交事务，或者还没有退出应用程序，那么只回退即可。

表 9.4 中列举了几种典型的用户错误及其可能的解决方法。

表 9.4

典型的用户错误	可能的解决方法
用户在无意中删除或修改了数据	回退事务处理及其从属事务处理或回读表
用户删除了表	从回收站中恢复表

5. 实例错误

实例错误是指数据库实例意外关闭。具体来说，数据库在同步所有的数据库文件之前就关闭了数据库实例，这时会发生实例错误。

在出现软/硬件故障或使用拔电源方式紧急关闭数据库等情况下，可能会发生实例错误。数据库管理员在实例错误恢复中需要进行的工作，通常仅限于重新启动实例和努力避免将来再发生这种情况，因为 PostgreSQL 的实例恢复是由主进程 Postmaster 自动完成的。

表 9.5 中列举了几种典型的实例错误及其可能的解决方法。

表 9.5

<table>
<tr><th>典型的实例错误</th><th>可能的解决方法</th></tr>
<tr><td>断电</td><td rowspan="4">执行命令重新启动实例。从实例错误中进行恢复是 PostgreSQL 自动执行的，包括前滚重做日志中的更改和回退任何未提交的事务处理</td></tr>
<tr><td>硬件故障</td></tr>
<tr><td>关键后台进程出现故障</td></tr>
<tr><td>紧急关闭数据库</td></tr>
</table>

6. 介质故障

介质故障是指丢失了一个或多个数据库文件，如文件已删除或磁盘出现故障。

PostgreSQL 将介质故障定义为导致一个或多个数据库文件丢失或损坏的任何故障。这里的数据库文件包括数据文件、控制文件、重做日志文件等。

表 9.6 中列举了几种典型的介质故障及其可能的解决方法。

表 9.6

典型的介质故障	可能的解决方法
磁盘驱动器故障	• 从备份中还原受影响的文件。 • 将新文件的位置通知数据库。 • 通过应用重做信息来恢复文件
磁盘控制器故障	
删除或损坏了数据库文件	

9.1.2　备份的分类

备份可以按照以下 4 种不同的方式进行划分，从而形成不同方式的备份。PostgreSQL 支持本节列举的所有方式的备份。

1. 备份按照备份策略划分为整体备份和部分备份

整体备份也叫作整个数据库备份，包括备份所有数据文件和至少一个控制文件。

部分备份也叫作部分数据库备份，包括备份零个或多个表空间、零个或多个数据文件、零个或一个控制文件。

2. 备份按照备份类型划分为完全备份和增量备份

完全备份是指备份所有数据文件中的所有信息，通过完全备份会创建一个包含所有数据的数据库文件副本。

增量备份是指只备份某次备份以来更改过的信息，通过增量备份会创建一个自以前某次备份以来更改过的所有数据块副本。

3. 备份按照备份模式划分为一致备份和非一致备份

一致备份也叫作冷备份或脱机备份，是在数据库处于关闭状态下进行的备份。也就是说，PostgreSQL 数据库内存实例的脏数据已被写到数据文件中。

非一致备份也叫作热备份或联机备份，是在数据库处于正常运行状态下进行的备份。它之所以被称为非一致备份，是因为在数据库处于运行状态时，无法确保数据文件与控制文件同步。如果数据库使用了非一致备份，就需要按顺序进行恢复。

4. 备份按照备份方式划分为逻辑备份和物理备份

逻辑备份是备份 SQL 语句，在恢复时执行备份的 SQL 语句实现数据库中数据的重现。例如，MySQL 中的 mysqldump 采用的是 SQL 级别的备份机制，将数据表导成 SQL 脚本文件，并且是最常用的逻辑备份方法。

逻辑备份的速度比较慢，占用的空间比较小，恢复成本高。

> 提示 逻辑备份的使用场景通常是数据库中的数据量不大。当数据量比较大时，备份速度比较慢，并且在一定程度上还会影响数据库本身的性能。

物理备份就是利用命令（如操作系统命令 cp、tar、scp 等）直接将数据库的数据文件复制一份或多份，并且分别存储在其他目录下，以达到备份的效果。

由于在进行物理备份时数据库存在数据写入，因此在一定程度上会出现数据丢失和数据不一致的情况。在进行数据恢复时，恢复数据的目录路径、版本、配置等应与原数据的保持高度一致，否则会出现问题。

> 提示 物理备份常常需要在停机状态下进行，因此对实际生产中的数据库不太适用。物理备份通常适用于数据库的物理迁移，此时这种方式比较高效。

9.2 设置 PostgreSQL 的日志归档

在默认情况下，PostgreSQL 采用的是非归档模式。也就是说，当重做日志被写满时，数据库会覆盖之前的重做日志信息，这就会导致重做日志信息的丢失。

为了保证所有的重做日志都不会被覆盖，一般建议在生产环境下启用 PostgreSQL 的归档模式。当重做日志被写满时，PostgreSQL 先产生归档日志文件以备份重做日志，再覆盖重做日志文件。这样，在数据库产生故障时，就可以保证能够完全恢复数据库中的数据。

9.2.1 【实战】设置 PostgreSQL 的归档模式

下面演示如何设置 PostgreSQL 的归档模式。

（1）使用超级用户登录 PostgreSQL。

（2）查看当前 PostgreSQL 的归档模式。

```
postgres=# show archive_mode;
```

输出结果如下。

```
 archive_mode
--------------
 off
(1 row)
```

提示　由上述输出结果可知，在默认情况下 PostgreSQL 处于非归档模式。

（3）查看当前 PostgreSQL 的数据目录。

```
postgres=# show data_directory;
```

输出结果如下。

```
         data_directory
------------------------------------
 /home/postgres/training/pgsql/data
(1 row)
```

（4）创建日志归档目录。

```
mkdir /home/postgres/training/pgsql/data/archivelog
```

（5）在 postgresql.conf 文件中修改下面的归档参数。

```
# 打开归档模式
archive_mode = on
# 配置归档命令
archive_command = 'DATE=`date +%Y%m%d`;DIR="/home/postgres/training/pgsql/
data/archivelog/$DATE";(test -d $DIR || mkdir -p $DIR)&& cp %p $DIR/%f'
```

提示　在配置归档的命令中，%p 表示将要归档的预写日志文件名中包含完整路径信息，%f 表示不包含路径信息的预写日志文件名。

提示　为了提高归档的效率，可以将参数 wal_level 设置为 minimal。参数 wal_level 的取值有以下 3 个。

- minimal：只写入从崩溃或立即关机中恢复的所需信息。
- replica：在 minimal 级别的基础上增加预写日志归档信息，同时包括只读服务器需要的信息，这个值也是参数 wal_level 的默认值。
- logical：在 replica 级别的基础上增加支持逻辑解码所需的信息。

如果将参数 wal_level 设置为 minimal，那么写入的预写日志信息会减少，从而无法保证数据的安全性，这时可以通过将参数 fsync 设置为 on 打开数据的强制同步来保证数据的安全性。

（6）重启 PostgreSQL。

（7）查看 PostgreSQL 的归档信息。

```
postgres=# show archive_mode;
```

输出结果如下。

```
 archive_mode
--------------
 on
(1 row)
```

提示 此时 PostgreSQL 已经设置为归档模式。

（8）查看预写日志列表。

```
postgres=# select * from pg_ls_waldir() order by modification desc;
```

输出结果如下。

```
          name            |   size   |      modification
--------------------------+----------+------------------------
 00000001000000040000003D | 16777216 | 2023-05-09 08:22:49+08
 00000001000000040000005F | 16777216 | 2023-04-28 09:17:55+08
 00000001000000040000005E | 16777216 | 2023-04-28 09:17:48+08
...
```

（9）手动切换日志。

```
postgres=# checkpoint;
postgres=# select pg_switch_wal();
```

提示 checkpoint 命令用于触发一个完全检查点，以及将内存中的脏数据写入数据文件。

（10）再次查看预写日志列表。

```
postgres=# select * from pg_ls_waldir() order by modification desc;
```

输出结果如下。

```
          name            |   size   |      modification
--------------------------+----------+------------------------
 00000001000000040000003F | 16777216 | 2023-05-09 08:27:10+08
 00000001000000040000003E | 16777216 | 2023-05-09 08:27:07+08
 00000001000000040000005F | 16777216 | 2023-04-28 09:17:55+08
...
```

（11）查看归档日志文件。

```
[postgres@mydb archivelog]$ pwd
/home/postgres/training/pgsql/data/archivelog
[postgres@mydb archivelog]$ ls
20230509
```

```
[postgres@mydb archivelog]$ ll 20230509/
total 32768
-rw------- 1 postgres ... 16777216 ... 00000001000000040000003D
-rw------- 1 postgres ... 16777216 ... 00000001000000040000003E
```

> 提示　由输出结果可知，此时产生了两个归档预写日志文件。

9.2.2 【实战】管理过期的归档日志文件

在启用 PostgreSQL 的日志归档后，会生成大量的归档日志文件。如果没有及时删除过期的归档日志文件，就会导致磁盘空间被占满。

在 PostgreSQL 中可以使用不同的方式来删除过期的归档日志文件。

9.2.2.1 通过配置脚本定期删除归档日志文件

由于 PostgreSQL 在执行日志文件时会自动调用参数 archive_command 所指定的命令，因此可以在参数 archive_command 中传入定制的脚本，在生成归档日志文件前删除之前过期的归档日志文件。

下面通过一个示例进行介绍。

（1）创建 Shell 脚本。

```
[postgres@mydb data]$ pwd
/home/postgres/training/pgsql/data
[postgres@mydb data]$ vi arch.sh
```

输入以下脚本命令。

```
#!/bin/sh
test ! -f /home/postgres/training/pgsql/data/archivelog/$1 && cp --preserve=
timestamps $2 /home/postgres/training/pgsql/data/archivelog/$1 ; find /data/
postgres/archivelog/ -type f -mtime +7 -exec rm -f {} /;
```

> 提示　这段脚本将自动删除超过 7 天的归档日志文件。
>
> -mtime +7 表示修改时间为大于 7 天的文件，即距离当前时间 7 天之外的文件。

（2）为脚本添加执行权限。

```
[postgres@mydb data]$ chmod a+x arch.sh
```

（3）先修改 postgresql.conf 文件，再修改参数 archive_command 的设置。

```
archive_command = '/home/postgres/training/pgsql/data/arch.sh %f %p'
```

（4）重启 PostgreSQL。

（5）手动切换日志。

```
postgres=# select pg_switch_wal();
```

（6）查看此时生成的归档日志文件。

```
[postgres@mydb data]$ cd /home/postgres/training/pgsql/data
[postgres@mydb data]$ ll archivelog/
```

输出结果如下。

```
total 16384
-rw------- 1 ... May  9 10:58 000000010000000400000041
drwx------ 2 ... May  9 10:57 20230509
```

> 提示　此时生成的归档日志文件为 000000010000000400000041。当时间超过 7 天再次生成归档日志文件时会自动删除该归档日志文件。

9.2.2.2　通过手动方式删除归档日志文件

除了可以通过配置脚本定期删除过期的归档日志文件，还可以通过手动方式删除归档日志文件，具体的操作步骤如下。

（1）查看检查点以前的预写日志文件。

```
[postgres@mydb pgsql]$ pwd
/home/postgres/training/pgsql
[postgres@mydb pgsql]$ bin/pg_controldata data/
```

输出结果如下。

```
pg_control version number:            1300
Catalog version number:               202007201
Database system identifier:           7208875389865427015
Database cluster state:               in production
pg_control last modified:             Tue 09 May 2023 11:24:52 AM CST
Latest checkpoint location:           4/47000180
Latest checkpoint's REDO location:    4/47000148
Latest checkpoint's REDO WAL file:    000000010000000400000047
...
```

> 提示　上述输出结果表示 000000010000000400000047 之前的日志文件都可以被删除。因为当 PostgreSQL 执行到这里时，内存中的脏数据已被写入数据文件，所以对应的归档日志文件均可以被删除。

（2）通过 pg_archivecleanup 命令手动删除归档日志文件。

```
[postgres@mydb pgsql]$ pwd
/home/postgres/training/pgsql
[postgres@mydb pgsql]$ bin/pg_archivecleanup -d data/archivelog/ 0000000
10000000400000047
```

输出结果如下。

```
pg_archivecleanup: keeping WAL file
"data/archivelog/000000010000000400000047" and later
pg_archivecleanup: removing file "data/archivelog//00000001000000040000
0041"
```

提示　这里也可以直接使用操作系统的 rm 命令进行删除。

（3）pg_archivecleanup 命令也可以用于删除过期的预写日志文件。

```
[postgres@mydb pgsql]$ bin/pg_archivecleanup -d data/pg_wal/ \
> 000000010000000400000047
```

输出结果如下。

```
pg_archivecleanup: keeping WAL file
                   "data/pg_wal//000000010000000400000047" and later
pg_archivecleanup: removing file
                   "data/pg_wal//000000010000000400000041"
pg_archivecleanup: removing file
                   "data/pg_wal//000000010000000400000042"
pg_archivecleanup: removing file
                   "data/pg_wal//000000010000000400000043"
pg_archivecleanup: removing file
                   "data/pg_wal//000000010000000400000044"
pg_archivecleanup: removing file
                   "data/pg_wal//000000010000000400000045"
pg_archivecleanup: removing file
                   "data/pg_wal//000000010000000400000046"
```

提示　在开启 PostgreSQL 的日志文件归档后，只有归档成功的预写日志文件或过期的预写日志文件才可以被删除。这种情况通常发生在数据库配置不当的状况下，如配置了 archive_mode=on，但是没有配置 archive_command，此时预写日志文件会一直堆积。因为没有配置 archive_command，也就是说不会触发归档命令执行日志文件归档，所以 pg_wal 目录下的预写日志文件会一直堆积，并占用大量的磁盘空间。

9.3 通过 SQL 转储实现逻辑备份与恢复

SQL 转储是指创建一个由 SQL 语句组成的文件。当把这个文件发送给 PostgreSQL 服务器端执行时，PostgreSQL 将利用其中的 SQL 语句重建与转储时状态一样的数据库，在这个过程中使用的工具主要是 pg_dump 和 pg_dumpall。

> 提示 pg_dump 和 pg_dumpall 都是 PostgreSQL 提供的数据库逻辑备份工具。

9.3.1 【实战】使用 pg_dump 完成 SQL 转储

使用 pg_dump 既可以把数据库的状态以 SQL 语句的形式输出到标准输出中，又可以转向输出到一个文本文件中。另外，pg_dump 还可以用其他格式创建文件，以支持并行和细粒度的对象恢复控制。下面展示 pg_dump 的帮助信息。

```
[postgres@mydb pgsql]$ pwd
/home/postgres/training/pgsql
[postgres@mydb pgsql]$ bin/pg_dump --help
```

pg_dump 的用法如下。

```
pg_dump [OPTION]... [DBNAME]
```

其中，数据库名被放在最后。若不指定数据库，则默认采用系统变量 PGDATABASE 指定的数据库。

一般选项如下。

- -f 或--file=FILENAME：导出后保存的文件名。
- -F 或--format=c|d|t|p：导出文件的格式，如 custom、directory、tar、plain、text(default)。
- -j 或--jobs=NUM：并行任务数。
- -v 或--verbose：详细信息。
- -V 或--version：版本信息。
- -Z 或--compress=0-9：压缩格式的压缩级别。
- --lock-wait-timeout=TIMEOUT：在等待表锁超时后操作失败。
- -?或--help：帮助信息。

控制输出内容的选项如下。

- -a 或--data-only：只导出数据，不包括模式。
- -b 或--blobs：在转储中包括大对象。
- -c 或--clean：在重新创建之前需要清除（删除）数据库对象。

- -C 或--create：在转储中包括命令，以便创建数据库（包括建库语句，无须在导入之前先创建数据库）。
- -E 或--encoding=ENCODING：转储以 ENCODING 形式编码的数据。
- -n 或--schema=SCHEMA：只转储指定名称的模式。
- -N 或--exclude-schema=SCHEMA：不转储已命名的模式。
- -o 或--oids：在转储中包括 OID。
- -O 或--no-owner：在明文格式中，忽略恢复对象所属者。
- -s 或--schema-only：只转储模式，不包括数据（不导出数据）。
- -S 或--superuser=NAME：在转储中指定的超级用户名。
- -t 或--table=TABLE：只转储指定名称的表。
- -T 或--exclude-table=TABLE：不转储指定名称的表。
- -x 或--no-privileges：不转储权限（grant/revoke）。
- --binary-upgrade：只能由升级工具使用。
- --column-inserts：以带有列名的 insert 命令转储数据。
- --disable-dollar-quoting：取消美元（符号）引号，使用 SQL 标准引号。
- --disable-triggers：在恢复数据的过程中禁用触发器。
- --exclude-table-data=TABLE：不转储指定表中的数据。
- --inserts：将数据转储为 insert 命令，而不是 copy 命令。
- --no-security-labels：不分配安全标签进行转储。
- --no-synchronized-snapshots：不在并行任务中使用同步快照。
- --no-tablespaces：不转储表空间分配信息。
- --no-unlogged-table-data：不转储未标记的表数据。
- --quote-all-identifiers：引用所有标识符（不是关键字）。
- --section=SECTION：转储命名部分，该参数的取值有 pre-data、data 和 post-data。
- --serializable-deferrable：在等待没有异常的情况下进行转储。
- --use-set-session-authorization：使用 set session authorization 命令来设置所有权，而不是 alter owner 命令。

控制连接内容的选项如下。

- -d 或--dbname=DBNAME：转储的数据库名。
- -h 或--host=HOSTNAME：数据库服务器端的主机名或 IP 地址。
- -p 或--port=PORT：数据库服务器端的端口号。
- -U 或--username=NAME：指定数据库的用户连接。
- -w 或--no-password：不显示密码提示输入口令。
- -W 或--password：强制口令提示（自动）。

- --role=ROLENAME：转储前设置角色。

如果没有提供数据库名称，那么使用系统变量 PGDATABASE 的值。

下面通过具体的示例来演示如何使用 pg_dump 利用 SQL 转储的方式完成 PostgreSQL 的备份。

（1）查看当前数据库连接信息。

```
scott=# \c
You are now connected to database "scott" as user "postgres".
```

（2）确定当前数据库 scott 中的数据库对象。

```
scott=# select nsp.nspname as SchemaName
    ,cls.relname as ObjectName
    ,rol.rolname as ObjectOwner
    ,cls.relkind  as ObjectType
  from pg_class cls,pg_roles rol,pg_namespace nsp
  where rol.oid = cls.relowner
    and nsp.oid = cls.relnamespace
    and nsp.nspname not in ('information_schema', 'pg_catalog')
    and nsp.nspname not like 'pg_toast%'
    and rol.rolname = 'postgres';
```

输出结果如下。

```
 schemaname | objectname | objectowner | objecttype
------------+------------+-------------+------------
 public     | dept_pkey  | postgres    | i
 public     | emp_pkey   | postgres    | i
 public     | emp        | postgres    | r
 public     | dept       | postgres    | r
 public     | index_exp  | postgres    | i
(5 rows)
```

> 提示　这里 objecttype 的取值可能是 r、m、i、s、v 和 c，分别表示 Table、Materialized_View、Index、Sequence、View 和 Type。后续生成的 SQL 转储文件中的内容应该与这里得到的信息保持一致。

（3）创建 SQL 转储文件的保存目录。

```
mkdir /home/postgres/training/pgsql/sqlrestore
```

（4）导出 scott 数据库的结构。

```
bin/pg_dump -d scott -C -s > \
            /home/postgres/training/pgsql/sqlrestore/scott1.sql
```

生成的 scott1.sql 文件中的内容如下。

```
--
```

```
-- PostgreSQL database dump
--

-- Dumped from database version 13.3
-- Dumped by pg_dump version 13.3
...
CREATE DATABASE scott WITH TEMPLATE = template0 ENCODING = 'UTF8' LOCALE =
'en_US.UTF-8';
...
CREATE TABLE public.dept (
    deptno integer NOT NULL,
    dname character varying(10),
    loc character varying(10)
);

CREATE TABLE public.emp (
    empno integer NOT NULL,
    ename character varying(10),
    job character varying(10),
    mgr integer,
    hiredate character varying(10),
    sal integer,
    comm integer,
    deptno integer
);
...
--
-- PostgreSQL database dump complete
--
```

> **提示**　如果不进行转向输出，那么 pg_dump 把转储的 SQL 语句直接打印在屏幕上。由上述输出结果可知，此时 pg_dump 只导出了 scott 数据库的结构信息。

> **提示**　pg_dump 是一个普通的 PostgreSQL 客户端应用，这就意味着能在任何可以访问该数据库的远端主机上进行备份。但是 pg_dump 不会以任何特殊权限来运行，也就是说，使用 pg_dump 完成 SQL 转储时所使用的用户必须具备相对应的读权限。如果要备份整个数据库，就需要使用超级用户来运行 pg_dump。

（5）备份整个 scott 数据库，包含其中的数据。

```
bin/pg_dump -d scott -C > \
/home/postgres/training/pgsql/sqlrestore/scott2.sql
```

> 提示 这里的-C表示在重新创建数据库之前删除数据库对象，或者在恢复数据库之前删除旧的数据库。

与scott1.sql文件相比，这里生成的scott2.sql文件中还包括如下内容（即包含表中的数据）。

```
...
--
-- Data for Name: dept; Type: TABLE DATA; Schema: public; Owner: postgres
--
COPY public.dept (deptno, dname, loc) FROM stdin;
10      ACCOUNTING      NEW YORK
20      RESEARCH        DALLAS
30      SALES   CHICAGO
40      OPERATIONS      BOSTON
\.
--
-- Data for Name: emp; Type: TABLE DATA; Schema: public; Owner: postgres
--
COPY public.emp (empno, ename, job, mgr, hiredate, sal, comm, deptno) FROM
stdin;
7369    SMITH   CLERK      7902    1980/12/17     800     \N      20
7499    ALLEN   SALESMAN   7698    1981/2/20      1600    300     30
7521    WARD    SALESMAN   7698    1981/2/22      1250    500     30
7566    JONES   MANAGER    7839    1981/4/2       2975    \N      20
7654    MARTIN  SALESMAN   7698    1981/9/28      1250    1400    30
7698    BLAKE   MANAGER    7839    1981/5/1       2850    \N      30
7782    CLARK   MANAGER    7839    1981/6/9       2450    \N      10
7788    SCOTT   ANALYST    7566    1987/4/19      3000    \N      20
7839    KING    PRESIDENT -1       1981/11/17     5000    \N      10
7844    TURNER  SALESMAN   7698    1981/9/8       1500    \N      30
7876    ADAMS   CLERK      7788    1987/5/23      1100    \N      20
7900    JAMES   CLERK      7698    1981/12/3      950     \N      30
7902    FORD    ANALYST    7566    1981/12/3      3000    \N      20
7934    MILLER  CLERK      7782    1982/1/23      1300    \N      10
\.
...
```

（6）备份某个模式与某个表。

```
bin/pg_dump -d scott -n public > \
/home/postgres/training/pgsql/sqlrestore/scott3.sql

bin/pg_dump -d scott -t public.emp > \
/home/postgres/training/pgsql/sqlrestore/scott4.sql
```

> 提示 这里的 scott3.sql 文件中只包含 public 模式下的所有数据库对象信息，scott4.sql 文件中包含 scott 数据库在 public 模式下 emp 表的信息。

（7）在默认情况下，pg_dump 将连接本地主机或由环境变量 PGHOST 指定的主机。要声明 pg_dump 连接哪台数据库服务器，可以使用命令行选项-h host 和-p port。示例如下。

```
bin/pg_dump -h localhost -p 5432 -U root scott
```

此时将得到以下错误信息。

```
pg_dump: error: connection to database "scott" failed: FATAL:  role "root"
does not exist
```

> 提示 和其他 PostgreSQL 客户端应用一样，pg_dump 默认使用与当前操作系统用户名相同的数据库用户名进行连接。通过使用参数-U 或设置环境变量 PGUSER 可以指定使用其他的用户名信息。由于当前 PostgreSQL 中不存在角色 root，因此无法连接 PostgreSQL。由此可知，pg_dump 的连接也要通过客户认证机制。

（8）如果转储的数据库很大，就可以使用压缩方式进行 SQL 转储。示例如下。

```
bin/pg_dump -d scott -C -F t -f \
          /home/postgres/training/pgsql/sqlrestore/scott.tar
```

（9）在执行恢复之前，删除 scott 数据库。

```
scott=# \c postgres
You are now connected to database "postgres" as user "postgres".
postgres=# drop database scott;
DROP DATABASE
```

（10）确定已经删除 scott 数据库。

```
postgres=# \l
```

输出结果如下。

```
                          List of databases
   Name       |  Owner    | ...
------------+----------+-----
 dbtest       | postgres | ...
 dbtest1      | postgres | ...
 mydemodb     | postgres | ...
 postgres     | postgres | ...
 template0    | postgres | ...
 template1    | postgres | ...
(6 rows)
```

（11）使用 psql 将第（5）步生成的 scott2.sql 文件恢复到名称为 newdb 的数据库中。

```
bin/psql -h localhost -p 5432 -U postgres -f \
       /home/postgres/training/pgsql/sqlrestore/scott2.sql
```

> 提示　如果在使用 pg_dump 执行 SQL 转储时没有使用参数-C，那么在执行恢复操作时需要提前创建数据库，否则提示数据库不存在异常。

（12）确定已经恢复 scott 数据库。

```
postgres=# \l
```

输出结果如下。

```
                           List of databases
   Name       |   Owner   | ...
------------+----------+-----
 dbtest       | postgres | ...
 dbtest1      | postgres | ...
 mydemodb     | postgres | ...
 postgres     | postgres | ...
 scott        | postgres | ...
 template0    | postgres | ...
 template1    | postgres | ...
(7 rows)
```

> 提示　此时已经恢复 scott 数据库。

（13）如果在进行 SQL 转储时使用了压缩，那么在进行恢复时可以使用 pg_restore 命令。示例如下。

```
bin/pg_restore -U postgres -d newscott \
   /home/postgres/training/pgsql/sqlrestore/scott.tar
```

> 提示　这里将第（8）步转储生成的 scott.tar 恢复到一个新的数据库 newscott 中。需要注意的是，newscott 数据库需要事先创建。

9.3.2　【实战】使用 pg_dumpall 完成 SQL 转储

使用 pg_dump 完成数据库备份的优势在于，所创建的备份中的数据是一致的。换句话说，在开始使用 pg_dump 进行转储时，反映的是当前运行数据库的快照信息，并且在 pg_dump 运行过程中发生的更新不会被转储。pg_dump 工作时也并不阻塞其他对数据库的操作。pg_dump 也存在一定的缺点，如只能转储同一个数据库集群范围内的信息，即每次只转储一个数据库，并且不会转储关于角色或表空间的信息。为了非常方便地转储一个数据库集群的全部内容，PostgreSQL 提供了 pg_dumpall。使用 pg_dumpall 可以备份一个给定集群中的每个数据库，并且保留集群范围内的数据，如角色和表空间的定义。

pg_dumpall 的语法格式如下。

```
[postgres@mydb pgsql]$ bin/pg_dumpall --help
```

pg_dumpall 的具体用法如下。

```
  pg_dumpall [Options] ...
```

常规选项如下。

- -f 或--file=FILENAME：输出文件名。
- -v 或--verbose：详细模式。
- -V 或--version：先输出版本信息，再退出。
- --lock-wait-timeout=TIMEOUT：等待表锁超时后失败。
- -?或--help：显示帮助信息并退出。

控制输出内容的选项如下。

- -a 或--data-only：只转储数据，不转储模式。
- -c 或--clean：在重新创建之前清理（删除）数据库。
- -E 或--encoding=ENCODING：转储编码 ENCODING 中的数据。
- -g 或--globals-only：只转储全局对象，不转储数据库。
- -O 或--no-owner：跳过恢复对象所有权。
- -r 或--roles-only：只转储角色，不转储数据库或表空间。
- -s 或--schema-only：只转储模式，不转储数据。
- -S 或--superuser=NAME：在转储中使用的超级用户的用户名。
- -t 或--tablespaces-only：只转储表空间，不转储数据库或角色。
- -x 或--no-privileges：不转储权限（授予/撤销）。
- --binary-upgrade：仅供升级实用程序使用。
- --column-inserts：将数据转储为带有列名的 insert 命令。
- --disable-dollar-quoting：禁用美元报价，使用 SQL 标准报价。
- --disable-triggers：仅在数据还原期间禁用触发器。
- --exclude-database=PATTERN：排除名称与 PATTERN 匹配的数据库。
- --extra-float-digits=NUM：覆盖 extra_float_digits 的默认设置。
- --if-exists：在删除对象时使用 IF EXISTS。
- --inserts：将数据转储为 insert 命令，而不是 copy 命令。

- --load-via-partition-root：通过根表加载分区。
- --no-comments：不转储评论。
- --no-publications：不转储出版物。
- --no-role-passwords：不转储角色的密码。
- --no-security-labels：不转储安全标签分配。
- --no-subscriptions：不转储订阅。
- --no-sync：不等待更改安全性就写入磁盘。
- --no-tablespaces：不转储表空间分配。
- --no-unlogged-table-data：不转储未记录的表数据。
- --on-conflict-do-nothing：将 ON CONFLICT DO NOTHING 添加到 insert 命令中。
- --quote-all-identifiers：引用所有标识符（不是关键字）。
- --rows-per-insert=NROWS：每个插入的行数。
- --use-set-session-authorization：使用 set session authorization 命令来设置所有权，而不是 alter owner 命令。

连接选项如下。

- -d 或--dbname=CONNSTR：使用连接字符串连接。
- -h 或--host=HOSTNAME：数据库服务器主机或套接字目录。
- -l 或--database=DBNAME：代替默认数据库。
- -p 或--port=PORT：数据库服务器的端口号。
- -U 或--username=NAME：以指定的数据库用户连接。
- -w 或--no-password：从不提示输入密码。
- -W 或--password：强制密码提示（应该自动发生）。
- --role=ROLENAME：在转储前执行 set role 命令。

下面通过具体的示例来演示如何使用 pg_dumpall。

（1）导出所有数据库。

```
bin/pg_dumpall > \
  /home/postgres/training/pgsql/sqlrestore/pg_all.sql
```

> 提示　此时生成的 pg_all.sql 文件会很大。

（2）导出所有的角色和表空间。

```
#仅导出角色
bin/pg_dumpall -r > \
  /home/postgres/training/pgsql/sqlrestore/pg_roles.sql
#仅导出表空间
```

```
bin/pg_dumpall -t > \
  /home/postgres/training/pgsql/sqlrestore/pg_tablespace.sql
```

（3）查看生成的 SQL 转储文件。

```
[postgres@mydb pgsql]$ cd /home/postgres/training/pgsql/sqlrestore
[postgres@mydb sqlrestore]$ ll pg_*
```

输出结果如下。

```
-rw-rw-r-- 1 postgres postgres 1227796024 May  9 16:52 pg_all.sql
-rw-rw-r-- 1 postgres postgres       2937 May  9 16:54 pg_roles.sql
-rw-rw-r-- 1 postgres postgres        330 May  9 16:54 pg_tablespace.sql
```

（4）执行恢复操作。

```
[postgres@mydb pgsql]$ cd /home/postgres/training/pgsql
[postgres@mydb pgsql]$ bin/psql -f \
              /home/postgres/training/pgsql/sqlrestore/pg_all.sql
```

> 提示　当执行恢复操作时，只导入不存在的数据库对象的信息。也就是说，如果数据库对象已存在，就不导入该对象的信息。

在使用 pg_dumpall 进行数据库转储时，需要注意以下几方面问题。

- 在使用 pg_dumpall 进行数据库转储时常常需要具有超级用户访问权限，因为需要恢复角色和表空间信息。如果操作的对象是表空间，就必须确保转储中的表空间路径适用于新的恢复操作。
- pg_dumpall 工作时先发出命令重新创建角色、表空间和空的数据库，再为每个数据库单独使用 pg_dump。这意味着每个数据库的数据是一致的，但是不同数据库的快照并不同步。
- 集群范围的全局数据对象可以使用 pg_dumpall 的选项--globals-only 来单独转储。

9.4 文件系统级别的备份与恢复

文件系统级别的备份策略是直接复制 PostgreSQL 用于存储数据库中的数据文件，可以采用任何适当的方式进行文件系统备份。所有备份与恢复步骤都是手动执行的。备份与恢复的核心是使用操作系统提供的复制命令，将要备份的文件复制到其他位置上进行存储。

> 提示　由于文件系统级别的备份与恢复直接针对存储在硬盘上的文件，因此这种备份与恢复方式也叫作物理备份与物理恢复。

9.4.1 【实战】第一个 PostgreSQL 文件系统级别的备份与恢复

下面演示如何通过操作 PostgreSQL 来完成数据的备份与恢复，以 scott 数据库中的员工表 emp 为例。

（1）确定员工表 emp 中的记录数。

```
postgres=# \c scott
You are now connected to database "scott" as user "postgres".
scott=# select count(*) from emp;
```

输出结果如下。

```
 count
-------
    14
(1 row)
```

（2）退出 psql 命令行窗口，执行以下语句停止数据库实例。

```
[postgres@mydb pgsql]$ bin/pg_ctl -D data/ -l logfile stop
waiting for server to shut down....... done
server stopped
```

（3）创建 PostgreSQL 冷备份目录。

```
mkdir -p /home/postgres/training/pgsql/databackup/cold/
```

（4）使用 tar 命令执行冷备份，备份整个 PostgreSQL 的数据库集群目录。

```
cd /home/postgres/training/pgsql/
tar -cvzf \
   /home/postgres/training/pgsql/databackup/cold/pg_bak.tar.gz data/
```

输出结果如下。

```
data/
data/pg_wal/
data/pg_wal/archive_status/
data/pg_wal/000000010000000000000001
data/global/
data/global/pg_control
data/global/1262
data/global/2964
...
data/pg_logical/
data/pg_logical/snapshots/
data/pg_logical/mappings/
data/pg_logical/replorigin_checkpoint
```

```
data/PG_VERSION
data/postgresql.conf
data/postgresql.auto.conf
data/pg_hba.conf
data/pg_ident.conf
data/postmaster.opts
```

> 提示　由 tar 命令的输出结果可知，该命令将整个 PostgreSQL 的 data 文件夹进行打包，并将打包后的文件放到“/home/postgres/training/pgsql/databackup/cold/”目录下。

（5）模拟数据库出现错误，以测试冷备份的数据是否能够恢复。

```
rm -rf /home/postgres/training/pgsql/data
```

（6）重新启动 PostgreSQL。

```
cd /home/postgres/training/pgsql
bin/pg_ctl -D data/ -l logfile start
```

此时将出现以下错误信息。

```
pg_ctl: directory "data" does not exist
```

（7）尝试使用第（4）步生成的备份文件进行恢复。

```
cd /home/postgres/training/pgsql/databackup/cold
tar -zxvf pg_bak.tar.gz -C /home/postgres/training/pgsql/
```

（8）重新启动 PostgreSQL 服务器。

```
cd /home/postgres/training/pgsql
bin/pg_ctl -D data/ -l logfile start
```

（9）登录 PostgreSQL 服务器，检查数据是否已恢复。

```
[postgres@mydb pgsql]$ bin/psql
psql (15.3)
Type "help" for help.

postgres=# \c scott
You are now connected to database "scott" as user "postgres".
scott=# select count(*) from emp;
```

输出结果如下。

```
 count
-------
    14
(1 row)
```

上面的示例直接使用了文件系统级别的备份与恢复，但这种方式存在如下不足之处。

- 为了得到一个可用的备份，必须关闭 PostgreSQL 服务器；同理，在执行恢复前，也需要关闭 PostgreSQL 服务器。这种方式的备份与恢复从本质上来说是一种冷备份与冷恢复。由于 PostgreSQL 服务器已经处于关闭状态，因此在备份与恢复期间无法提供对外服务。
- 上面的备份与恢复是针对整个数据库集群的，如果只想备份或恢复特定的表或数据库，就不适合使用上面的步骤来完成。因为包含特定的表或数据库的数据文件只有配合 PostgreSQL 提交日志文件才能实现表和数据库的完全恢复，所以单独备份特定的表或数据库的数据文件并不能达到备份和恢复的目的。

9.4.2 【实战】使用 pg_basebackup 完成热备份与恢复

> 提示 热备份和冷备份是两个相对的概念：冷备份需要在数据库停机的情况下完成，而热备份是在数据库服务运行（数据库不停机）的情况下进行备份的。
>
> 数据库服务运行存在一个问题：此时进行数据库的备份会造成备份出来的数据和生产库中的数据不一致。因此，保证数据的安全性和一致性会使热备份存在一定的矛盾。但对于业务系统来说，数据是不能丢失的，备份重于一切。

pg_basebackup 是从 PostgreSQL 9.1 开始提供的一个方便基础备份的工具，可以用于对正在运行的 PostgreSQL 数据库集群进行基本备份。因此，pg_basebackup 是一种热备份工具。这种备份是在不影响数据库的其他客户端的情况下进行的，并且备份产生的文件可以用于时间点恢复和作为日志传送或流复制备份服务器的起点。

下面列举 pg_basebackup 的帮助信息。

```
[postgres@mydb pgsql]$ bin/pg_basebackup --help
pg_basebackup takes a base backup of a running PostgreSQL server.
```

pg_basebackup 的用法如下。

```
pg_basebackup [Options] ...
```

控制输出的选项如下。

- -D 或--pgdata=DIRECTORY：将基本备份保存到目录下。
- -F 或--format=p|t：输出格式，如 plain（默认）和 tar。
- -r 或--max-rate=RATE：传输数据目录的最大传输速率。（以 kB/s 为单位，或者使用后缀“k”或“M”）。
- -R 或--write-recovery-conf：用于复制的写入配置。
- -T 或--tablespace-mapping=OLDDIR=NEWDIR：重定位表空间位置。

- --waldir=WALDIR：预写日志目录的位置。
- -X 或--wal-method=none|fetch|stream：包含指定方法所需的预写日志文件。
- -z 或--gzip：压缩 tar 输出。
- -Z 或--compress=0-9：使用给定的压缩级别压缩 tar 输出。

常规选项如下。

- -c 或--checkpoint=fast|spread：设置快速或扩展检查点。
- -C 或--create-slot：创建复制槽。
- -l 或--label=LABEL：设置备份标签。
- -n 或--no-clean：出错后不清理。
- -N 或--no-sync：不等待更改安全性就写入磁盘。
- -P 或--progress：显示进度信息。
- -S 或--slot=SLOTNAME：要使用的复制槽。
- -v 或--verbose：输出详细信息。
- -V 或--version：输出版本信息并退出。
- --no-slot：防止创建临时复制槽。
- --no-verify-checksums：不验证校验和。
- -?或--help：显示帮助信息并退出。

连接选项如下。

- -d 或--dbname=CONNSTR：连接字符串。
- -h 或--host=HOSTNAME：数据库服务器主机或套接字目录。
- -p 或--port=PORT：数据库服务器端口号。
- -s 或--status-interval=INTERVAL：状态包发送到数据库服务器的间隔时间（以秒为单位）。
- -U 或--username=NAME：以指定的数据库用户连接。
- -w 或--no-password：从不提示输入密码。
- -W 或--password：强制密码提示（应该自动）。

9.4.2.1 在主数据库服务器上使用 pg_basebackup

下面通过具体的示例来演示如何使用 pg_basebackup 在主数据库服务器上完成 PostgreSQL 的备份与恢复。

> 提示　使用 pg_basebackup 执行热备份，需要将 PostgreSQL 服务器设置为归档模式。

（1）确定 PostgreSQL 服务器的日志模式。

```
postgres=# show archive_mode;
 archive_mode
--------------
 on
(1 row)
```

（2）创建 PostgreSQL 热备份目录。

```
mkdir -p /home/postgres/training/pgsql/databackup/hot/
```

（3）使用 pg_basebackup 完成第一个热备份。

```
cd /home/postgres/training/pgsql
mkdir /home/postgres/training/pgsql/databackup/hot/`date +%F`
bin/pg_basebackup -F t -D \
  /home/postgres/training/pgsql/databackup/hot/`date +%F` -v -Xs
```

输出结果如下。

```
pg_basebackup: initiating base backup, waiting for checkpoint to complete
pg_basebackup: checkpoint completed
pg_basebackup: write-ahead log start point: 0/A000028 on timeline 1
pg_basebackup: starting background WAL receiver
pg_basebackup: created temporary replication slot "pg_basebackup_7574"
pg_basebackup: write-ahead log end point: 0/A000100
pg_basebackup: waiting for background process to finish streaming ...
pg_basebackup: syncing data to disk ...
pg_basebackup: renaming backup_manifest.tmp to backup_manifest
pg_basebackup: base backup completed
```

> 提示　选项-F 和-X 的含义如下。
>
> - -F：指定输出格式，支持 p（原样输出）或 t（tar 格式输出）。
> - -X：表示备份开始后，启动另一个流复制连接从数据库服务器上接收预写日志文件。接收到的预写日志文件会被写入一个单独的名称为 pg_wal.tar 的文件。

（4）查看产生的备份文件。

```
tree /home/postgres/training/pgsql/databackup/hot/
```

输出结果如下。

```
/home/postgres/training/pgsql/databackup/hot/
└── 2023-05-10
    ├── backup_manifest
    ├── base.tar
    └── pg_wal.tar
```

提示　可以看出第（3）步将 PostgreSQL 文件备份为 tar 格式。

（5）查看产生的备份文件包 base.tar 中的内容。

```
tar -tvf databackup/hot/2023-05-10/base.tar | less
```

输出结果如下。

```
-rw------- ... 224  ... backup_label
-rw------- ...   0  ... tablespace_map
drwx------ ...   0  ... pg_wal/
drwx------ ...   0  ... ./pg_wal/archive_status/
drwx------ ...   0  ... global/
-rw------- ... 8192 ... global/1262
-rw------- ...    0 ... global/2964
-rw------- ... 8192 ... global/1213
-rw------- ... 8192 ... global/1260
...
```

（6）查看产生的备份文件包 pg_wal.tar 中的内容。

```
tar -tvf databackup/hot/2023-05-10/pg_wal.tar | less
```

输出结果如下。

```
-rw------- ... 16777216 ... 00000001000000000000000A
```

9.4.2.2　在从数据库服务器上使用 pg_basebackup

因为使用了流复制协议，所以 pg_basebackup 不仅可以在主数据库服务器上进行备份，还可以在从数据库服务器上进行基本备份。要在从数据库服务器上进行备份，需要使用超级用户或具有复制权限的用户来建立备份。

下面演示如何使用 pg_basebackup 在从数据库服务器上完成对主数据库服务器 PostgreSQL 的备份与恢复。下面示例中主数据库服务器的 IP 地址为 192.168.79.173，从数据库服务器的 IP 地址为 192.168.79.178。

（1）在主数据库服务器上创建具有复制权限的用户或角色。

```
postgres=# create role backup_user REPLICATION LOGIN PASSWORD 'password';
```

（2）修改主数据库服务器的 pg_hba.conf 文件，允许从数据库服务器发起流复制连接。

```
host    replication    all            0.0.0.0/0            md5
```

修改主数据库服务器的 postgresql.conf 文件，监听所有客户端连接。

```
listen_addresses = '*'
```

（3）重启主数据库服务器。

（4）在从数据库服务器上创建热备份目录。

```
mkdir -p /home/postgres/training/pgsql/databackup/hot/`date +%F`
```

（5）在从数据库服务器上执行备份操作。

```
cd /home/postgres/training/pgsql/
bin/pg_basebackup -h192.168.79.173 -p5432 -Ubackup_user -F t -D \
  /home/postgres/training/pgsql/databackup/hot/`date +%F` -v -Xs
Password:
```

输出结果如下。

```
pg_basebackup: initiating base backup, waiting for checkpoint to complete
pg_basebackup: checkpoint completed
pg_basebackup: write-ahead log start point: 0/10000028 on timeline 1
pg_basebackup: starting background WAL receiver
pg_basebackup: created temporary replication slot "pg_basebackup_11734"
pg_basebackup: write-ahead log end point: 0/10000100
pg_basebackup: waiting for background process to finish streaming ...
pg_basebackup: syncing data to disk ...
pg_basebackup: renaming backup_manifest.tmp to backup_manifest
pg_basebackup: base backup completed
```

（6）查看从数据库服务器上产生的备份文件。

```
[postgres@mydb pgsql]$ tree databackup/
```

输出结果如下。

```
databackup/
└── hot
    └── 2023-05-10
        ├── backup_manifest
        ├── base.tar
        └── pg_wal.tar
```

9.4.2.3 使用 pg_basebackup 的备份进行恢复

不管是在主数据库上，还是在从数据库上，在使用 pg_basebackup 执行备份操作后，便可以使用备份产生的备份文件来进行恢复。下面演示这个过程。

（1）停止 PostgreSQL，并删除其数据目录，以模拟数据库运行出错。

```
bin/pg_ctl -D data -l logfile stop
cd /home/postgres/training/pgsql
rm -rf data/
```

（2）查看使用 pg_basebackup 产生的备份文件。

```
tree databackup/
```

输出结果如下。

```
databackup/
└── hot
    └── 2023-05-10
        ├── backup_manifest
        ├── base.tar
        └── pg_wal.tar
```

（3）将数据文件 base.tar 解压缩到当前数据目录（即 data 文件夹）下。

```
cd /home/postgres/training/pgsql
mkdir data
tar -xvf databackup/hot/2023-05-10/base.tar -C data/
```

（4）修改 data 文件夹的权限。

```
chmod 700 -R /home/postgres/training/pgsql/data
```

（5）将归档日志文件 pg_wal.tar 解压缩到指定位置，如“/home/postgres/tools/archive”目录下。

```
mkdir /home/postgres/tools/archive
tar -xvf databackup/hot/2023-05-10/pg_wal.tar -C \
       /home/postgres/tools/archive
```

（6）修改 postgresql.conf 文件，指定参数 restore_command 和 recovery_target。

```
restore_command = 'cp /home/postgres/tools/archive/%f %p'
recovery_target = 'immediate'
```

（7）为了配合恢复，需要在 data 文件夹下新建一个空文件 recovery.signal。

```
touch data/recovery.signal
```

（8）启动 PostgreSQL 服务器执行恢复操作。

```
bin/pg_ctl -D data -l logfile  start
```

输出结果如下。

```
waiting for server to start.... done
server started
```

（9）在 PostgreSQL 服务器启动恢复成功后，验证数据是否恢复成功。

```
[postgres@mydb pgsql]$ bin/psql
psql (15.3)
Type "help" for help.

postgres=# \c scott
You are now connected to database "scott" as user "postgres".
```

```
scott=# select count(*) from emp;
 count
-------
    14
(1 row)

scott=# insert into emp(empno,ename,sal,deptno)
       values(1,'tom',1000,10);
```

此时将得到以下错误信息。

```
ERROR:  cannot execute INSERT in a read-only transaction
```

这表示 PostgreSQL 处于只读状态。

（10）通过 pg_controldata 命令查看数据库集群状态。

```
bin/pg_controldata -D data/
```

输出结果如下。

```
pg_control version number:            1300
Catalog version number:               202007201
Database system identifier:           7208875389865427015
Database cluster state:               in archive recovery
pg_control last modified:             Thu 11 May 2023 03:45:07 PM CST
...
```

> 提示 in archive recovery 表示 PostgreSQL 正在执行归档恢复操作。

（11）执行 pg_ctl promote 命令将 PostgreSQL 切换到正常运行的状态。

```
bin/pg_ctl promote -D data/
```

输出结果如下。

```
waiting for server to promote.... done
server promoted
```

（12）再次通过 pg_controldata 命令查看数据库集群状态。

```
bin/pg_controldata -D data/
```

输出结果如下。

```
pg_control version number:            1300
Catalog version number:               202007201
Database system identifier:           7208875389865427015
Database cluster state:               in production
pg_control last modified:             Thu 11 May 2023 03:50:04 PM CST
...
```

in production 表示 PostgreSQL 进入正常运行状态。

（13）验证 PostgreSQL 的读/写操作。

9.5 【实战】连续归档与基于时间点的恢复

PostgreSQL 服务器在数据库集群的“pg_wal/”目录下保存预写日志文件，这个日志文件存在的目的是系统崩溃后保证数据的安全。因此，在恢复数据库时，可以把文件系统级别的备份和预写日志文件的备份结合起来，从而实现基于时间点的恢复。也就是说，当需要恢复数据库时，先恢复文件系统的基础备份，再在备份的预写日志文件中重做相应的日志信息，从而把数据库恢复到一个指定的时间点。

基于时间点的恢复具有以下几方面优点。

- 在恢复数据库时，不需要将一个完整的文件系统备份作为开始点，任何数据库内部的数据不一致都将通过日志重做进行修正。
- 通过简单地归档预写日志文件可以达到数据库的连续备份，这对于大型数据库特别有用，因为在其中不方便频繁地进行完全备份。
- 通过在恢复时指定具体的时间、恢复点、事务号或最近时间点，可以将数据库恢复到任意时间点上。

9.5.1 创建基础备份与连续归档

在执行 PostgreSQL 的基于时间点的恢复前，需要开启数据库的归档模式并创建数据库的基础备份。具体的操作步骤如下。

> 提示　为了便于测试，以下步骤除了开启数据库的归档模式和创建数据库的基础备份，还创建了一个新的表作为测试使用的数据。

（1）创建归档目录和数据备份目录。

```
mkdir /home/postgres/arch
mkdir /home/postgres/bak/
```

（2）配置 PostgreSQL 的归档模式。

```
archive_mode = on
archive_command = 'DATE=`date +%Y%m%d`; DIR="/home/postgres/arch/$DATE";
(test -d $DIR || mkdir -p $DIR) && cp %p $DIR/%f'
wal_level = replica
```

（3）启动 PostgreSQL 服务器。

```
bin/pg_ctl -D data/ -l logfile start
```

（4）创建一个新的数据库，并在该数据库中创建表和插入数据。

```
mydemo=# create database mydemo;
mydemo=# \c mydemo
mydemo=# create table bak_test(id int,time timestamp);
mydemo=# insert into bak_test values (1,now());
mydemo=# select * from bak_test ;
 id |          time
----+----------------------------
  1 | 2023-05-13 09:43:49.539382
(1 row)
```

（5）切换日志文件，并触发一个检查点。

```
mydemo=# select pg_switch_wal();
mydemo=# checkpoint;
```

此时会产生一个归档日志文件，具体如下。

```
[postgres@mydb ~]$ tree arch/ bak/
arch/
└── 20230513
    └── 000000010000000000000001
bak/
```

> 提示　手动执行 pg_switch_wal 是为了确保一个刚刚完成的事务所产生的预写日志能够被尽快归档。也可以通过设置 archive_timeout 来强制要求服务器按照设定的频率进行预写日志的切换，从而产生一个新的预写日志归档。
>
> 在实际的生产系统中，将 archive_timeout 设置为 60 秒左右通常是比较合理的。

> 提示　这里手动调用 checkpoint 命令触发一个检查点事件，并将其之前的脏数据刷到磁盘中，从而实现缩短数据库崩溃时恢复所需的时间。

（6）使用 pg_basebackup 创建数据库的基础备份。

```
bin/pg_basebackup -D /home/postgres/bak/ -Ft -P -R
```

此时会产生数据备份文件，具体如下。

```
[postgres@mydb ~]$ tree arch/ bak/
arch/
```

```
└── 20230513
    ├── 000000010000000000000001
    ├── 000000010000000000000002
    ├── 000000010000000000000003
    ├── 000000010000000000000003.00000028.backup
    ├── 000000010000000000000004
    ├── 000000010000000000000005
    └── 000000010000000000000005.00000028.backup
bak/
├── backup_manifest
├── base.tar
└── pg_wal.tar
```

（7）再次登录 PostgreSQL 服务器，并执行以下操作。

```
mydemo=# \c mydemo
mydemo=# --插入第二条测试数据（测试用于恢复到指定的时间点）
mydemo=# insert into bak_test values (2,now());
mydemo=# select pg_switch_wal();
mydemo=# checkpoint;
mydemo=# select * from bak_test;
 id |            time
----+----------------------------
  1 | 2023-05-13 09:43:49.539382
  2 | 2023-05-13 09:47:19.677205
(2 rows)

mydemo=# --插入第三条测试数据（测试用于恢复到指定的时间点）
mydemo=# insert into bak_test values (3,now());
mydemo=# select pg_create_restore_point('my_restore_point');
 pg_create_restore_point
-------------------------
 0/7000278
(1 row)

mydemo=# select pg_switch_wal();
mydemo=# checkpoint;
mydemo=# select * from bak_test;
 id |            time
----+----------------------------
  1 | 2023-05-13 09:43:49.539382
  2 | 2023-05-13 09:47:19.677205
  3 | 2023-05-13 09:47:49.12644
(3 rows)
```

```
mydemo=# --插入第四条测试数据(测试用于恢复到指定事务上)
mydemo=# insert into bak_test values (4,now());
mydemo=# --获取当前事务的 ID
mydemo=# select txid_current();
 txid_current
--------------
          491
(1 row)
mydemo=# select pg_switch_wal();
mydemo=# checkpoint;
mydemo=# select * from bak_test;

mydemo=# --插入第五条测试数据(测试用于恢复到最近的时间点)
mydemo=# insert into bak_test values (5,now());
mydemo=# select pg_switch_wal();
mydemo=# checkpoint;
mydemo=# select * from bak_test;
 id |            time
----+----------------------------
  1 | 2023-05-13 09:43:49.539382
  2 | 2023-05-13 09:47:19.677205
  3 | 2023-05-13 09:47:49.12644
  4 | 2023-05-13 09:48:29.585973
  5 | 2023-05-13 09:49:03.095037
(5 rows)
```

(8)关闭 PostgreSQL 服务器，并删除数据库目录，以模拟数据库运行出错。

```
[postgres@mydb pgsql]$ bin/pg_ctl -D data/ -l logfile stop
waiting for server to shut down.... done
server stopped
[postgres@mydb pgsql]$ pwd
/home/postgres/training/pgsql
[postgres@mydb pgsql]$ rm -rf data/
```

9.5.2 执行基于时间点的数据恢复

在创建数据库的基础备份和生成预写日志信息归档后，就可以将 PostgreSQL 服务器恢复到任意指定的时间点。

(1)将备份的数据文件解压缩到数据库目录下，将预写日志文件解压缩到数据库目录的“pg_wal”目录下。

```
mkdir /home/postgres/training/pgsql/data
mkdir /home/postgres/training/pgsql/pg_wal
tar -xvf /home/postgres/bak/base.tar -C \
```

```
        /home/postgres/training/pgsql/data
tar -xvf /home/postgres/bak/pg_wal.tar -C \
        /home/postgres/training/pgsql/pg_wal
chmod -R 700 /home/postgres/training/pgsql/data
chmod -R 700 /home/postgres/training/pgsql/pg_wal
```

（2）删除 standby.signal 文件，并创建一个空的 recovery.signal 文件。

```
[postgres@mydb pgsql]$ pwd
/home/postgres/training/pgsql
[postgres@mydb pgsql]$ rm -rf data/standby.signal
[postgres@mydb pgsql]$ touch data/recovery.signal
[postgres@mydb pgsql]$ chmod 600 data/recovery.signal
```

提示　standby.signal 文件用于指定 PostgreSQL 进入 standby 模式，recovery.signal 文件用于指定 PostgreSQL 进入正常的归档恢复。

（3）编辑 postgresql.conf 文件。

```
restore_command = 'cp /home/postgres/arch/20230513/%f %p'
recovery_target_time = '2023-05-13 09:47:20'
```

提示　此时 bak_test 表将恢复到两条数据的状态。

（4）启动 PostgreSQL 服务器，验证数据是否已恢复到指定的时间点。

```
[postgres@mydb pgsql]$ bin/pg_ctl -D data/ -l logfile start
waiting for server to start.... done
server started
[postgres@mydb pgsql]$ bin/psql
psql (15.3)
Type "help" for help.

postgres=# \c mydemo
You are now connected to database "mydemo" as user "postgres".
mydemo=# select * from bak_test ;
 id |            time
----+----------------------------
  1 | 2023-05-13 09:43:49.539382
  2 | 2023-05-13 09:47:19.677205
(2 rows)
```

9.5.3　执行恢复到指定恢复点的数据恢复

在创建数据库的基础备份和生成预写日志信息归档后，也可以将 PostgreSQL 服务器恢复到指定的恢复点上。

> 提示 9.5.1 节的第（7）步在插入第三条测试数据时，创建了一个恢复点 my_restore_point。

（1）编辑 postgresql.conf 文件。

```
restore_command = 'cp /home/postgres/arch/20230513/%f %p'
recovery_target_name = 'my_restore_point'
```

> 提示 此时 bak_test 表将恢复到 3 条数据的状态。

（2）重新启动 PostgreSQL 服务器，验证数据是否已恢复到指定恢复点上。

```
[postgres@mydb pgsql]$ bin/pg_ctl -D data/ -l logfile restart
waiting for server to shut down.... done
server stopped
waiting for server to start.... done
server started
[postgres@mydb pgsql]$ bin/psql
psql (15.3)
Type "help" for help.

postgres=# \c mydemo
You are now connected to database "mydemo" as user "postgres".
mydemo=# select * from bak_test ;
 id |            time
----+----------------------------
  1 | 2023-05-13 09:43:49.539382
  2 | 2023-05-13 09:47:19.677205
  3 | 2023-05-13 09:47:49.12644
(3 rows)
```

9.5.4 恢复到指定事务上

在创建数据库的基础备份和生成预写日志信息归档后，便可以将 PostgreSQL 服务器恢复到指定事务上。

> 提示 9.5.1 节的第（7）步在插入第四条测试数据时，已经获取到当前事务的 ID 是 491。

（1）编辑 postgresql.conf 文件。

```
restore_command = 'cp /home/postgres/arch/20230513/%f %p'
recovery_target_xid = 491
```

> 提示 此时 bak_test 表将恢复到 4 条数据的状态。

（2）重新启动 PostgreSQL 服务器，验证数据是否已恢复到指定事务上。

```
[postgres@mydb pgsql]$ bin/pg_ctl -D data/ -l logfile restart
waiting for server to shut down.... done
server stopped
waiting for server to start.... done
server started
[postgres@mydb pgsql]$ bin/psql
psql (15.3)
Type "help" for help.

postgres=# \c mydemo
You are now connected to database "mydemo" as user "postgres".
mydemo=# select * from bak_test ;
 id |            time
----+----------------------------
  1 | 2023-05-13 09:43:49.539382
  2 | 2023-05-13 09:47:19.677205
  3 | 2023-05-13 09:47:49.12644
  4 | 2023-05-13 09:48:29.585973
(4 rows)
```

9.5.5 恢复到最近时间点上

在创建数据库的基础备份和生成预写日志信息归档后，可以将 PostgreSQL 服务器恢复到最近时间点上，从而达到数据库完全恢复的目的。

（1）编辑 postgresql.conf 文件。

```
restore_command = 'cp /home/postgres/arch/20230513/%f %p'
recovery_target_timeline = 'latest'
```

> 提示　此时 bak_test 表将恢复到 5 条数据的状态。

（2）重新启动 PostgreSQL 服务器，验证数据是否已恢复到最近时间点上。

```
[postgres@mydb pgsql]$ bin/pg_ctl -D data/ -l logfile restart
waiting for server to shut down.... done
server stopped
waiting for server to start.... done
server started
[postgres@mydb pgsql]$ bin/psql
psql (15.3)
Type "help" for help.

postgres=# \c mydemo
```

```
You are now connected to database "mydemo" as user "postgres".
mydemo=# select * from bak_test ;
 id |            time
----+----------------------------
  1 | 2023-05-13 09:43:49.539382
  2 | 2023-05-13 09:47:19.677205
  3 | 2023-05-13 09:47:49.12644
  4 | 2023-05-13 09:48:29.585973
  5 | 2023-05-13 09:49:03.095037
(5 rows)
```

9.6 使用第三方备份恢复工具 pg_rman

pg_rman 是 PostgreSQL 的一款插件，用于备份和还原 PostgreSQL。使用 pg_rman 可以对整个数据库集群、归档的预写日志文件和服务器日志进行物理在线备份。另外，pg_rman 还支持从备用站点获取备份，以及存储快照备份。

> 提示　pg_rman 属于热备份工具，因此要求 PostgreSQL 服务器运行在归档模式下。pg_rman 采用基于本地数据复制的方式进行备份，而不是采用流方式进行备份。这就需要将 pg_rman 与 PostgreSQL 服务器安装在一起。

9.6.1 安装与配置 pg_rman

（1）从 GitHub 官网上下载安装包 pg_rman-1.3.15-1.pg13.rhel8.x86_64.rpm，如图 9.1 所示。

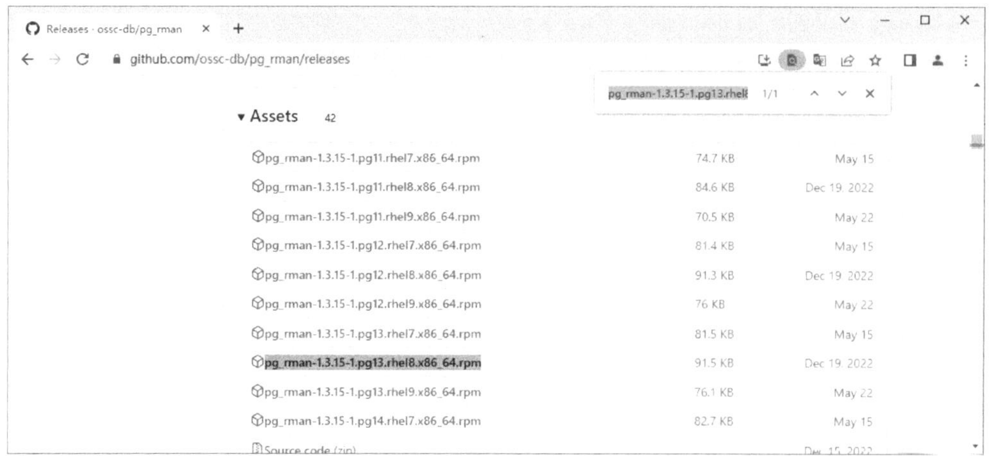

图 9.1

> **提示**　由于截至 2023 年 8 月 pg_rman 的最新版本是 1.3.15，并且最高只支持 PostgreSQL 14，因此作者选择下载安装包 pg_rman-1.3.15-1.pg13.rhel8.x86_64.rpm，对应的是 PostgreSQL 13。

（2）从 PostgreSQL 官网上下载依赖的包，如图 9.2 所示。

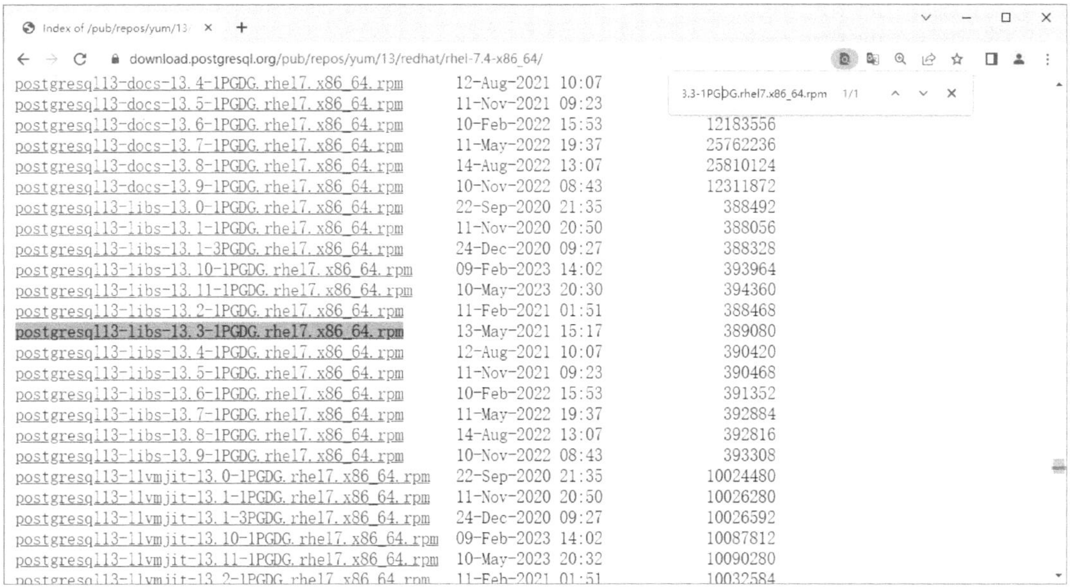

图 9.2

（3）使用 root 用户进行安装。

```
yum install -y postgresql13-libs-13.3-1PGDG.rhel7.x86_64.rpm
yum install -y pg_rman-1.3.15-1.pg13.rhel8.x86_64.rpm
```

> **提示**　默认将 pg_rman 安装到“/usr/pgsql-13/bin/”目录下。

（4）切换到 postgres 用户。

（5）编辑文件“.bash_profile”，增加以下参数设置环境变量。

```
PATH=/usr/pgsql-13/bin/:$PATH
export PATH
```

（6）使环境变量的设置生效。

```
source .bash_profile
```

（7）验证 pg_rman。

```
[postgres@mydb ~]$ pg_rman --help
```

输出结果如下。

```
[postgres@mydb ~]$ pg_rman --help
pg_rman manage backup/recovery of PostgreSQL database.
```

pg_rman 的用法如下。

```
  pg_rman OPTION init
  pg_rman OPTION backup
  pg_rman OPTION restore
  pg_rman OPTION show [DATE]
  pg_rman OPTION show detail [DATE]
  pg_rman OPTION validate [DATE]
  pg_rman OPTION delete DATE
  pg_rman OPTION purge
```

常用选项如下。

- -D 或--pgdata=PATH：指定数据库存储区域的路径。
- -A 或--arclog-path=PATH：指定归档 WAL 存储区域的路径。
- -S 或--srvlog-path=PATH：指定服务器日志存储区域的路径。
- -B 或--backup-path=PATH：指定备份存储区域的路径。
- -G 或--pgconf-path=PATH：指定备份配置文件的路径。
- -c 或--check：显示会做什么。
- -v 或--verbose：显示详细消息。
- -P 或--progress：显示已处理文件的进度。

备份选项如下。

- -b 或--backup-mode=MODE：full、incremental 或 archive。
- -s 或--with-serverlog：备份服务器日志文件。
- -Z 或--compress-data：使用 zlib 压缩数据备份。
- -C 或--smooth-checkpoint：在备份之前做平滑的检查点。
- -F 或--full-backup-on-error：切换到完全备份模式。此选项仅在--backup-mode=incremental 或--backup-mode=archive 中使用。
- --keep-data-generations=NUM：保留 NUM 份的完整数据备份。
- --keep-data-days=NUM：保留足够的数据备份以恢复到 NUM 天前。
- --keep-arclog-files=NUM：保留 NUM 个归档预写日志。
- --keep-arclog-days=DAY：保留在 DAY 天内修改的归档预写日志。
- --keep-srvlog-files=NUM：保留 NUM 条服务器日志记录。
- --keep-srvlog-days=DAY：保留在 DAY 天内修改的服务器日志记录。

- --standby-host=HOSTNAME：从备用数据库进行备份时的备用主机。
- --standby-port=PORT：从备用数据库进行备份时的备用端口。

恢复选项如下。

- --recovery-target-time：将恢复继续进行到的时间戳。
- --recovery-target-xid：将恢复继续进行到的事务 ID。
- --recovery-target-inclusive：是否在恢复目标后停止。
- --recovery-target-timeline：恢复到特定的时间线上。
- --recovery-target-action：恢复完成后执行的操作。
- --hard-copy：复制归档日志文件。

目录选项如下。

-a 或--show-all：显示已删除的备份。

删除选项如下。

-f 或--force：强制删除早于给定 DATE 的备份。

连接选项如下。

- -d 或--dbname=DBNAME：要连接的数据库名称。
- -h 或--host=HOSTNAME：数据库服务器主机或套接字目录。
- -p 或--port=PORT：数据库服务器端口。
- -U 或--username=USERNAME：要连接的用户名。
- -w 或--no-password：从不提示输入密码。
- -W 或--password：强制密码提示。

一般选项如下。

- -q 或--quiet：不显示任何 INFO 或 DEBUG 消息。
- --debug：显示 DEBUG 消息。
- --help：显示帮助信息并退出。
- --version：输出版本信息并退出。

9.6.2 初始化 pg_rman

在使用 pg_rman 前，可以对其进行简单的配置以方便使用。在使用 pg_rman 进行备份时，备份和归档的目录需要单独挂盘，不能与数据目录存储在一起，否则会影响在线系统的 I/O 读取和写入。

> 提示　在实际的生产环境中，推荐利用网络文件系统（Network File System，NFS）远程盘进行远程备份。

下面演示如何对 pg_rman 进行配置。

（1）创建备份目录。

```
mkdir -p /db-backup/pg-backup/{fullbackup,walbackup,srvlog}
chown -R postgres.postgres /db-backup/pg-backup/
```

（2）切换到 postgres 用户。

（3）编辑文件“.bash_profile”，设置环境变量。

```
export BACKUP_PATH=/db-backup/pg-backup/fullbackup
export ARCLOG_PATH=/db-backup/pg-backup/walbackup
export SRVLOG_PATH=/db-backup/pg-backup/srvlog
export PGDATA=/home/postgres/training/pgsql/data
```

> 提示　为了便于后续操作，这里增加了环境变量 PGDATA。

（4）使环境变量的设置生效。

```
source .bash_profile
```

（5）修改 postgresql.conf 文件，启用归档模式。

```
archive_mode = on
archive_command = 'DATE=`date +%Y%m%d`; DIR="/db-backup/pg-backup/walbackup"; (test -d $DIR || mkdir -p $DIR) && cp %p $DIR/%f'
```

（6）启动 PostgreSQL 服务器。

```
bin/pg_ctl -D data -l logfile start
```

输出结果如下。

```
waiting for server to start.... done
server started
```

（7）初始化 pg_rman。

```
pg_rman init
```

输出结果如下。

```
INFO: ARCLOG_PATH is set to '/db-backup/pg-backup/walbackup'
INFO: SRVLOG_PATH is set to '/db-backup/pg-backup/srvlog'
```

9.6.3 使用 pg_rman 进行备份

使用 pg_rman 进行备份具有以下特性。

- 仅使用一条命令即可对整个数据库（包括表空间）进行备份。
- 支持增量备份和备份文件压缩，以便占用更少的磁盘空间。
- 支持管理备份版本并显示备份目录。
- 支持存储快照。

9.6.3.1 使用 pg_rman 进行全量备份

下面演示如何使用 pg_rman 对 PostgreSQL 执行备份操作。

（1）执行一次全量备份。

```
pg_rman backup --backup-mode=full --with-serverlog \
               --progress -h localhost
```

输出结果如下。

```
INFO: copying database files
Processed 1261 of 1261 files, skipped 0
INFO: copying archived WAL files
Processed 9 of 9 files, skipped 0
INFO: copying server log files
INFO: backup complete
INFO: Please execute 'pg_rman validate' to verify the files are correctly
copied.
```

（2）校验备份集。

> 提示　pg_rman 的备份必须都是经过验证的，否则不能进行恢复和增量备份。

```
pg_rman validate
```

输出结果如下。

```
INFO: validate: "2023-05-12 10:17:04" backup, archive log files and server
log files by CRC
INFO: backup "2023-05-12 10:17:04" is valid
```

（3）列出备份集。

```
pg_rman show
```

输出结果如下。

```
====================================================================
 StartTime           EndTime              Mode    Size   TLI  Status
```

```
================================================================================
2023-05-12 10:17:04  2023-05-12 10:17:06  FULL   123MB     1  OK
```

（4）查看生成的备份文件所在的目录。

```
tree /db-backup/pg-backup/ -L 3
```

输出结果如下。

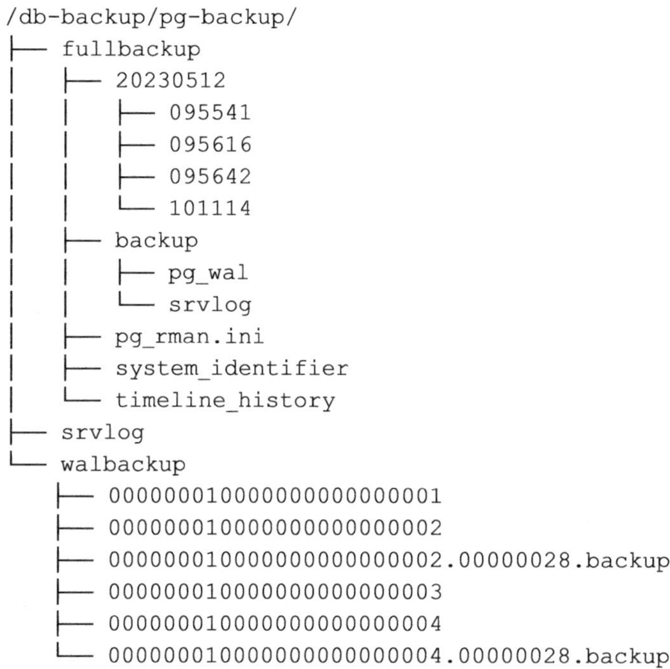

```
/db-backup/pg-backup/
├── fullbackup
│   ├── 20230512
│   │   ├── 095541
│   │   ├── 095616
│   │   ├── 095642
│   │   └── 101114
│   ├── backup
│   │   ├── pg_wal
│   │   └── srvlog
│   ├── pg_rman.ini
│   ├── system_identifier
│   └── timeline_history
├── srvlog
└── walbackup
    ├── 000000010000000000000001
    ├── 000000010000000000000002
    ├── 000000010000000000000002.00000028.backup
    ├── 000000010000000000000003
    ├── 000000010000000000000004
    └── 000000010000000000000004.00000028.backup
```

9.6.3.2 使用 pg_rman 进行增量备份

增量备份是基于文件系统的更新时间执行的一种备份方式。进行增量备份必须满足以下两个前提条件。

- 必须有对应的全库备份。
- 在全库备份后需要验证备份集。

> 提示　这里的前提条件在前面的操作中已经得到满足，因此可以直接执行增量备份操作。

下面演示如何使用 pg_rman 执行 PostgreSQL 的增量备份操作。

（1）登录 PostgreSQL 服务器，确定 scott 数据库员工表 emp 中的记录数。

```
postgres=# \c scott
```

```
You are now connected to database "scott" as user "postgres".
scott=# \d
       List of relations
 Schema | Name | Type  |  Owner
--------+------+-------+----------
 public | dept | table | postgres
 public | emp  | table | postgres
(2 rows)

scott=# select count(*) from emp;
 count
-------
    14
(1 row)
```

（2）插入一条新的员工数据。

```
scott=# insert into emp(empno,ename,sal,deptno)
        values(1,'tom',1000,10);
```

提示　此时，员工表 emp 中共有 15 条数据。

（3）执行第一次增量备份操作。

```
pg_rman backup --backup-mode incremental --progress --compress-data \
            -h localhost
```

输出结果如下。

```
INFO: copying database files
Processed 1261 of 1261 files, skipped 1230
INFO: copying archived WAL files
Processed 12 of 12 files, skipped 9
INFO: backup complete
INFO: Please execute 'pg_rman validate' to verify the files are correctly
copied.
```

（4）校验增量备份集。

```
pg_rman validate
```

输出结果如下。

```
INFO: validate: "2023-05-12 10:20:49" backup and archive log files by CRC
INFO: backup "2023-05-12 10:20:49" is valid
```

（5）再插入一条新的员工数据。

```
scott=# insert into emp(empno,ename,sal,deptno)
```

```
        values(2,'mary',2000,20);
```

此时，员工表 emp 中共有 16 条数据。

（6）执行第二次增量备份操作。

```
pg_rman backup --backup-mode incremental --progress --compress-data \
           -h localhost
```

输出结果如下。

```
INFO: copying database files
Processed 1261 of 1261 files, skipped 1230
INFO: copying archived WAL files
Processed 15 of 15 files, skipped 12
INFO: backup complete
INFO: Please execute 'pg_rman validate' to verify the files are correctly
copied.
```

（7）再次校验增量备份集。

```
pg_rman validate
```

输出结果如下。

```
INFO: validate: "2023-05-12 10:23:30" backup and archive log files by CRC
INFO: backup "2023-05-12 10:23:30" is valid
```

（8）列出所有的备份集。

```
pg_rman show
```

输出结果如下。

```
=====================================================================
 StartTime           EndTime              Mode    Size   TLI  Status
=====================================================================
2023-05-12 10:23:30  2023-05-12 10:23:32  INCR    35kB     1  OK
2023-05-12 10:20:49  2023-05-12 10:20:51  INCR    35kB     1  OK
2023-05-12 10:17:04  2023-05-12 10:17:06  FULL   123MB     1  OK
```

由输出结果可知，增量备份产生的备份集非常小。

9.6.4 使用 pg_rman 进行恢复

使用 pg_rman 进行恢复有两种方式，分别为原地覆盖式恢复和设置新的$PGDATA 目录式恢复。

提示 不管采用哪种方式进行恢复，都需要停止 PostgreSQL 服务器。

9.6.4.1 原地覆盖式恢复

使用 pg_rman restore 命令可以直接从 pg_rman 的备份集中恢复数据。如果没有设定新的 $PGDATA 环境变量，那么 pg_rman restore 命令在执行恢复操作时将直接覆盖之前的数据库目录，具体的操作步骤如下。

（1）列出所有的备份集信息。

```
pg_rman show
```

输出结果如下。

```
=====================================================================
 StartTime           EndTime              Mode    Size   TLI  Status
=====================================================================
2023-05-12 10:23:30  2023-05-12 10:23:32  INCR    35kB     1  OK
2023-05-12 10:20:49  2023-05-12 10:20:51  INCR    35kB     1  OK
2023-05-12 10:17:04  2023-05-12 10:17:06  FULL   123MB     1  OK
```

（2）停止 PostgreSQL 服务器。

```
bin/pg_ctl -D data -l logfile stop
```

（3）采用原地覆盖式恢复，恢复到时间点“2023-05-12 10:17:06”，即使用数据库全量备份来恢复。

```
pg_rman restore -B /db-backup/pg-backup/fullbackup/ \
          --recovery-target-time "2023-05-12 10:17:06" --hard-copy
```

> 提示　如果不指定参数 recovery-target-time，那么恢复到最新时间。
>
> 如果不指定参数 hard-copy，那么归档日志目录下的归档日志文件是使用硬连接指向备份目录中的归档日志文件的；如果使用参数 hard-copy，那么直接把备份目录中的归档日志文件复制到归档日志目录下。

输出结果如下。

```
INFO: the recovery target timeline ID is not given
INFO: use timeline ID of current database cluster as recovery target: 1
INFO: calculating timeline branches to be used to recovery target point
INFO: searching latest full backup which can be used as restore start point
INFO: found the full backup can be used as base in recovery: "2023-05-12 10:17:04"
INFO: copying online WAL files and server log files
INFO: clearing restore destination
```

```
INFO: validate: "2023-05-12 10:17:04" backup, archive log files and server log files by SIZE
INFO: backup "2023-05-12 10:17:04" is valid
INFO: restoring database files from the full mode backup "2023-05-12 10:17:04"
INFO: searching incremental backup to be restored
INFO: searching backup which contained archived WAL files to be restored
INFO: backup "2023-05-12 10:17:04" is valid
INFO: restoring WAL files from backup "2023-05-12 10:17:04"
INFO: backup "2023-05-12 10:20:49" is valid
INFO: restoring WAL files from backup "2023-05-12 10:20:49"
INFO: backup "2023-05-12 10:23:30" is valid
INFO: restoring WAL files from backup "2023-05-12 10:23:30"
INFO: restoring online WAL files and server log files
INFO: create pg_rman_recovery.conf for recovery-related parameters.
INFO: remove an 'include' directive added by pg_rman in postgresql.conf if exists
INFO: append an 'include' directive in postgresql.conf for pg_rman_recovery.conf
INFO: generating recovery.signal
INFO: removing standby.signal if exists to restore as primary
INFO: restore complete
HINT: Recovery will start automatically when the PostgreSQL server is started. After the recovery is done, we recommend to remove recovery-related parameters configured by pg_rman.
```

（4）启动 PostgreSQL 服务器，确定 scott 数据库员工表 emp 中的记录数。此时，scott 数据库员工表 emp 中有 14 条记录。

（5）停止 PostgreSQL 服务器，并使用 pg_rman 将数据库恢复到时间点“2023-05-12 10:20:51”，即使用第一次数据库增量备份来恢复。

```
pg_rman restore -B /db-backup/pg-backup/fullbackup/
    --recovery-target-time "2023-05-12 10:20:51" --hard-copy
```

（6）启动 PostgreSQL 服务器，确定 scott 数据库员工表 emp 中的记录数。此时，scott 数据库员工表 emp 中有 15 条记录。

（7）停止 PostgreSQL 服务器，并使用 pg_rman 将数据库恢复到时间点“2023-05-12 10:23:32”，即使用第二次数据库增量备份来恢复。

```
pg_rman restore -B /db-backup/pg-backup/fullbackup/
          --recovery-target-time "2023-05-12 10:23:32" --hard-copy
```

（8）启动 PostgreSQL 服务器，确定 scott 数据库员工表 emp 中的记录数。此时，scott 数据库员工表 emp 中有 16 条记录。

9.6.4.2 设置新的$PGDATA 目录式恢复

当原有的数据库目录不可用时，如硬盘损坏等，可以通过指定新的环境变量$PGDATA 的方式，将数据库恢复到新的硬盘目录下，具体的操作步骤如下。

（1）创建新的数据库目录。

```
mkdir -p /newdb/data
chown -R postgres:postgres /newdb/
```

（2）切换到 postgres 用户，并修改 data 文件夹的权限。

```
chmod 700 /newdb/data
```

> 提示　如果这里不修改文件夹的权限，在执行恢复操作时就会出现权限错误。

（3）修改文件.bash_profile，设置新的$PGDATA 环境变量。

```
export PGDATA=/newdb/data
```

（4）使环境变量的设置生效。

```
source ~/.bash_profile
```

（5）执行数据库恢复操作。

```
pg_rman restore -B /db-backup/pg-backup/fullbackup/ \
   --recovery-target-time "2023-05-12 10:23:32" --hard-copy
```

（6）启动 PostgreSQL 服务器。

```
bin/pg_ctl -l logfile start
```

> 提示　由于已经设置了环境变量$PGDATA，因此这里不需要指定选项-D。

（7）验证 scott 数据库员工表 emp 中的记录数。此时，员工表 emp 中共有 16 条记录。

```
postgres=# \c scott
You are now connected to database "scott" as user "postgres".
scott=# select count(*) from emp;
 count
-------
    16
(1 row)
```

第 10 章 监控、诊断与优化数据库

PostgreSQL 在运行过程中，不仅会发生故障造成数据丢失，还会遇到性能瓶颈。因此，如何快速诊断数据库的性能，以及时发现问题、查找问题原因并解决问题，是一项范围广泛且复杂的任务。数据库管理员必须知道从哪里开始，以及应该做些什么。

10.1 使用 pgbench 进行基准测试

对数据库进行基准测试，以掌握数据库的性能情况是非常必要的。因此，对数据库的性能指标进行定量的、可复现的、可对比的测试就显得非常重要。

10.1.1 数据库基准测试简介

读者可以将数据库基准测试理解为对数据库运行时的一种压力测试。由于这样的测试不关心业务逻辑，因此更加简单、直接、易于测试。在测试时使用的数据可以由工具生成，不要求真实。

数据库基准测试的关键指标包括如下几个。

- TPS/QPS：衡量吞吐量。
- 响应时间：包括平均响应时间、最小响应时间、最大响应时间和时间百分比等，其中，时间百分比的参考意义较大，如前 95%的请求的最大响应时间。
- 并发量：同时处理的查询请求的数量。

10.1.2 【实战】使用 pgbench 进行数据库基准测试

pgbench 是一种在 PostgreSQL 上运行基准测试的简单程序。它可以在并发的数据库会话中一遍遍地运行相同序列的 SQL 语句，并且计算平均事务率（即每秒的事务数）。

pgbench 不仅可以使用内置的测试脚本进行测试，还支持采用编写自己的事务脚本文件的方式进行测试。

pgbench 在执行初始化操作时会自动创建以下 4 个表。

```
pgbench_accounts     #账户表
pgbench_branches     #支行表
pgbench_history      #历史信息表
pgbench_tellers      #出纳表
```

下面展示了 pgbench 的部分帮助信息，其中包括一些比较重要的选项及其含义。

```
bin/pgbench --help
```

输出结果如下。

```
pgbench is a benchmarking tool for PostgreSQL.
```

pgbench 的用法如下。

```
  pgbench [OPTION]... [DBNAME]
```

初始化选项如下。

- -i 或--initialize：调用初始化模式。
- -F 或--fillfactor=NUM：用给定的填充因子创建 pgbench_accounts 表、pgbench_tellers 表和 pgbench_branches 表，默认值是 100。
- -n 或--no-vacuum：初始化以后不执行清理操作。
- -q 或--quiet：切换到安静模式，每 5 秒产生一条进度消息。
- -s 或--scale=NUM：比例因子，默认值为 1。-s 100 表示将在 pgbench_accounts 表中创建 10 000 000 行数据。
- --foreign-keys：在标准的表之间创建外键约束。
- --index-tablespace=TABLESPACE：在指定的表空间中创建索引，而不是默认的表空间。
- --tablespace=TABLESPACE：在指定的表空间中创建表，而不是默认的表空间。
- --unlogged-tables：把所有的表创建为非日志记录表，而非永久表。

查询运行内容选项如下。

- -b 或--builtin=NAME[@W]：把指定的内建脚本加入要执行的脚本列表。“@”之后是一个可选的整数权重，可以用来调整抽取该脚本的可能性。该选项的默认值为 1。
- -f 或--file=FILENAME[@W]：从指定文件中读取事务脚本，并加入被执行的脚本列表。
- -N 或--skip-some-updates：不更新 pgbench_tellers 表和 pgbench_branches 表。
- -S 或--select-only：运行 select-only 事务测试。

基准选项如下。

- -c 或--client=NUM：模拟客户端的数目，也就是并发数据库会话的数目，默认值为 1。
- -C 或--connect：为每个事务建立一个新的连接。
- -D 或--define=VARNAME=VALUE：定义一个自定义脚本使用的变量，允许使用多个-D 选项。
- -j 或--jobs=NUM：pgbench 中工作线程的数目，默认值为 1。
- -l 或--log：记录每个事务写入日志文件的时间。
- -L 或--latency-limit=NUM：对持续超过 NUM 毫秒的事务进行独立的计数和报告。
- -n 或--no-vacuum：在运行测试前不进行清理。
- -P 或--progress=NUM：每 NUM 秒显示进度报告。
- -r 或--report-latencies：在基准结束后，报告每条语句的平均等待时间。
- -t 或--transactions=NUM：每个客户端运行的事务数目，默认值为 10。
- -T 或--time=NUM：基准测试的运行时长，单位为秒。
- -v 或--vacuum-all：在运行测试前清理 4 个标准的表。
- --log-prefix=PREFIX：设置创建的日志文件的文件名前缀，默认值为 pgbench_log。
- --sampling-rate=NUM：采样率，用来减少日志产生的数目，如 0.01 代表 1%。
- --show-script=NAME：显示内置的测试脚本代码。

常见选项如下。

- -d 或--debug：打印调试信息。
- -h 或--host=HOSTNAME：指定数据库服务器的主机名。
- -p 或--port=PORT：指定数据库服务器的端口号。
- -U 或--username=USERNAME：指定数据库连接的用户名。
- -V 或--version：打印 pgbench 版本信息并退出。
- -?或--help：显示有关 pgbench 命令行参数的信息并退出。

10.1.2.1 使用 pgbench 进行基准测试

下面演示使用 pgbench 进行简单的基准测试，并解读输出的测试报告。

（1）执行 pgbench 初始化操作。

```
bin/pgbench -i -s 5
```

> 提示　该初始化操作会自动创建 pgbench_accounts 表、pgbench_branches 表、pgbench_history 表和 pgbench_tellers 表，并在 pgbench_accounts 表中创建 500 000 行数据。

输出结果如下。

```
dropping old tables...
NOTICE:  table "pgbench_accounts" does not exist, skipping
NOTICE:  table "pgbench_branches" does not exist, skipping
NOTICE:  table "pgbench_history" does not exist, skipping
NOTICE:  table "pgbench_tellers" does not exist, skipping
creating tables...
generating data (client-side)...
500000 of 500000 tuples (100%) done (elapsed 0.93 s, remaining 0.00 s)
vacuuming...
creating primary keys...
done in 1.61 s (
  drop tables 0.00 s,
  create tables 0.01 s,
  client-side generate 1.04 s,
  vacuum 0.22 s,
  primary keys 0.34 s).
```

（2）执行第 1 次简单的基准测试。

```
bin/pgbench
```

输出结果如下。

```
starting vacuum...end.
transaction type: <builtin: TPC-B (sort of)>
scaling factor: 5
query mode: simple
number of clients: 1
number of threads: 1
number of transactions per client: 10
number of transactions actually processed: 10/10
latency average = 1.652 ms
tps = 605.461639 (including connections establishing)
tps = 779.797384 (excluding connections establishing)
```

- transaction type：用于记录本次测试所使用的测试类型。
- scaling factor：用于记录在初始化时设置的数据量比例因子。
- query mode：用于记录在进行测试时指定的查询类型，其取值有 3 个，分别为 simple、extended 和 prepared。
- number of clients：用于记录客户端数目。
- number of threads：用于记录每个客户端的线程数目。
- number of transactions per client：用于记录每个客户端运行的事务数目。
- number of transactions actually processed：用于记录测试结束时实际完成的事务数目与计划完成的事务数目。

- latency average：用于记录平均响应时间。
- 最后两行的 tps：分别表示包含和不包含建立连接开销的 TPS（每秒传输的事务处理的个数）。

（3）执行第 2 次基准测试，以下命令将设置并行工作线程为 2 个，客户端为 4 个，每个客户端的事务为 60 个。

```
bin/pgbench -r -j2 -c4 -t60
```

输出结果如下。

```
starting vacuum...end.
transaction type: <builtin: TPC-B (sort of)>
scaling factor: 5
query mode: simple
number of clients: 4
number of threads: 2
number of transactions per client: 60
number of transactions actually processed: 240/240
latency average = 3.064 ms
tps = 1305.494142 (including connections establishing)
tps = 1330.588448 (excluding connections establishing)
statement latencies in milliseconds:
         0.003  \set aid random(1, 100000 * :scale)
         0.001  \set bid random(1, 1 * :scale)
         0.001  \set tid random(1, 10 * :scale)
         0.001  \set delta random(-5000, 5000)
         0.144  BEGIN;
         0.290  UPDATE pgbench_accounts SET abalance = abalance + :delta
                WHERE aid = :aid;
         0.349  SELECT abalance FROM pgbench_accounts WHERE aid = :aid;
         0.307  UPDATE pgbench_tellers SET tbalance = tbalance + :delta
                WHERE tid = :tid;
         0.537  UPDATE pgbench_branches SET bbalance = bbalance + :delta
                WHERE bid = :bid;
         0.236  INSERT INTO pgbench_history (tid, bid, aid, delta, mtime)
                VALUES (:tid, :bid, :aid, :delta, CURRENT_TIMESTAMP);
         0.925  END;
```

（4）执行第 3 次基准测试，以下命令将设置并行工作线程为 2 个，客户端为 10 个，运行时间为 1 分钟。

```
bin/pgbench -r -j2 -c10  -T60
```

输出结果如下。

```
starting vacuum...end.
transaction type: <builtin: TPC-B (sort of)>
```

```
scaling factor: 5
query mode: simple
number of clients: 10
number of threads: 2
duration: 60 s
number of transactions actually processed: 88214
latency average = 6.804 ms
tps = 1469.696663 (including connections establishing)
tps = 1469.792239 (excluding connections establishing)
statement latencies in milliseconds:
        0.003  \set aid random(1, 100000 * :scale)
        0.001  \set bid random(1, 1 * :scale)
        0.001  \set tid random(1, 10 * :scale)
        0.001  \set delta random(-5000, 5000)
        0.370  BEGIN;
        0.394  UPDATE pgbench_accounts SET abalance = abalance + :delta
               WHERE aid = :aid;
        0.779  SELECT abalance FROM pgbench_accounts WHERE aid = :aid;
        1.072  UPDATE pgbench_tellers SET tbalance = tbalance + :delta
               WHERE tid = :tid;
        2.238  UPDATE pgbench_branches SET bbalance = bbalance + :delta
               WHERE bid = :bid;
        0.541  INSERT INTO pgbench_history (tid, bid, aid, delta, mtime)
              VALUES (:tid, :bid, :aid, :delta, CURRENT_TIMESTAMP);
        1.401  END;
```

> 提示　第（3）步中的-t 选项和第（4）步中的-T 选项是互斥关系，二者不能同时使用。

10.1.2.2　使用 pgbench 内置脚本进行基准测试

pgbench 内置了 3 个可以用于基准测试的脚本，分别为 tpcb-like、simple-update 和 select-only，如下所示。

```
bin/pgbench -b list
```

输出结果如下。

```
Available builtin scripts:
     tpcb-like: <builtin: TPC-B (sort of)>
  simple-update: <builtin: simple update>
    select-only: <builtin: select only>
```

这 3 个内置脚本的源码可以在 PostgreSQL 源码目录下的“src/bin/pgbench/pgbench.c”文件中找到，如下所示。

```
static const BuiltinScript builtin_script[] =
```

```
{
 {
  "tpcb-like",
  "<builtin: TPC-B (sort of)>",
  "\\set aid random(1, " CppAsString2(naccounts) " * :scale)\n"
  "\\set bid random(1, " CppAsString2(nbranches) " * :scale)\n"
  "\\set tid random(1, " CppAsString2(ntellers) " * :scale)\n"
  "\\set delta random(-5000, 5000)\n"
  "BEGIN;\n"
  "UPDATE pgbench_accounts SET abalance = abalance + :delta
   WHERE aid = :aid;\n"
  "SELECT abalance FROM pgbench_accounts
   WHERE aid = :aid;\n"
  "UPDATE pgbench_tellers SET tbalance = tbalance + :delta
   WHERE tid = :tid;\n"
  "UPDATE pgbench_branches SET bbalance = bbalance + :delta
   WHERE bid = :bid;\n"
  "INSERT INTO pgbench_history (tid, bid, aid, delta, mtime)
   VALUES (:tid, :bid, :aid, :delta, CURRENT_TIMESTAMP);\n"
  "END;\n"
 },
 {
  "simple-update",
  "<builtin: simple update>",
  "\\set aid random(1, " CppAsString2(naccounts) " * :scale)\n"
  "\\set bid random(1, " CppAsString2(nbranches) " * :scale)\n"
  "\\set tid random(1, " CppAsString2(ntellers) " * :scale)\n"
  "\\set delta random(-5000, 5000)\n"
  "BEGIN;\n"
  "UPDATE pgbench_accounts SET abalance = abalance + :delta
   WHERE aid = :aid;\n"
  "SELECT abalance FROM pgbench_accounts WHERE aid = :aid;\n"
  "INSERT INTO pgbench_history (tid, bid, aid, delta, mtime)
   VALUES (:tid, :bid, :aid, :delta, CURRENT_TIMESTAMP);\n"
  "END;\n"
 },
 {
  "select-only",
  "<builtin: select only>",
  "\\set aid random(1, " CppAsString2(naccounts) " * :scale)\n"
  "SELECT abalance FROM pgbench_accounts WHERE aid = :aid;\n"
 }
};
```

下面演示如何使用 pgbench 内置脚本进行基准测试。

（1）使用 simple-update 脚本进行基准测试。

```
bin/pgbench -b simple-update
```

输出结果如下。

```
starting vacuum...end.
transaction type: <builtin: simple update>
scaling factor: 5
query mode: simple
number of clients: 1
number of threads: 1
number of transactions per client: 10
number of transactions actually processed: 10/10
latency average = 2.080 ms
tps = 480.725064 (including connections establishing)
tps = 565.918754 (excluding connections establishing)
```

（2）混合使用 pgbench 内置脚本进行基准测试。

```
bin/pgbench -b simple-update@4 -b select-only@6 -b tpcb@0
```

提示　这里混合使用的是 simple-update 脚本和 select-only 脚本，并且以 4∶6 的比例进行测试。

输出结果如下。

```
starting vacuum...end.
transaction type: multiple scripts
scaling factor: 5
query mode: simple
number of clients: 1
number of threads: 1
number of transactions per client: 10
number of transactions actually processed: 10/10
latency average = 1.531 ms
tps = 653.371344 (including connections establishing)
tps = 849.710801 (excluding connections establishing)
SQL script 1: <builtin: simple update>
 - weight: 4 (targets 40.0% of total)
 - 4 transactions (40.0% of total, tps = 261.348538)
 - latency average = 2.211 ms
 - latency stddev = 0.914 ms
SQL script 2: <builtin: select only>
 - weight: 6 (targets 60.0% of total)
 - 6 transactions (60.0% of total, tps = 392.022806)
 - latency average = 0.479 ms   --平均响应时间
 - latency stddev = 0.421 ms    --延迟标准开发
SQL script 3: <builtin: TPC-B (sort of)>
```

```
  - weight: 0 (targets 0.0% of total)
  - 0 transactions (0.0% of total, tps = 0.000000)
```

10.1.2.3 使用自定义脚本进行基准测试

pgbench 支持从一个文件中读取事务脚本来替换默认的事务脚本，从而达到运行自定义测试场景的目的。

（1）创建测试表。

```
postgres=# create table testtable(
    id serial primary key,
    myvalue int
  );
```

（2）创建自定义脚本 pgbench_script_for_select.sql，并输入以下内容。

```
select id,myvalue from testtable order by id desc limit 10;
```

（3）运行 pgbench 测试。

```
bin/pgbench -f pgbench_script_for_select.sql
```

输出结果如下。

```
starting vacuum...end.
transaction type: pgbench_script_for_select.sql
scaling factor: 1
query mode: simple
number of clients: 1
number of threads: 1
number of transactions per client: 10
number of transactions actually processed: 10/10
latency average = 0.599 ms  --平均响应时间
tps = 1668.752050 (including connections establishing)
tps = 3754.920824 (excluding connections establishing)
```

（4）创建自定义脚本 pgbench_script_for_insert.sql，并输入以下内容。

```
\sleep 500 ms
\set ival random(1,10)
insert into testtable(myvalue) values (:ival);
```

> 提示　在自定义脚本中，可以使用类似于 psql 的以反斜杠开头的元命令和内建函数定义变量。pgbench 自定义脚本支持的元命令如下。
>
> - \sleep number [us|ms|s]：执行一个事务时暂停一定的时间，单位是微秒、毫秒或秒。如果没有注明单位，那么默认使用秒。
> - \set varname expression：用于设置一个变量的值，其中的 expression 可以使用函数。

（5）再次运行 pgbench 测试。

```
bin/pgbench -f pgbench_script_for_insert.sql
```

输出结果如下。

```
starting vacuum...end.
transaction type: pgbench_script_for_insert.sql
scaling factor: 1
query mode: simple
number of clients: 1
number of threads: 1
number of transactions per client: 10
number of transactions actually processed: 10/10
latency average = 504.334 ms  --平均响应时间
tps = 1.982812 (including connections establishing)
tps = 1.984051 (excluding connections establishing)
```

10.2　使用扩展监控和诊断数据库

使用 PostgreSQL 的扩展能够很好地监控数据库的运行状态，当数据库出现问题时也能很好地进行诊断。下面介绍几个与监控和诊断 PostgreSQL 相关的扩展。

10.2.1　使用 pg_top 扩展监控数据库

使用 pg_top 扩展可以实时监控 PostgreSQL。pg_top 扩展类似于在主机上运维时的命令 top。使用 pg_top 扩展可以将 I/O、IOPS、内存和 CPU 等信息结合起来查看。pg_top 扩展还支持以下几方面功能。

- 查看进程当前正在运行的 SQL 语句。
- 查看当前正在运行的 select 语句的查询计划。
- 查看进程持有的锁。
- 查看每个进程的 I/O 统计信息。
- 查看下游节点的复制统计信息。

10.2.1.1　pg_top 扩展的安装与配置

在 pg_top 扩展的官方下载页面中下载相应的安装包，如图 10.1 所示。

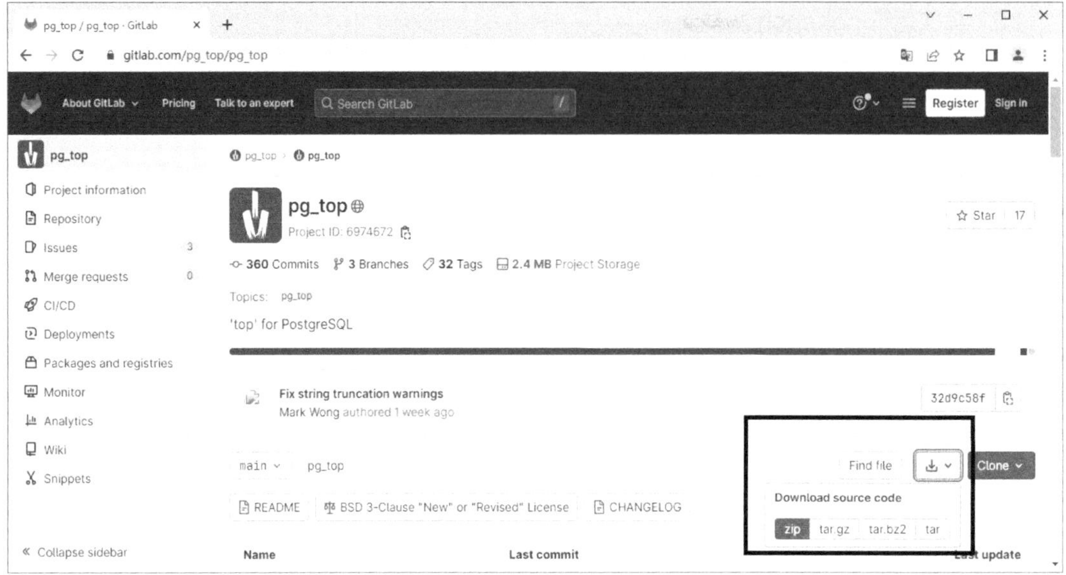

图 10.1

下面以 tar.gz 形式的安装包为例进行演示。

（1）使用 root 用户安装 cmake 工具及需要的依赖。

```
yum -y install cmake
yum -y install postgresql-devel
rpm -ivh libbsd-0.8.3-1.el7.x86_64.rpm
rpm -ivh libbsd-devel-0.8.3-1.el7.x86_64.rpm
```

（2）切换到 postgres 用户。

```
su - postgres
```

（3）解压缩 pg_top 扩展的安装包。

```
tar -zxvf pg_top-main.tar.gz
cd pg_top-main/
```

（4）配置安装路径，并检查 pg_top 扩展的安装条件。

```
cmake -DCMAKE_INSTALL_PREFIX=/home/postgres/training/pgsql/ CMakeLists.txt
```

（5）安装 pg_top 扩展。

```
make install
```

安装成功后输出的信息如下。

```
Install the project...
```

```
-- Install configuration: ""
-- Installing: /home/postgres/training/pgsql/bin/pg_top
-- Installing: /home/postgres/training/pgsql/share/man/man1/pg_top.1
```

提示　从安装成功后输出的信息中可以看出 pg_top 扩展的安装路径。

（6）显示 pg_top 扩展的帮助信息。

```
cd /home/postgres/training/pgsql/
bin/pg_top --help
```

输出结果如下。

```
[postgres@mydb pgsql]$ bin/pg_top --help
pg_top monitors a PostgreSQL database cluster.
```

pg_top 扩展的用法如下。

```
  pg_top [OPTION]... [COUNT]
```

一般选项如下。

- -b 或--batch：使用批处理模式。
- -c 或--show-command：显示每个进程的名称。
- -C 或--color-mode：关闭颜色模式。
- -i 或--interactive：使用交互模式。
- -I 或--hide-idle：隐藏空闲进程。
- -n 或--non-interactive：使用非交互模式。
- -o 或--order-field=FIELD：选择排序顺序。
- -r 或--remote-mode：启用远程模式。
- -R：显示复制统计信息。
- -s 或--set-delay=SECOND：设置屏幕更新之间的延迟。
- -T 或--show-tags：显示颜色标签。
- -V 或--version：输出版本信息并退出。
- -x 或--set-display=COUNT：设置最大显示数目，达到此数值后退出。
- -X：显示 I/O 统计数据。
- -z 或--show-username=NAME：仅显示给定进程所拥有的进程用户名。
- -?或--help：显示帮助信息并退出。

10.2.1.2　【实战】使用 pg_top 扩展监控数据库

通过 pg_top 扩展可以监控主机的负载情况，包括 CPU、内存、SWAP，以及 Postgres 进程信息。在监控过程中，可以关注主机的负载情况，也可以查看进程的一些信息。整个监控过程是动态展示的。

（1）创建一个测试表。

```
postgres=# create table testpgtop(tid int,tname varchar(20));
```

（2）在测试表中插入 5000 万条数据。

```
postgres=# insert into testpgtop
        select n,'myname'||n from generate_series(1,50000000) n;
```

（3）在插入数据的过程中，使用 pg_top 扩展监控数据库。

```
bin/pg_top -h localhost
```

输出结果如图 10.2 所示。

```
last pid:  4393;  load avg:  1.17,  0.42,  0.18;       up 0+00:30:51    05:08:28
7 processes: 5 other background task(s), 2 active
CPU states: 12.0% user,  0.0% nice, 37.7% system, 47.0% idle,  3.3% iowait
Memory: 3806M used, 130M free, 0K shared, 172K buffers, 2991M cached
DB activity:   0 tps,  0 rollbs/s,   1 buffer r/s, 99 hit%,     78 row r/s,    0 row w/s
DB I/O:    10 reads/s,   297 KB/s,    93 writes/s, 42137 KB/s
Swap: 376K used, 3968M free, 44K cached, 0K in, 94K out
                        进程使    常驻内                   查询执  占用CPU 持有锁
进程的PID  用户名       用内存    存大小  状态   事务时间   行时间  百分比  数目   操作命令
  PID USERNAME       SIZE   RES STATE   XTIME  QTIME  %CPU LOCKS COMMAND
 3791 postgres       274M  145M active   0:59   0:59  82.6     1 postgres: postgres postgres [local] INSERT
 4394 postgres       268M 7200K active   0:00   0:00   0.2     8 postgres: postgres postgres ::1(50688) idle
 3433                267M 2140K          0:00   0:00   0.0     0 postgres: autovacuum launcher
 3435 postgres       267M 1580K          0:00   0:00   0.0     0 postgres: logical replication launcher
 3432                266M 5276K          0:00   0:00  10.6     0 postgres: walwriter
 3430                267M   25M          0:00   0:00   0.0     0 postgres: checkpointer
 3431                267M  109M          0:00   0:00   2.8     0 postgres: background writer
```

图 10.2

> 提示　由图 10.2 可知，在当前 PostgreSQL 中，由用户 postgres 执行的 insert 操作占用了 82.6% 的 CPU。

由图 10.2 还可以得出当前数据库的以下监控信息。

- 系统负载。

```
load avg:  1.17,  0.42,  0.18;
```

- 进程数。

```
7 processes: 5 other background task(s), 2 active
```

- 系统 CPU 情况。

```
CPU states: 12.0% user,  0.0% nice, 37.7% system, 47.0% idle,  3.3% iowait
```

- 系统内存情况。

```
Memory: 3806M used, 130M free, 0K shared, 172K buffers, 2991M cached
```

- 数据库 I/O 情况。

```
DB I/O:   10 reads/s,   297 KB/s,   93 writes/s, 42137 KB/s
```

- SWAP 情况。

```
Swap: 376K used, 3968M free, 44K cached, 0K in, 94K out
```

10.2.1.3 pg_top 扩展的常用参数

pg_top 扩展提供了很多参数用于更加方便地监控 PostgreSQL，下面介绍几个比较常用的参数。

1）参数-X

参数-X 用于展示 PostgreSQL 中每个进程的 I/O 信息，如 IOPS、Reads、Writes。使用参数-X 能够监控到高耗 I/O 的进程。监控的信息如图 10.3 所示。

```
last pid:  5895;  load avg:  0.82,  0.26,  0.19;       up 0+00:48:40                        05:26:18
7 processes: 5 other background task(s), 2 active
CPU states: 38.8% user,  0.0% nice, 11.0% system, 43.6% idle,  6.6% iowait
Memory: 3805M used, 130M free, 0K shared, 0K buffers, 3029M cached
DB activity:   0 tps,  0 rollbs/s,  27 buffer r/s, 80 hit%,     77 row r/s,    0 row w/s
DB I/O:    12 reads/s,  6510 KB/s,   211 writes/s, 96118 KB/s
Swap: 12M used, 3956M free, 228K cached, 0K in, 268K out

    PID     IOPS     IORPS    IOWPS READS WRITES COMMAND
   3791 78283533 78282663      871 9555B -71694502B postgres: postgres postgres [local] INSERT
   5896  213958  213922       36   26B -213922B postgres: postgres postgres ::1(51560) idle
   3433        0        0        0    0B      0B postgres: autovacuum launcher
   3435        0        0        0    0B      0B postgres: logical replication launcher
   3432 10945419 10945419        0    4B -10945418B postgres: walwriter
   3430  825131  825131        1   1B -825932B postgres: checkpointer
   3431 3956757 3956757        0  483B -3956756B postgres: background writer
```

图 10.3

2）参数-R

参数-R 用于监控 PostgreSQL 中的主从复制信息、主从延迟和主从延迟 LSN 的位置。得到的监控信息与查询系统表 pg_stat_replication 一致，如图 10.4 所示。

```
last pid: 45377;  load avg:  0.00,  0.01,  0.05;       up 0+15:35:10   20:48:15
1 processes:
CPU states:  0.0% user,  0.0% nice,  0.0% system,  100% idle,  0.0% iowait
Memory: 2931M used, 7049M free, 0K shared, 3664K buffers, 1572M cached
Swap: 0K used, 2044M free, 0K cached, 0K in, 0K out

    PID USERNAME APPLICATION          CLIENT STATE     PRIMARY    SENT        WRITE
  45318 replxs   walreceiver  192.168.60.190 streaming 0/24000148 0/24000148 0/24000148
```

图 10.4

3）参数-z

如果数据库中的用户比较多，那么可以按用户进行过滤。可以使用参数-z 只监控指定的用户，如监控这个用户会话连接的相关信息，如图 10.5 所示。

```
last pid:  6710;  load avg:  0.19,  0.20,  0.22;       up 0+00:58:58                                05:36:36
7 processes: 5 other background task(s), 1 idle, 1 active
CPU states:  0.1% user,  0.0% nice,  0.2% system, 99.7% idle,  0.0% iowait
Memory: 1186M used, 2749M free, 0K shared, 0K buffers, 493M cached
DB activity:   0 tps,  0 rollbs/s,   0 buffer r/s, 100 hit%,     78 row r/s,    0 row w/s
DB I/O:      0 reads/s,      0 KB/s,      0 writes/s,      0 KB/s
Swap: 39M used, 3929M free, 992K cached, 0K in, 0K out

    PID USERNAME    SIZE   RES STATE   XTIME  QTIME  %CPU LOCKS COMMAND
   6711 postgres    268M 7172K active   0:00   0:00   0.0     8 postgres: postgres postgres ::1(51928)
   3435 postgres    267M 1560K          0:00   0:00   0.0     0 postgres: logical replication launcher
   3791 postgres    269M  141M idle     0:00   0:00   0.0     0 postgres: postgres postgres [local] idl
```

图 10.5

4）参数-o

使用参数-o 可以对显示出来的数据进行排序，如按照 xtime 进行排序。

```
bin/pg_top -h localhost -o xtime
```

5）参数-x

参数-x 用于将监控信息输出到文本文件中，示例如下。

```
bin/pg_top -b -x 20 > pg_top.log
```

10.2.2 使用 pg_stat_statements 扩展监控 SQL 运行

pg_stat_statements 是 PostgreSQL 提供的一个扩展，通常用于统计数据库的资源开销和收集数据库中运行的 SQL 信息，从而帮助分析出现频率较高的 SQL 语句，即 Top SQL。

对于 PostgreSQL 来说，性能调优不仅意味着正确调整数据库的相关参数，还意味着数据库管理员需要找到性能瓶颈，找出慢查询，并理解当前数据库正在执行的操作。

借助 pg_stat_statements 扩展可以帮助用户确定哪些语句会导致性能低下，以及慢查询的执行频率等信息。

10.2.2.1 pg_stat_statements 扩展的安装与配置

在使用 pg_stat_statements 扩展之前需要先安装。下面演示 pg_stat_statements 扩展的安装与配置。

（1）进入 PostgreSQL 源码目录，编译和安装 pg_stat_statements 扩展。

```
cd postgresql-15.3/
./configure --prefix=/home/postgres/training/pgsql
cd contrib/pg_stat_statements/
make
make install
```

> 提示　在执行成功后，会自动将生成的 pg_stat_statements.so 文件复制到 PostgreSQL 安装目录的“lib/”目录下。

（2）修改 postgresql.conf 文件中的 shared_preload_libraries 参数。

```
shared_preload_libraries = 'pg_stat_statements'
```

（3）重启 PostgreSQL 服务器。

```
bin/pg_ctl -D data/ -l logfile restart
```

（4）切换到 scott 数据库，查看 shared_preload_libraries 参数的值。

```
postgres=# \c scott
You are now connected to database "scott" as user "postgres".
scott=# show shared_preload_libraries;
```

输出结果如下。

```
 shared_preload_libraries
--------------------------
 pg_stat_statements
(1 row)
```

（5）创建 pg_stat_statements 扩展。

```
scott=# create extension pg_stat_statements;
```

（6）查看 pg_stat_statements 扩展的详细信息。

```
scott=# \dx+ pg_stat_statements;
```

输出结果如下。

```
    Objects in extension "pg_stat_statements"
              Object description
----------------------------------------------------
 function pg_stat_statements(boolean)
 function pg_stat_statements_info()
 function pg_stat_statements_reset(oid,oid,bigint)
 view pg_stat_statements
 view pg_stat_statements_info
(5 rows)
```

提示　pg_stat_statements 扩展自动创建了 3 个函数和 2 个视图。

（7）查看 pg_stat_statements 扩展的参数设置。

```
postgres=# select name,setting from pg_settings
         where name like 'pg_stat_statements%';
```

输出结果如下。

```
              name              | setting
```

```
-----------------------------------+---------
 pg_stat_statements.max            | 5000
 pg_stat_statements.save           | on
 pg_stat_statements.track          | top
 pg_stat_statements.track_planning | off
 pg_stat_statements.track_utility  | on
(5 rows)
```

关于上述输出结果中的 5 个参数的说明如表 10.1 所示。

表 10.1

参　数	说　明
pg_stat_statements.max	该参数用于决定跟踪的语句的最大数目，即 pg_stat_statements 视图中行的最大数目。如果观测到的可区分的语句超过这个数目，最少被执行的语句的信息就会被丢弃。该参数的默认值为 5000，并且只能在服务器启动时设置
pg_stat_statements.save	该参数用于指定是否在服务器关闭之后还保存语句的统计信息。如果被设置为 off，那么关闭后不保存统计信息，并且在服务器启动时也不会重新载入统计信息。该参数的默认值为 on
pg_stat_statements.track	该参数用于控制哪些语句会被统计，取值可以是以下 3 个。 • top：跟踪顶层语句，如那些直接由客户端发出的语句。 • all：跟踪嵌套语句，如在函数中调用的语句。 • none：禁用语句统计信息收集。 该参数的默认值为 top
pg_stat_statements.track_planning	该参数用于控制是否跟踪计划操作和持续时间。启用此参数可能会导致明显的性能损失，尤其是在许多并发连接上执行较少种类的查询时。该参数的默认值为 off
pg_stat_statements.track_utility	该参数用于控制是否会跟踪工具命令。工具命令是指除 select、insert、update 和 delete 之外所有的其他命令。该参数的默认值为 on

除了 pg_stat_statements 扩展的参数设置，还需要了解 pg_stat_statements 视图中所包含的信息。表 10.2 展示了 pg_stat_statements 视图的列信息。

表 10.2

列　名	类　型	说　明
userid	oid	执行语句的用户的 OID
dbid	oid	执行语句的数据库的 OID
queryid	bigint	用于标识相同规范化查询的哈希代码
query	text	SQL 语句的文本
plans	bigint	SQL 语句解析的次数
total_plan_time	double precision	执行 SQL 语句所花费的总时间
min_plan_time	double precision	执行 SQL 语句所花费的最短时间
max_plan_time	double precision	执行 SQL 语句所花费的最长时间

续表

列 名	类 型	说 明
mean_plan_time	double precision	执行 SQL 语句所花费的平均时间
stddev_plan_time	double precision	执行 SQL 语句所花费时间的总体标准差，单位为毫秒
calls	bigint	SQL 语句的执行次数
total_exec_time	double precision	执行语句所花费的总时间
min_exec_time	double precision	执行语句所花费的最短时间
max_exec_time	double precision	执行语句所花费的最长时间
mean_exec_time	double precision	执行语句所花费的平均时间
stddev_exec_time	double precision	执行语句所花费时间的总体标准差
rows	bigint	语句检索影响的总行数
shared_blks_hit	bigint	语句的共享块缓存命中总数
shared_blks_read	bigint	语句读取的共享块的总数
shared_blks_dirtied	bigint	语句弄脏的共享块的总数
shared_blks_written	bigint	语句写入的共享块的总数
local_blks_hit	bigint	语句的本地块缓存命中的总数
local_blks_read	bigint	语句读取的本地块的总数
local_blks_dirtied	bigint	语句弄脏的本地块的总数
local_blks_written	bigint	语句写入的本地块的总数
temp_blks_read	bigint	语句读取的临时块的总数
temp_blks_written	bigint	语句写入的临时块的总数
blk_read_time	double precision	语句读取块所花费的总时间
blk_write_time	double precision	语句写入块所花费的总时间
wal_records	bigint	语句生成的预写日志记录总数
wal_fpi	bigint	语句生成的预写日志整页图像总数
wal_bytes	numeric	语句生成的预写日志的总量（以字节为单位）

10.2.2.2 【实战】使用 pg_stat_statements 扩展监控 SQL 语句的执行

在 pg_stat_statements 扩展安装与配置完成后，就可以使用它来监控数据库中执行的 SQL 语句。

（1）切换到 scott 数据库，并查询员工表 emp。

```
postgres=# \c scott
scott=# select * from emp;
```

（2）通过 pg_stat_statements 视图监控 SQL 语句的执行。

```
scott=# select query "SQL语句",
```

```
   calls "被执行的次数",
   total_exec_time "花费的总时间",
   min_exec_time "花费的最短时间",
   max_exec_time "花费的最长时间",
   mean_exec_time "花费的平均时间"
from pg_stat_statements where query like '%emp%';
```

输出结果如下。

```
-[ RECORD 1 ]--+------------------
SQL语句          | select * from emp
被执行的次数      | 1
花费的总时间      | 0.045107
花费的最短时间    | 0.045107
花费的最长时间    | 0.045107
花费的平均时间    | 0.045107
```

（3）再次查询员工表 emp，并通过 pg_stat_statements 视图监控 SQL 语句的执行。

```
scott=# select * from emp;
scott=# select query "SQL语句",
   calls "被执行的次数",
   total_exec_time "花费的总时间",
   min_exec_time "花费的最短时间",
   max_exec_time "花费的最长时间",
   mean_exec_time "花费的平均时间"
from pg_stat_statements where query like '%emp%';
```

输出结果如下。

```
-[ RECORD 1 ]--+------------------
SQL语句          | select * from emp
被执行的次数      | 2
花费的总时间      | 0.080266
花费的最短时间    | 0.035159
花费的最长时间    | 0.045107
花费的平均时间    | 0.040133
```

（4）清空 pg_stat_statements 视图中的数据。

```
scott=# select pg_stat_statements_reset();
```

（5）使用 pgbench 进行压力测试。

```
bin/pgbench -i scott
bin/pgbench -c10 -t300 scott
```

> 提示　这里在 scott 数据库中进行了 pgbench 的初始化，并启动了 10 个客户端，每个客户端运行 300 个事务。

输出结果如下。

```
starting vacuum...end.
transaction type: <builtin: TPC-B (sort of)>
scaling factor: 1
query mode: simple
number of clients: 10
number of threads: 1
number of transactions per client: 300
number of transactions actually processed: 3000/3000
latency average = 10.766 ms
tps = 928.815350 (including connections establishing)
tps = 929.681448 (excluding connections establishing)
```

（6）查询总执行时间最长的 5 条 SQL 语句。

```
scott=# \x
scott=# select query "SQL语句",calls "被执行的次数",
        total_exec_time "总执行时间", rows "影响的行数",
        100.0*shared_blks_hit/
          nullif(shared_blks_hit + shared_blks_read, 0) "命中率"
   from pg_stat_statements order by total_exec_time desc limit 5;
```

输出结果如下。

```
-[ RECORD 1 ]+------------------------------------------------------
SQL语句       | UPDATE pgbench_branches SET bbalance = bbalance + $1
              |  WHERE bid = $2
被执行的次数  | 3000
总执行时间    | 13292.718967000003
影响的行数    | 3000
命中率        | 99.9980099502487562
-[ RECORD 2 ]+------------------------------------------------------
SQL语句       | UPDATE pgbench_tellers SET tbalance = tbalance + $1
              |  WHERE tid = $2
被执行的次数  | 3000
总执行时间    | 9708.717314000016
影响的行数    | 3000
命中率        | 99.9959420525098405
-[ RECORD 3 ]+------------------------------------------------------
SQL语句       | UPDATE pgbench_accounts SET abalance = abalance + $1
              |  WHERE aid = $2
被执行的次数  | 3000
总执行时间    | 175.7269710000004
影响的行数    | 3000
命中率        | 98.5644933966696247
-[ RECORD 4 ]+------------------------------------------------------
```

```
SQL 语句          | copy pgbench_accounts from stdin
被执行的次数      | 1
总执行时间        | 154.691432
影响的行数        | 100000
命中率            | 100.0000000000000000
-[ RECORD 5 ]+--------------------------------------------------
SQL 语句          | alter table pgbench_accounts add primary key (aid)
被执行的次数      | 1
总执行时间        | 58.816385
影响的行数        | 0
命中率            | 100.0000000000000000
```

10.2.3 使用 pg_stat_monitor 扩展查询性能监控

通过 pg_stat_monitor 扩展，可以从性能、应用程序和分析角度等方面提供更全面的查询视图来简化查询的可观察性，并将数据分到可配置的时间桶中以提供聚合统计信息、客户端信息、计划详细信息和直方图信息。这些时间桶允许 pg_stat_monitor 扩展捕获较小时间窗口的负载和性能信息，因此，可以根据时间和工作量来识别数据库的性能问题。

10.2.3.1 pg_stat_monitor 扩展的安装与配置

在使用 pg_stat_monitor 扩展之前应先进行安装与配置。

（1）从 GitHub 官网上下载 pg_stat_monitor 扩展的安装包，如图 10.6 所示。

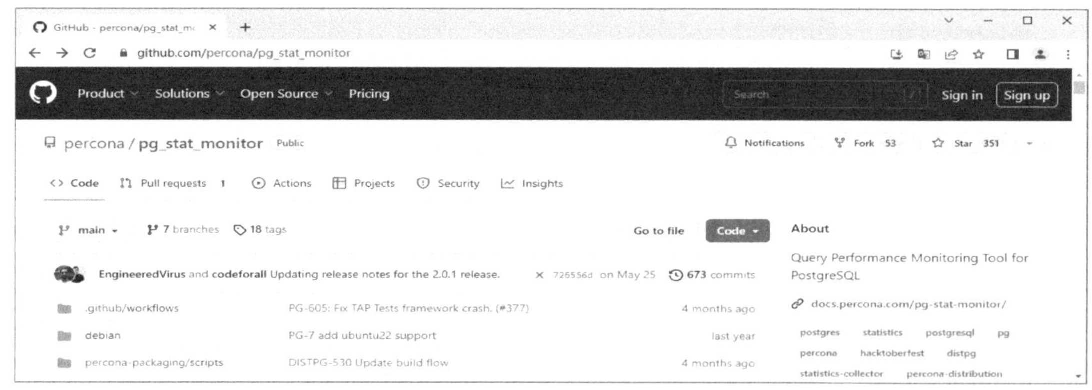

图 10.6

（2）将 pg_stat_monitor 扩展的安装包解压缩到 PostgreSQL 源码目录的“contrib/”目录下。

```
tar -zxvf pg_stat_monitor-2.0.1.tar.gz \
      -C postgresql-15.3/contrib/
```

（3）编译并安装 pg_stat_monitor 扩展。

```
cd postgresql-15.3/
./configure --prefix=/home/postgres/training/pgsql
cd contrib/pg_stat_monitor-2.0.1/
make
make install
```

（4）修改 postgresql.conf 文件中的 shared_preload_libraries 参数。

```
shared_preload_libraries = 'pg_stat_monitor'
```

（5）启动 PostgreSQL 服务器，并登录 scott 数据库。

```
bin/pg_ctl -D data/ -l logfile start
postgres=# \c scott
```

（6）创建 pg_stat_monitor 扩展。

```
scott=# create extension pg_stat_monitor;
```

（7）查看 pg_stat_monitor 扩展的参数设置。

```
scott=# select name,setting from pg_settings
        where name like 'pg_stat_monitor%';
```

输出结果如下。

```
                   name                        | setting
-----------------------------------------------+---------
 pg_stat_monitor.pgsm_bucket_time              | 60
 pg_stat_monitor.pgsm_enable_overflow          | on
 pg_stat_monitor.pgsm_enable_pgsm_query_id     | on
 pg_stat_monitor.pgsm_enable_query_plan        | off
 pg_stat_monitor.pgsm_extract_comments         | off
 pg_stat_monitor.pgsm_histogram_buckets        | 20
 pg_stat_monitor.pgsm_histogram_max            | 100000
 pg_stat_monitor.pgsm_histogram_min            | 1
 pg_stat_monitor.pgsm_max                | 256
 pg_stat_monitor.pgsm_max_buckets              | 10
 pg_stat_monitor.pgsm_normalized_query         | off
 pg_stat_monitor.pgsm_overflow_target          | 1
 pg_stat_monitor.pgsm_query_max_len            | 2048
 pg_stat_monitor.pgsm_query_shared_buffer      | 20
 pg_stat_monitor.pgsm_track                    | top
 pg_stat_monitor.pgsm_track_planning           | off
 pg_stat_monitor.pgsm_track_utility            | on
(17 rows)
```

表 10.3 中列举了部分参数。

表 10.3

参　数	说　明
pg_stat_monitor.pgsm_max_buckets	时间桶的个数，即保持多少个快照
pg_stat_monitor.pgsm_bucket_time	时间桶的时间窗口，即每个快照的时间跨度
pg_stat_monitor.pgsm_histogram_min	执行 SQL 语句耗时的柱状图最小边界
pg_stat_monitor.pgsm_histogram_max	执行 SQL 语句耗时的柱状图最大边界
pg_stat_monitor.pgsm_histogram_buckets	执行 SQL 语句耗时的柱状图中包含的时间桶的个数
pg_stat_monitor.pgsm_track_planning	是否跟踪 SQL 语句的执行计划

（8）查看 pg_stat_monitor 扩展的相关信息。

```
scott=# \dx+ pg_stat_monitor
```

输出结果如下。

```
   Objects in extension "pg_stat_monitor"
           Object description
---------------------------------------------
 function decode_error_level(integer)
 function get_cmd_type(integer)
 function get_histogram_timings()
 function histogram(integer,bigint)
 function pgsm_create_11_view()
 function pgsm_create_13_view()
 function pgsm_create_14_view()
 function pgsm_create_15_view()
 function pgsm_create_view()
 function pg_stat_monitor_internal(boolean)
 function pg_stat_monitor_reset()
 function pg_stat_monitor_version()
 function range()
 view pg_stat_monitor
(14 rows)
```

> 提示　pg_stat_monitor 扩展自动创建了 13 个函数和 1 个视图 pg_stat_monitor。通过视图 pg_stat_monitor 可以监控数据库中执行的 SQL 语句。

10.2.3.2 【实战】使用 pg_stat_monitor 扩展监控 SQL 语句的执行

在 pg_stat_monitor 扩展安装与配置完成后，就可以使用它来监控数据库中运行的 SQL 语句。下面通过具体的示例进行演示。pg_stat_monitor 扩展与 pg_stat_statements 扩展的用法基本一致。

（1）切换到 scott 数据库，并查询员工表 emp。

```
postgres=# \c scott
scott=# select * from emp;
```

（2）通过视图 pg_stat_monitor 监控 SQL 语句的执行。

```
scott=# \x
scott=# select query "SQL 语句",
   calls "被执行的次数",
   total_exec_time "花费的总时间",
   min_exec_time "花费的最短时间",
   max_exec_time "花费的最长时间",
   mean_exec_time "花费的平均时间"
from pg_stat_monitor where query like '%from emp%';
```

输出结果如下。

```
-[ RECORD 1 ]--+--------------------
SQL 语句        | select * from emp
被执行的次数     | 1
花费的总时间     | 0.07485199999999999
花费的最短时间   | 0.07485199999999999
花费的最长时间   | 0.07485199999999999
花费的平均时间   | 0.07485199999999999
```

（3）再次查询员工表 emp，并通过 pg_stat_statements 视图监控 SQL 语句的执行。

```
scott=# select * from emp;
scott=# select query "SQL 语句",
   calls "被执行的次数",
   total_exec_time "花费的总时间",
   min_exec_time "花费的最短时间",
   max_exec_time "花费的最长时间",
   mean_exec_time "花费的平均时间"
from pg_stat_monitor where query like '%from emp%';
```

输出结果如下。

```
-[ RECORD 1 ]--+---------------------
SQL 语句        | select * from emp
被执行的次数     | 2
花费的总时间     | 0.10885299999999999
花费的最短时间   | 0.034001
花费的最长时间   | 0.07485199999999999
花费的平均时间   | 0.054426499999999996
```

（4）清空 pg_stat_statements 视图中的数据。

```
scott=# select pg_stat_monitor_reset();
```

（5）使用 pgbench 进行压力测试。

```
bin/pgbench -i scott
bin/pgbench -c10 -t300 scott
```

> 提示　这里在 scott 数据库中进行了 pgbench 的初始化，并启动了 10 个客户端，每个客户端运行 300 个事务。

输出结果如下。

```
starting vacuum...end.
transaction type: <builtin: TPC-B (sort of)>
scaling factor: 1
query mode: simple
number of clients: 10
number of threads: 1
number of transactions per client: 300
number of transactions actually processed: 3000/3000
latency average = 11.767 ms
tps = 849.846411 (including connections establishing)
tps = 850.970833 (excluding connections establishing)
```

（6）查询总执行时间最长的 5 条 SQL 语句。

```
scott=# \x
scott=# select query "SQL 语句",
      calls "被执行的次数",
      total_exec_time "总执行时间",
      rows "影响的行数",
      100.0*shared_blks_hit/
         nullif(shared_blks_hit + shared_blks_read, 0) "命中率"
   from pg_stat_monitor order by total_exec_time desc limit 5;
```

输出结果如下。

```
-[ RECORD 1 ]+-----------------------------------------------
SQL 语句       | UPDATE pgbench_branches SET bbalance = bbalance + 1516
               |  WHERE bid = 1
被执行的次数   | 3000
总执行时间     | 13955.47372500002
影响的行数     | 3000
命中率         | 99.9978907848389614
-[ RECORD 2 ]+-----------------------------------------------
SQL 语句       | UPDATE pgbench_tellers SET tbalance = tbalance + 1516
               |  WHERE tid = 4
被执行的次数   | 3000
总执行时间     | 10559.691540999986
影响的行数     | 3000
```

```
命中率          | 99.9956717451523546
-[ RECORD 3 ]+-------------------------------------------------
SQL 语句        | UPDATE pgbench_accounts SET abalance = abalance + 1516
                |  WHERE aid = 7663
被执行的次数    | 3000
总执行时间      | 202.11699199999995
影响的行数      | 3000
命中率          | 98.5744647763205640
-[ RECORD 4 ]+-------------------------------------------------
SQL 语句        | copy pgbench_accounts from stdin
被执行的次数    | 1
总执行时间      | 158.074909
影响的行数      | 100000
命中率          | 100.0000000000000000
-[ RECORD 5 ]+-------------------------------------------------
SQL 语句        | vacuum analyze pgbench_accounts
被执行的次数    | 1
总执行时间      | 102.193507
影响的行数      | 0
命中率          | 99.9202392821535394
```

10.2.3.3 pg_stat_monitor 视图和 pg_stat_statements 视图的差异

pg_stat_monitor 视图与 pg_stat_statements 视图的用法基本一致，但二者的视图存在一定的差别，如表 10.4 所示。

表 10.4

列　名	pg_stat_monitor 视图	pg_stat_statements 视图
bucket	支持	不支持
bucket_start_time	支持	不支持
client_ip	支持	不支持
planid	支持	不支持
query_plan	支持	不支持
top_query	支持	不支持
top_queryid	支持	不支持
application_name	支持	不支持
relations	支持	不支持
cmd_type	支持	不支持
elevel	支持	不支持
sqlcode	支持	不支持
message	支持	不支持

续表

列　名	pg_stat_monitor 视图	pg_stat_statements 视图
resp_calls	支持	不支持
cpu_user_time	支持	不支持
cpu_sys_time	支持	不支持
state_code	支持	不支持
state	支持	不支持

10.2.4　使用 auto_explain 扩展监控慢查询

在数据库中执行的 SQL 语句，有的在执行中就会使执行计划发生变化，而执行计划的变化会导致 SQL 语句执行时间发生变化，因此会导致慢查询语句的产生。

auto_explain 扩展提供了一种自动记录慢查询语句的执行计划的功能。但使用这项功能时需要注意，任何功能的开启都需要负担一定的性能损耗。在实际情况下，应该判断是否开启了这项功能。

10.2.4.1　【实战】使用 auto_explain 扩展记录慢查询

下面演示如何使用 auto_explain 扩展。

（1）进入 PostgreSQL 源码目录，编译和安装 auto_explain 扩展。

```
cd postgresql-15.3/
./configure --prefix=/home/postgres/training/pgsql
cd contrib/auto_explain
make
make install
```

> 提示　在执行成功后，会自动将生成的 auto_explain.so 文件复制到 PostgreSQL 安装目录的“lib/”目录下。

（2）修改 postgresql.conf 文件中的 shared_preload_libraries 参数。

```
shared_preload_libraries = 'auto_explain'
```

（3）重启 PostgreSQL 服务器。

```
bin/pg_ctl -D data/ -l logfile restart
```

（4）查看 shared_preload_libraries 参数的值。

```
postgres=# show shared_preload_libraries;
```

输出结果如下。

```
 shared_preload_libraries
```

```
---------------------------
 auto_explain
(1 row)
```

（5）切换到前面创建的 scott 数据库，并加载 auto_explain 扩展。

```
postgres=# \c scott
scott=# load 'auto_explain';
scott=# set auto_explain.log_min_duration = 0;
scott=# set auto_explain.log_analyze = true;
```

> 提示　这里设置了两个参数，分别为 auto_explain.log_min_duration 和 auto_explain.log_analyze。这两个参数的含义如下。
>
> - auto_explain.log_min_duration：设置为 0，表示执行时间超过该参数设置时间的 SQL 语句，将被作为慢查询语句记录到数据库服务器日志中。该参数的默认值是-1，表示不记录慢查询信息。
> - auto_explain.log_analyze：设置为 true，是为了在输出的内容上进行调整。如果不设置这个参数，那么输出的内容仅仅是 explain 的内容；如果将这个参数设置为 true，那么可以在记录信息中包含 explain analyze 的内容。

（6）执行一条简单的查询语句。

```
scott=# select ename,dname from emp,dept
       where emp.deptno=dept.deptno;
```

（7）查看 PostgreSQL 服务器日志文件。

```
[postgres@mydb pgsql]$ tail logfile
```

输出结果如下。

```
2023-06-03 06:06:42.318 CST [15420] LOG:  duration: 0.086 ms  plan:
  Query Text: select ename,dname from emp,dept
            where emp.deptno=dept.deptno;
  Hash Join  (cost=26.88..43.20 rows=500 width=76)
           (actual time=0.052..0.067 rows=14 loops=1)
    Hash Cond: (emp.deptno = dept.deptno)
    ->  Seq Scan on emp (cost=0.00..15.00 rows=500 width=42)
                     (actual time=0.018..0.021 rows=14 loops=1)
    ->  Hash  (cost=17.50..17.50 rows=750 width=42)
            (actual time=0.013..0.014 rows=4 loops=1)
          Buckets: 1024  Batches: 1  Memory Usage: 9kB
          ->  Seq Scan on dept  (cost=0.00..17.50 rows=750 width=42)
                             (actual time=0.006..0.008 rows=4 loops=1)
```

> 提示 由于该条 SQL 语句的执行时间为 0.086 毫秒，超过了设定的值，因此在服务器日志文件中记录该条 SQL 语句执行的相关信息。

10.2.4.2 auto_explain 扩展的配置参数

前面已经用到了 auto_explain 扩展的其中两个参数，即 auto_explain.log_min_duration 和 auto_explain.log_analyze。通过执行以下语句能够获取 auto_explain 扩展提供的所有参数。

```
postgres=# select name,setting from pg_settings
          where name like 'auto_explain%';
              name                    | setting
-------------------------------------+---------
 auto_explain.log_analyze            | off
 auto_explain.log_buffers            | off
 auto_explain.log_format             | text
 auto_explain.log_level              | log
 auto_explain.log_min_duration       | -1
 auto_explain.log_nested_statements  | off
 auto_explain.log_settings           | off
 auto_explain.log_timing             | on
 auto_explain.log_triggers           | off
 auto_explain.log_verbose            | off
 auto_explain.log_wal                | off
 auto_explain.sample_rate            | 1
(12 rows)
```

下面介绍 auto_explain 扩展的其他参数。

1. auto_explain.log_buffers 参数

在一个慢查询的执行计划被记录时，auto_explain.log_buffers 参数用于控制是否打印缓冲区使用统计信息，等效于 explain 的 buffers 选项。需要注意的是，该参数只有当 auto_explain.log_analyze 参数被设置为 true 时才有效。

2. auto_explain.log_format 参数

auto_explain.log_format 参数用于选择要使用的 SQL 语句的执行计划的输出格式，取值可以是 text、xml、json 和 yaml。该参数的默认值为 text。

将 auto_explain.log_format 参数设置为 json 后输出的慢查询执行计划信息如下。

```
2023-06-03 18:12:34.064 CST [2408] LOG:
duration: 0.045 ms  plan:
{
  "Query Text": "select * from emp;",
  "Plan": {
```

```
      "Node Type": "Seq Scan",
      "Parallel Aware": false,
      "Relation Name": "emp",
      "Alias": "emp",
      "Startup Cost": 0.00,
      "Total Cost": 15.00,
      "Plan Rows": 500,
      "Plan Width": 134,
      "Actual Startup Time": 0.010,
      "Actual Total Time": 0.013,
      "Actual Rows": 14,
      "Actual Loops": 1
    }
  }
```

3. auto_explain.log_level 参数

auto_explain.log_level 参数用于选择日志的级别，有效值为 debug5、debug4、debug3、debug2、debug1、info、notice、warning 和 log。该参数的默认值为 log。

4. auto_explain.log_nested_statements 参数

启用 auto_explain.log_nested_statements 参数会使得在一个函数内执行的语句被记录在慢查询日志信息中。该参数的默认值为 off，表示只有顶层查询计划被记录。

5. auto_explain.log_settings 参数

auto_explain.log_settings 参数用于控制执行计划被日志记录时是否打印关于已修改的配置选项的信息，输出中仅包含影响查询计划的选项。

6. auto_explain.log_timing 参数

当一个慢查询的执行计划被记录时，auto_explain.log_timing 参数用于控制是否打印每个节点上的计时信息，该参数等效于 explain 的 timing 选项，默认值为 on。需要注意的是，只有当 auto_explain.log_analyze 参数也被启用时该参数才有效。

7. auto_explain.log_triggers 参数

当一个慢查询的执行计划被记录时，auto_explain.log_triggers 参数用于控制是否将触发器执行的统计信息包括在内。该参数的默认值为 off。需要注意的是，只有当 auto_explain.log_analyze 参数也被启用时该参数才有效。

8. auto_explain.log_verbose 参数

当一个慢查询的执行计划被记录时，auto_explain.log_verbose 参数用于控制是否打印执行计划的详细信息。该参数等效于 explain 的 verbose 选项，默认值为 off。

9. auto_explain.log_wal 参数

当一个慢查询的执行计划被记录时，auto_explain.log_wal 参数用于控制是否打印预写日志使用情况的统计信息。该参数相当于 explain 的 wal 选项，默认值为 off。需要注意的是，只有当 auto_explain.log_analyze 参数也被启用时该参数才有效。

10. auto_explain.sample_rate 参数

auto_explain.sample_rate 参数用于控制 auto_explain 扩展只解释每个会话中的一部分语句。该参数的默认值为 1，表示解释所有的查询。

10.2.5 使用 pg_profile 扩展生成数据库性能报告

在 PostgreSQL 中产生性能问题时，可能需要分析数据库或整个集群，包括索引、I/O、CPU 和内存等。pg_profile 是基于 PostgreSQL 标准统计信息视图的诊断工具，类似于 Oracle AWR。

使用 pg_profile 扩展可以在指定时间生成数据库快照，并且提供 HTML 格式来解释快照之间的统计数据，从而分析和诊断数据库的性能问题。

10.2.5.1 pg_profile 扩展的安装与配置

在使用 pg_profile 扩展之前需要先进行安装与配置。

> 提示 pg_profile 扩展需要使用 dblink 扩展和 pg_stat_statements 扩展，因此在安装与配置 pg_profile 扩展前需要先安装与配置这两个扩展。下面直接从安装 pg_profile 扩展开始。

（1）从 GitHub 官网上下载 pg_profile 扩展的安装包，作者下载的是 pg_profile--4.2.tar.gz，如图 10.7 所示。

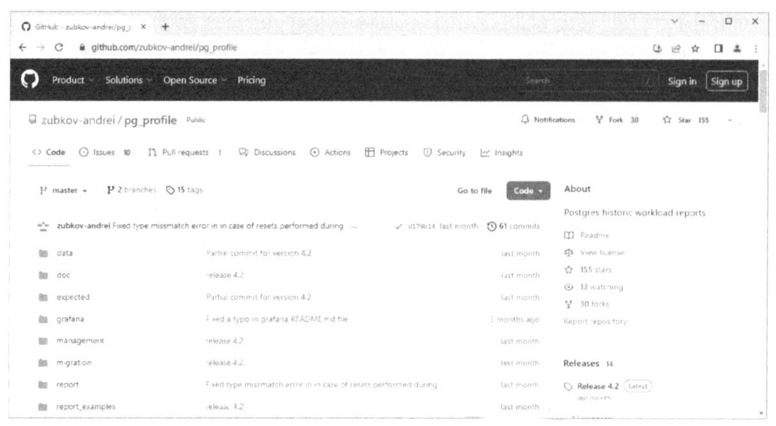

图 10.7

（2）将 pg_profile 扩展的安装包解压缩到 PostgreSQL 安装目录的“share/extension/”目录下。

```
tar -zxvf pg_profile--4.2.tar.gz -C \
    /home/postgres/training/pgsql/share/extension/
```

（3）重启 PostgreSQL 服务器。

```
bin/pg_ctl -D data/ -l logfile restart
```

（4）安装 pg_profile 扩展。

```
postgres=# \c scott
You are now connected to database "scott" as user "postgres".
scott=# create schema profile;
scott=# create extension pg_profile schema profile;
```

> 提示 这里单独为 pg_profile 扩展创建了一个独立的模式，这样就可以将 pg_profile 扩展的表、视图、序列和函数创建到自己的模式中，从而与其他用户的数据对象进行有效的隔离。

（5）查看 pg_profile 扩展的详细信息。

```
scott=# \dx+ pg_profile
```

输出结果如下。

```
              Objects in extension "pg_profile"
                    Object description
----------------------------------------------------------------------
 ...
 function profile.drop_baseline(character varying)
 function profile.drop_baseline(name,character varying)
 function profile.drop_server(name)
 function profile.enable_server(name)
 function profile.export_data(name,integer,integer,boolean)
 function profile.get_baseline_samples(integer,character varying)
 ...
 sequence profile.baselines_bl_id_seq
 sequence profile.servers_server_id_seq
 table profile.baselines
 table profile.bl_samples
 table profile.funcs_list
 ...
 view profile.v_sample_settings
 view profile.v_sample_stat_indexes
 view profile.v_sample_stat_tables
 view profile.v_sample_stat_tablespaces
```

```
 view profile.v_sample_stat_user_functions
 view profile.v_sample_timings
(212 rows)
```

10.2.5.2 【实战】使用性能报告诊断数据库

在安装与配置好 pg_profile 扩展之后，便可以使用它来生成数据库性能报告，从而诊断数据库的性能问题。

> 提示 为了达到试验效果，这里将使用一段 PL/pgSQL 程序在数据库表中插入数据。进而得到数据库性能报告，以诊断数据库是否存在性能方面的问题。

（1）创建一个表用于存储测试数据。

```
scott=# create table mytest(myid int, myname varchar(200));
```

（2）执行以下 PL/pgSQL 程序。

> 提示 关于完整代码，请参考“脚本与代码\10\1.sql”。

```
do $$
declare
    sql_text varchar(200);  --定义字符串变量用于保存 SQL 语句
begin
   for i in 1..1000000
   loop
   --通过拼接方式生成 SQL 语句
   sql_text :=
          'insert into mytest values('||i||','''||'hello'||i||''')';
   --执行 SQL 语句
   execute sql_text;
   --每执行 1000 条 SQL 语句提交一次
   if mod(i,1000) = 0 then
       commit;
    end if;
   end loop;
   commit;
end;
$$;
```

> 提示 这段 PL/pgSQL 程序中的 sql_text 是一条 insert 的插入语句，该语句采用字符串拼接方式生成对应的 SQL 语句。由于循环语句循环了 100 万次，因此这里会产生 100 万条 sql_text 语句。
>
> Oracle 在执行时，每次都会解析该语句并生成相应的执行计划，因此此时数据库中将产生大量重复的 SQL 语句。这必然会引起数据库性能的下降，从而使数据库的性能出现瓶颈。

（3）打开一个 psql 命令行窗口，并使用数据库管理员账户登录数据库。在执行第（2）步的过程中，通过以下语句执行数据库的快照。

```
scott=# select profile.snapshot();
```

提示　为了使生成的数据库性能报告更加准确，可以在执行 PL/pgSQL 程序的过程中多生成几次快照信息。

（4）查询生成的快照信息。

```
scott=# select profile.show_samples();
```

输出结果如下。

```
          show_samples
-----------------------------------
 (1,"2023-06-04 17:55:39+08",t,,,)
 (2,"2023-06-04 17:56:35+08",t,,,)
 (3,"2023-06-04 17:57:52+08",t,,,)
 (4,"2023-06-04 18:10:30+08",t,,,)
 (5,"2023-06-04 18:10:41+08",t,,,)
 (6,"2023-06-04 18:10:45+08",t,,,)
 (7,"2023-06-04 18:10:50+08",t,,,)
 (8,"2023-06-04 18:10:56+08",t,,,)
 (9,"2023-06-04 18:11:03+08",t,,,)
 (10,"2023-06-04 18:11:14+08",t,,,)
 (11,"2023-06-04 18:11:30+08",t,,,)
 (12,"2023-06-04 18:11:58+08",t,,,)
 (13,"2023-06-04 18:12:46+08",t,,,)
(13 rows)
```

（5）生成数据库性能报告。

```
bin/psql -d scott -qtc "select profile.get_report(6,10)"  \
--output ~/awr_report_postgres_6_10.html
```

提示　这里使用 6 号快照至 10 号快照的信息生成数据库性能报告，即报告中包含 6 号快照至 10 号快照中的统计信息。

（6）生成数据库性能对比报告。

```
bin/psql -d scott -Aqtc "SELECT get_diffreport(7,8,9,10)" \
-o ~/diffreport_pg_7_8_9_10.html
```

提示　这里生成的报告将对比 7 号快照、8 号快照、9 号快照和 10 号快照之间的差别。

（7）打开生成的 HTML 网页，生成的报告如图 10.8 所示。

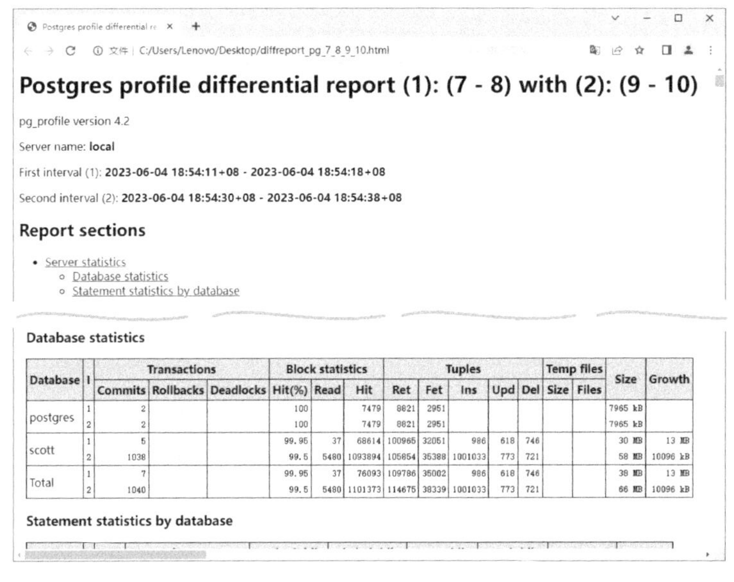

Postgres profile differential report (1): (7 - 8) with (2): (9 - 10)

pg_profile version 4.2

Server name: **local**

First interval (1): **2023-06-04 18:54:11+08 - 2023-06-04 18:54:18+08**

Second interval (2): **2023-06-04 18:54:30+08 - 2023-06-04 18:54:38+08**

Report sections

- Server statistics
  - Database statistics
  - Statement statistics by database

Database statistics

Database	I	Transactions			Block statistics			Tuples					Temp files		Size	Growth
		Commits	Rollbacks	Deadlocks	Hit(%)	Read	Hit	Ret	Fet	Ins	Upd	Del	Size	Files		
postgres	1	2			100		7479	8821	2951						7965 kB	
	2	2			100		7479	8821	2951						7965 kB	
scott	1	5			99.95	37	68614	100965	32051	986	618	746			30 MB	13 MB
	2	1038			99.5	5480	1093894	105854	35388	1001033	773	721			58 MB	10096 kB
Total	1	7			99.95	37	76093	109786	35002	986	618	746			38 MB	13 MB
	2	1040			99.5	5480	1101373	114675	38339	1001033	773	721			66 MB	10096 kB

Statement statistics by database

图 10.8

生成的报告包含以下 5 个部分。

- Server statistics：服务器的统计信息，包含整个数据库在此快照期间的相关统计信息，如事务数、内存命中率、元组的操作统计数据、数据库调用次数、数据库集群的统计信息和表空间信息等。
- SQL query statistics：SQL 查询的统计信息，主要包含 Top SQL 的相关信息，如执行时长、执行次数、执行消耗的 I/O，以及逻辑读信息和完整的 SQL 语句。根据 Query ID 可以查看具体的 SQL 语句。
- Schema object statistics：模式对象的统计信息，这里主要包含访问频率最高的对象的信息，根据这部分信息可以定位到 DML 操作最频繁的表和索引等。
- Vacuum-related statistics：vacuum 相关的统计信息。
- Cluster settings during the report interval：报告快照期间的参数设置。

10.2.5.3 分析数据库性能报告

使用浏览器打开生成的数据库性能报告 diffreport_pg_7_8_9_10.html，要分析该报告可以从“Server statistics”部分入手，这里将结合 10.2.5.2 节中开发的 PL/pgSQL 程序进行分析。

1. Server statistics

这部分包含整个数据库在此快照期间的相关统计信息，需要重点分析“Database statistics”

部分和“Statement statistics by database”部分，如图 10.9 所示。

Database statistics

Database	I	Transactions			Block statistics			Tuples					Temp files		Size	Growth
		Commits	Rollbacks	Deadlocks	Hit(%)	Read	Hit	Ret	Fet	Ins	Upd	Del	Size	Files		
postgres	1	2			100		7479	8821	2951						7965 kB	
	2	2			100		7479	8821	2951						7965 kB	
scott	1	5			99.95	37	68614	100965	32051	986	618	746			30 MB	13 MB
	2	1038			99.5	5480	1093894	105854	35388	1001033	773	721			58 MB	10096 kB
Total	1	7			99.95	37	76093	109786	35002	986	618	746			38 MB	13 MB
	2	1040			99.5	5480	1101373	114675	38339	1001033	773	721			66 MB	10096 kB

Statement statistics by database

Database	I	Calls	Time (s)				Fetched (blk)		Dirtied (blk)		Temp (blk)		Local (blk)		Statements	WAL size
			Exec	Read	Write	Trg	Shared	Local	Shared	Local	Read	Write	Read	Write		
postgres	1	8	0.03				5992								8	
	2	8	0.04				5992								8	
scott	1	24	0.5				66256		45						19	808517
	2	25	27.09				1084672		5482						20	71722538
Total	1	32	0.53				72248		45						27	808517
	2	33	27.13				1090664		5482						28	71722538

图 10.9

由“Database statistics”部分可以看出，整个数据库集群共提交了 1040 次事务操作，其中有 1038 次是操作的 scott 数据库。这说明在执行快照期间，scott 数据库产生了大量的 DML 操作，并由此产生了大量的预写日志信息。这一点与“Statement statistics by database”部分输出的信息一致。

2. SQL query statistics

这部分包含整个数据库在此快照期间的 SQL 语句执行的相关统计信息。要分析这部分数据，可以从“Top SQL by execution time”部分入手，即按照执行时间排序的 SQL 语句，从而找到当前数据库中影响性能最严重的 SQL 语句（即 Top SQL），如图 10.10 所示。

Postgres profile differential re

C:/Users/Lenovo/Desktop/diffreport_pg_7_8_9_10.html#sql_stat

SQL query statistics

Top SQL by execution time

Query ID	Database	User	I	Exec (s)	%Total	Rows	Execution times (ms)				Executions
							Mean	Min	Max	StdErr	
61668d1bde5bea1f [08bcf365fa]	scott	postgres	1								
			2	26.54	97.85		26543.21	26543.21	26543.21		1
43742dd2d769ba9c [308fbd378e]	scott	postgres	1	0.43	81	1	433.01	433.01	433.01		1
			2	0.49	1.8	1	488	488	488		1
b8270e0d589b9f0d [c4cf88b4be]	scott	postgres	1	0.03	5.74	247	30.66	30.66	30.66		1
			2	0.02	0.08	247	21.38	21.38	21.38		1
9b04ce1e3d1c16fa [14b548db13]	postgres	postgres	1	0.02	4.34	106	23.22	23.22	23.22		1
			2	0.02	0.08	106	22.16	22.16	22.16		1
9b04ce1e3d1c16fa [d0fb18684d]	scott	postgres	1	0.02	3.68	171	19.68	19.68	19.68		1
			2	0.02	0.06	171	15.93	15.93	15.93		1
be0df10d2359d015 [6dbbc68dde]	scott	postgres	1	0.01	2.36	4	12.63	12.63	12.63		1
			2	0.01	0.05	4	13.34	13.34	13.34		1

图 10.10

从“Top SQL by execution time”部分可以看出，“Query ID”为“61668d1bde5bea1f”的 SQL 语句占用了整个数据库服务器 97.85%的执行时间。单击对应的“Query ID”链接就可以看到对应的完整 SQL 语句。这说明“Query ID”为“61668d1bde5bea1f”的 SQL 语句就是 10.2.5.2 节中开发的 PL/pgSQL 程序，并且该 SQL 语句是目前影响数据库性能最严重的一条。这个结论与“Top SQL by shared blocks written”部分和“Top SQL by WAL size”部分的结论一致，如图 10.11 所示。

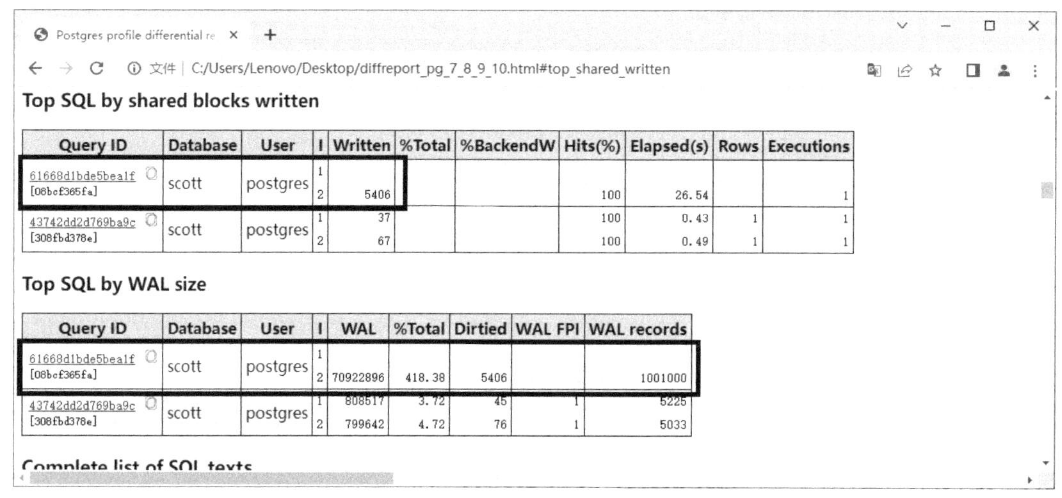

Top SQL by shared blocks written

Query ID	Database	User	I	Written	%Total	%BackendW	Hits(%)	Elapsed(s)	Rows	Executions
61668d1bde5bea1f [08bcf365fa]	scott	postgres	1							
			2	5406			100	26.54		1
43742dd2d769ba9c [308fbd378e]	scott	postgres	1	37			100	0.43	1	1
			2	67			100	0.49	1	1

Top SQL by WAL size

Query ID	Database	User	I	WAL	%Total	Dirtied	WAL FPI	WAL records
61668d1bde5bea1f [08bcf365fa]	scott	postgres	1					
			2	70922896	418.38	5406		1001000
43742dd2d769ba9c [308fbd378e]	scott	postgres	1	808517	3.72	45	1	5225
			2	799642	4.72	76	1	5033

图 10.11

提示 通过分析 pg_profile 扩展生成的性能报告，可以帮助数据库管理员定位数据库中存在问题的 SQL 语句，从而为数据库的优化提供依据和指导。

10.3 【实战】使用 PostgreSQL 的分区

分区表是解决单表过大引起的性能问题的一种方式，因为单表如果过大，执行全表扫描的成本就会增加，进而造成查询变慢。在一般情况下，当单表大小超过内存大小时就应该考虑使用分区。PostgreSQL 支持以下 3 种形式的分区。

- 范围分区（Range Partition）。
- 列表分区（List Partition）。
- 哈希分区（Hash Partition）。

下面分别进行介绍。

10.3.1　范围分区

范围分区是根据一个分区键或一组分区键划分为相应的“范围”的，并且不同的分区的范围之间没有重叠。分区键的值是连续的，在表中插入数据时，按照分区键的匹配关系决定将数据保存到哪个分区中。例如，可以根据日期范围或特定业务对象的标识符划分范围分区。

下面演示如何使用 PostgreSQL 的范围分区。

（1）创建订单表 sales，将订单的日期作为范围分区的分区键。

```
scott=# create table sales(
   prod_id      int not null,
   cust_id      int not null,
   sales_date    date not null
   )partition by range (sales_date);
```

订单表 sales 包含 3 个列，分别为 prod_id（商品 ID）、cust_id（客户 ID）和 sales_date（订单日期）。

（2）在订单表 sales 中创建分区。

```
scott=# create table sales_y2006m01 partition of sales
      for values from ('2006-01-01') to ('2006-02-01');
scott=# create table sales_y2006m02 partition of sales
      for values from ('2006-02-01') to ('2006-03-01');
scott=# create table sales_y2006m03 partition of sales
      for values from ('2006-03-01') to ('2006-04-01');
scott=# create table sales_y2006m04 partition of sales
      for values from ('2006-04-01') to ('2006-05-01');
scott=# create table sales_y2006m05 partition of sales
      for values from ('2006-05-01') to ('2006-06-01');
scott=# create table sales_y2006m06 partition of sales
      for values from ('2006-06-01') to ('2006-07-01');
scott=# create table sales_y2006m07 partition of sales
      for values from ('2006-07-01') to ('2006-08-01');
scott=# create table sales_y2006m08 partition of sales
      for values from ('2006-08-01') to ('2006-09-01');
scott=# create table sales_y2006m09 partition of sales
      for values from ('2006-09-01') to ('2006-10-01');
scott=# create table sales_y2006m10 partition of sales
      for values from ('2006-10-01') to ('2006-11-01');
scott=# create table sales_y2006m11 partition of sales
      for values from ('2006-11-01') to ('2006-12-01');
scott=# create table sales_y2006m12 partition of sales
      for values from ('2006-12-01') to ('2007-01-01');
```

（3）查看订单表 sales 的详细信息。

```
scott=# \d+ sales
```

输出结果如下。

```
                 Partitioned table "public.sales"
   Column    |  Type   | Collation | Nullable | Default | Storage |...
-------------+---------+-----------+----------+---------+---------+---
 prod_id     | integer |           | not null |         | plain   |...
 cust_id     | integer |           | not null |         | plain   |...
 sales_date  | date    |           | not null |         | plain   |...
Partition key: RANGE (sales_date)
Partitions:
 sales_y2006m01 FOR VALUES FROM ('2006-01-01') TO ('2006-02-01'),
 sales_y2006m02 FOR VALUES FROM ('2006-02-01') TO ('2006-03-01'),
 sales_y2006m03 FOR VALUES FROM ('2006-03-01') TO ('2006-04-01'),
 sales_y2006m04 FOR VALUES FROM ('2006-04-01') TO ('2006-05-01'),
 sales_y2006m05 FOR VALUES FROM ('2006-05-01') TO ('2006-06-01'),
 sales_y2006m06 FOR VALUES FROM ('2006-06-01') TO ('2006-07-01'),
 sales_y2006m07 FOR VALUES FROM ('2006-07-01') TO ('2006-08-01'),
 sales_y2006m08 FOR VALUES FROM ('2006-08-01') TO ('2006-09-01'),
 sales_y2006m09 FOR VALUES FROM ('2006-09-01') TO ('2006-10-01'),
 sales_y2006m10 FOR VALUES FROM ('2006-10-01') TO ('2006-11-01'),
 sales_y2006m11 FOR VALUES FROM ('2006-11-01') TO ('2006-12-01'),
 sales_y2006m12 FOR VALUES FROM ('2006-12-01') TO ('2007-01-01')
```

（4）在订单表 sales 中插入数据。

```
scott=# insert into sales values(1,100,'2006-01-13');
scott=# insert into sales values(1,102,'2006-01-26');
scott=# insert into sales values(1,100,'2006-02-08');
scott=# insert into sales values(2,100,'2006-01-05');
scott=# insert into sales values(3,101,'2006-01-13');
scott=# insert into sales values(4,100,'2006-01-13');
scott=# insert into sales values(6,100,'2006-03-14');
scott=# insert into sales values(5,100,'2006-04-15');
scott=# insert into sales values(7,100,'2006-05-16');
scott=# insert into sales values(8,100,'2006-06-17');
scott=# insert into sales values(9,100,'2006-07-18');
scott=# insert into sales values(5,100,'2006-08-19');
```

（5）执行一条简单的查询语句并输出执行计划。

```
scott=# explain select * from sales where
      sales_date='2006-01-13' or sales_date='2006-08-19';
```

输出的执行计划如下。

```
                    QUERY PLAN
-------------------------------------------------------
 Append  (cost=0.00..81.40 rows=40 width=12)
   ->  Seq Scan on sales_y2006m01 sales_1
       (cost=0.00..40.60 rows=20 width=12)
        Filter: ((sales_date = '2006-01-13'::date)
                OR
               (sales_date = '2006-08-19'::date))
   ->  Seq Scan on sales_y2006m08 sales_2
       (cost=0.00..40.60 rows=20 width=12)
        Filter: ((sales_date = '2006-01-13'::date)
                OR
               (sales_date = '2006-08-19'::date))
```

提示　由输出的执行计划可以看出，这条 SQL 查询语句只扫描了订单表 sales 的 sales_y2006m01 分区和 sales_y2006m08 分区。

（6）以下语句在创建范围分区时使用了整型分区键。

```
scott=#create table customers(
   id integer,
   status text,
   arr numeric)
 partition by range(arr);

scott=#create table cust_arr_small partition of customers
      for values from (minvalue) to (25);
scott=#create table cust_arr_medium partition of customers
      for values from (25) to (75);
scott=#create table cust_arr_large partition of customers
      for values from (75) to (maxvalue);
```

提示　整型分区键可以引用关键字：minvalue 表示分区键的最小值，maxvalue 表示分区键的最大值。

10.3.2　列表分区

列表分区是根据特定的值来划分为相应的区间的，即通过显式地列出每个分区中出现的键值来划分表。列表分区的分区键值是离散的。

下面演示如何使用 PostgreSQL 的列表分区。

（1）基于员工的职位 job 创建列表分区 emp_list_by_job。

```
scott=# create table emp_list_by_job
     (empno int,
     ename varchar(10),
     job varchar(10),
     mgr int,
     hiredate varchar(10),
     sal int,
     comm int,
     deptno int,
     foreign key(deptno) references dept(deptno))
     partition by list(job);
```

（2）在列表分区 emp_list_by_job 中创建分区。

```
scott=# create table emp_clerk partition of
        emp_list_by_job for values in ('CLERK');
scott=# create table emp_president partition of
        emp_list_by_job for values in ('PRESIDENT');
scott=# create table emp_manager_salesman partition of
        emp_list_by_job for values in ('MANAGER', 'SALESMAN');
scott=# create table emp_default partition of
        emp_list_by_job default;
```

（3）查看列表分区 emp_list_by_job 的详细信息。

```
scott=# \d+ emp_list_by_job;
```

输出结果如下。

```
             Partitioned table "public.emp_list_by_job"
 Column   |        Type             | Collation | Nullable |Default| ...
----------+-------------------------+-----------+----------+-------+---
 empno    | integer                 |           |          |       | ...
 ename    | character varying(10)   |           |          |       | ...
 job      | character varying(10)   |           |          |       | ...
 mgr      | integer                 |           |          |       | ...
 hiredate | character varying(10)   |           |          |       | ...
 sal      | integer                 |           |          |       | ...
 comm     | integer                 |           |          |       | ...
 deptno   | integer                 |           |          |       | ...
Partition key: LIST (job)
Foreign-key constraints:
  "emp_list_by_job_deptno_fkey" FOREIGN KEY (deptno)
   REFERENCES dept(deptno)
Partitions:
  emp_clerk FOR VALUES IN ('CLERK'),
  emp_manager_salesman FOR VALUES IN ('MANAGER', 'SALESMAN'),
```

```
  emp_president FOR VALUES IN ('PRESIDENT'),
  emp_default DEFAULT
```

（4）在列表分区 emp_list_by_job 中插入员工数据。

```
scott=# insert into emp_list_by_job select * from emp;
```

（5）执行一条简单的查询语句并输出执行计划。

```
scott=# explain select * from emp_list_by_job where job='MANAGER';
```

输出的执行计划如下。

```
                          QUERY PLAN
---------------------------------------------------------------
 Seq Scan on emp_manager_salesman emp_list_by_job
   (cost=0.00..16.25 rows=2 width=134)
    Filter: ((job)::text = 'MANAGER'::text)
```

> 提示　由输出的执行计划可以看出，这条 SQL 查询语句只扫描了列表分区 emp_list_by_job 中的 emp_manager_salesman 分区。

10.3.3　哈希分区

哈希分区是指按照分区键的哈希值建立分区，如果分区键的哈希值相同，那么对应的数据将保存到同一个分区中。

> 提示　哈希分区的思想与哈希索引类似，其工作原理如图 4.2 所示。

下面演示如何使用 PostgreSQL 的哈希分区。

（1）基于员工的职位 job 创建哈希分区 emp_hash_by_job。

```
scott=# create table emp_hash_by_job
      (empno int,
      ename varchar(10),
      job varchar(10),
      mgr int,
      hiredate varchar(10),
      sal int,
      comm int,
      deptno int,
      foreign key(deptno) references dept(deptno))
      partition by hash(job);
```

（2）在哈希分区 emp_hash_by_job 中创建分区。

```
scott=# create table emp_hash_by_job_h1 partition of emp_hash_by_job
       for values with (modulus 4, remainder 0);
scott=# create table emp_hash_by_job_h2 partition of emp_hash_by_job
       for values with (modulus 4, remainder 1);
scott=# create table emp_hash_by_job_h3 partition of emp_hash_by_job
       for values with (modulus 4, remainder 2);
scott=# create table emp_hash_by_job_h4 partition of emp_hash_by_job
       for values with (modulus 4, remainder 3);
```

> 提示　可以看到，在创建哈希分区时采用了取模的方式。因此，如果要创建 N 个哈希分区，就要取 N 次模。

（3）查看哈希分区 emp_hash_by_job 的结构。

```
scott=# \d+ emp_hash_by_job
```

输出结果如下。

```
         Partitioned table "public.emp_hash_by_job"
  Column  |         Type          | Collation | Nullable | ...
----------+-----------------------+-----------+----------+----
 empno    | integer               |           |          | ...
 ename    | character varying(10) |           |          | ...
 job      | character varying(10) |           |          | ...
 mgr      | integer               |           |          | ...
 hiredate | character varying(10) |           |          | ...
 sal      | integer               |           |          | ...
 comm     | integer               |           |          | ...
 deptno   | integer               |           |          | ...
Partition key: HASH (job)
Foreign-key constraints:
    "emp_hash_by_job_deptno_fkey" FOREIGN KEY (deptno)
     REFERENCES dept(deptno)
Partitions:
  emp_hash_by_job_h1 FOR VALUES WITH (modulus 4, remainder 0),
  emp_hash_by_job_h2 FOR VALUES WITH (modulus 4, remainder 1),
  emp_hash_by_job_h3 FOR VALUES WITH (modulus 4, remainder 2),
  emp_hash_by_job_h4 FOR VALUES WITH (modulus 4, remainder 3)
```

（4）在哈希分区 emp_hash_by_job 中插入数据。

```
scott=# insert into emp_hash_by_job select * from emp;
```

（5）执行一条简单的查询语句查询职位为“MANAGER”的员工信息，并输出执行计划。

```
scott=# explain select * from emp_hash_by_job where job='MANAGER';
```

输出的执行计划如下。

```
                              QUERY PLAN
---------------------------------------------------------------------
 Seq Scan on emp_hash_by_job_h2 emp_hash_by_job
   (cost=0.00..16.25 rows=2 width=134)
    Filter: ((job)::text = 'MANAGER'::text)
```

> 提示　由输出的执行计划可以看出，这条 SQL 查询语句只扫描了 emp_hash_by_job_h2 分区。

（6）再执行一条简单的查询语句查询职位为“CLERK”的员工信息，并输出执行计划。

```
scott=# explain select * from emp_hash_by_job where job='CLERK';
```

输出的执行计划如下。

```
                              QUERY PLAN
---------------------------------------------------------------------
 Seq Scan on emp_hash_by_job_h2 emp_hash_by_job
   (cost=0.00..16.25 rows=2 width=134)
    Filter: ((job)::text = 'CLERK'::text)
```

> 提示　由输出的执行计划可以看出，这条 SQL 查询语句也扫描了 emp_hash_by_job_h2 分区，与第(5)步 SQL 查询语句的执行计划扫描的分区一样。这说明，职位为“MANAGER”和“CLERK”的员工数据被保存在同一个分区中。

（7）再执行一条简单的查询语句查询职位为“PRESIDENT”的员工信息，并输出执行计划。

```
scott=# explain select * from emp_hash_by_job where job='PRESIDENT';
```

输出的执行计划如下。

```
                              QUERY PLAN
---------------------------------------------------------------------
 Seq Scan on emp_hash_by_job_h4 emp_hash_by_job
   (cost=0.00..16.25 rows=2 width=134)
    Filter: ((job)::text = 'PRESIDENT'::text)
```

> 提示　由输出的执行计划可以看出，这条 SQL 查询语句只扫描了 emp_hash_by_job_h4 分区。

10.4　优化 PostgreSQL 服务器

使用 PostgreSQL 的扩展工具可以进行数据库性能的诊断。当发现了性能方面的问题时，就需要对 PostgreSQL 服务器进行优化。

10.4.1 数据库性能优化基础

在进行数据库性能优化前，需要先了解一些优化的基本知识，如数据库性能优化的三大问题、数据库的性能指标，以及影响数据库性能的外部因素。

10.4.1.1 数据库性能优化的三大问题

在进行数据库性能优化时，普遍存在以下 3 个问题。

1. 为什么要进行数据库性能优化

进行数据库性能优化最根本的原因就是数据库执行慢。但值得注意的是，这里的“慢”只是一个相对的概念，并不是指时间上的绝对慢。

例如，一条查询语句执行了 1 分钟，那么这里的 1 分钟是快还是慢呢？这取决于它查询的数据量等因素。因此，只有当数据库性能不满足设计要求时，才可能需要进行诊断和优化。

2. 谁来进行数据库性能优化

进行数据库性能优化不仅仅是数据库管理员的职责，还涉及与数据库相关的所有人员，包括系统架构师、设计人员、开发人员、系统管理员和存储管理员。如果出现问题，通常先由数据库管理员尝试解决问题。因此，数据库管理员应当准确地了解数据库中所有应用程序的概况及其相互之间的影响。

数据库管理员在进行诊断和优化的过程中，需要相关人员的协助。例如，需要开发人员优化应用程序，或者需要系统管理员优化操作系统。

3. 如何进行数据库性能优化

在诊断和优化数据库性能时，需要借助 PostgreSQL 提供的诊断工具或性能报告。PostgreSQL 支持丰富的扩展，因此能够有效地对数据库性能进行优化。

此外，许多数据库管理员也开发了自己的优化工具和脚本。所有的诊断和优化工具都需要依赖数据库统计信息、度量信息和动态性能视图中的信息。

10.4.1.2 数据库的性能指标

一般来说，数据库有以下 3 个关键性能指标。

- QPS（Queries Per Second）：每秒处理的查询数。

如果 QPS 太高，就表示当前数据库正在执行大量的查询操作，可以通过缓存数据、减少查询次数，或者消息队列削峰等方法降低 QPS。

- TPS（Transaction Per Second）：每秒处理的事务数。

如果 TPS 太高，就表示当前数据库正在执行大量的写操作或回滚操作，可以通过与解决 QPS

过高类似的方法来降低 TPS。

- IOPS（Input/Output Operations Per Second）：每秒磁盘执行的 I/O 操作次数。

IOPS 过高通常是内存不足造成的。当执行大量数据的查询操作时，如果不能通过一次内存操作完成就必然导致大量的 I/O 操作，可以通过扩大内存或提升数据库服务器的硬件配置等方法来解决。

10.4.1.3　影响数据库性能的外部因素

影响数据库性能的外部因素主要包括服务器的硬件配置和服务器所使用的操作系统。

- 服务器的硬件配置显然会对数据库的性能造成影响。个人计算机响应不够快大多是因为 CPU 不够快、内存不够大或磁盘 I/O 太慢等因素。同样，数据库服务器也存在这些影响因素，并且是最容易找到的对性能有影响的因素之一。
- 服务器所使用的操作系统是另一个影响数据库性能的因素。以常用的个人计算机为例，可能会发现有些应用在某些操作系统比在其他操作系统上运行得更加顺畅。而对于同样的操作系统，当配置参数不同时，运行的顺畅程度也会有所不同。例如，Windows 操作系统默认的 TCP 协议只有 10 个，当把这个限制调大之后就会发现，可以大大加快下载速度。数据库服务器的操作系统也是有区别的，如服务器的操作系统的优化参数比个人桌面操作系统的优化参数要多得多，对这些参数进行调整也会影响数据库服务器的整体性能。

10.4.2　使用监控工具监控 Linux 操作系统的性能

Linux 操作系统常用的性能分析监控工具有 iostat、iotop、top、htop、free 和 iftop 等。

10.4.2.1　磁盘监控工具

iostat 和 iotop 是两款比较常见的磁盘监控工具，下面分别进行介绍。

1. iostat

iostat 是 I/O statistics（输入/输出统计）的缩写形式。iostat 用来对操作系统的磁盘活动进行监视。该工具的特点是不仅可以汇报磁盘活动的统计情况，还可以汇报 CPU 的使用情况。

> 提示　iostat 也有其缺点：不能对某个进程进行深入分析，仅对操作系统的整体情况进行分析。

下面演示如何使用 iostat。

（1）查看 iostat 的帮助信息。

```
[root@mydb~]#iostat-help
Usage:iostat[options][<interval>[<count>]]
Optionsare:
[-c][-d][-h][-k|-m][-N][-t][-V][-x][-y][-z]
```

```
[-j{ID|LABEL|PATH|UUID|...}]
[[-T]-g<group_name>][-p[<device>[,...]|ALL]]
[<device>[...]|ALL]
```

下面列举了 iostat 几个常用参数的含义。

- -x：显示更详细的 I/O 统计信息。
- -k：以千字节为单位显示读/写信息。
- -m：以兆字节为单位显示读/写信息。
- -d：显示磁盘的使用情况。

（2）每秒以千字节为单位显示磁盘的使用情况，打印 100 次后结束。

```
iostat -d -k -x 1 100
```

输出结果如图 10.12 所示。

```
[root@mydb ~]# iostat -d -k -x 1 100
Linux 3.10.0-693.el7.x86_64 (mydb)      06/06/2023      _x86_64_        (2 CPU)

Device:  rrqm/s   wrqm/s     r/s     w/s    rkB/s    wkB/s avgrq-sz avgqu-sz   await r_await w_await  svctm  %util
sda        0.05     0.59    3.50    3.33   273.52   429.77   205.84     0.03    4.14    2.72    5.63   0.96   0.65
dm-0       0.00     0.00    3.27    0.60   266.91    59.27   168.90     0.02    4.00    2.80   10.58   0.94   0.36
dm-1       0.00     0.00    0.07    0.31     0.44     1.23     8.94     0.00    7.37    2.91    8.33   0.28   0.01
dm-2       0.00     0.00    0.18    3.02     5.40   369.06   234.23     0.02    5.16    1.81    5.37   0.87   0.28

Device:  rrqm/s   wrqm/s     r/s     w/s    rkB/s    wkB/s avgrq-sz avgqu-sz   await r_await w_await  svctm  %util
sda        0.00     0.00    0.00    0.00     0.00     0.00     0.00     0.00    0.00    0.00    0.00   0.00   0.00
dm-0       0.00     0.00    0.00    0.00     0.00     0.00     0.00     0.00    0.00    0.00    0.00   0.00   0.00
dm-1       0.00     0.00    0.00    0.00     0.00     0.00     0.00     0.00    0.00    0.00    0.00   0.00   0.00
dm-2       0.00     0.00    0.00    0.00     0.00     0.00     0.00     0.00    0.00    0.00    0.00   0.00   0.00
```

图 10.12

表 10.5 中列举了输出结果中几个选项的含义。

表 10.5

选　　项	说　　明
rrqm/s	每秒对该设备的读请求进行合并的次数，文件系统会对读取同块的请求进行合并
wrqm/s	每秒对该设备的写请求进行合并的次数
r/s	每秒完成的读次数
w/s	每秒完成的写次数
rkB/s	每秒读取的数据量（以千字节为单位）。如果参数指定的是-m 选项，那么为 rMB/s
wkB/s	每秒写入的数据量（以千字节为单位）。如果参数指定的是-m 选项，那么为 wMB/s
avgrq-sz	平均每次 I/O 操作的数据量（以扇区为单位）
avgqu-sz	平均等待处理的 I/O 请求队列的长度
await	平均每次 I/O 请求的等待时间（以毫秒为单位），包括读操作（r_await）和写操作（w_await）
svctm	平均每次 I/O 请求的处理时间（以毫秒为单位）
%util	每秒有百分之多少的时间用于 I/O 操作，如果%util 接近 100%，就说明产生的 I/O 请求太多，I/O 系统已经满负荷

（3）每秒以兆字节为单位显示磁盘的使用情况，打印 100 次后结束。

```
iostat -d -m -x 1 100
```

输出结果如图 10.13 所示。

```
[root@mydb ~]# iostat -d -m -x 1 100
Linux 3.10.0-693.el7.x86_64 (mydb)      06/06/2023      _x86_64_        (2 CPU)

Device:  rrqm/s   wrqm/s     r/s     w/s    rMB/s    wMB/s avgrq-sz avgqu-sz   await r_await w_await  svctm  %util
sda        0.05     0.59    3.47    3.30     0.26     0.42   205.90     0.03    4.14    2.72    5.63   0.96   0.65
dm-0       0.00     0.00    3.23    0.60     0.26     0.06   169.03     0.02    4.00    2.80   10.51   0.94   0.36
dm-1       0.00     0.00    0.07    0.31     0.00     0.00     8.94     0.00    7.37    2.91    8.33   0.28   0.01
dm-2       0.00     0.00    0.18    2.99     0.01     0.36   234.23     0.02    5.16    1.81    5.37   0.87   0.28

Device:  rrqm/s   wrqm/s     r/s     w/s    rMB/s    wMB/s avgrq-sz avgqu-sz   await r_await w_await  svctm  %util
sda        0.00     0.00    0.00    0.00     0.00     0.00     0.00     0.00    0.00    0.00    0.00   0.00   0.00
dm-0       0.00     0.00    0.00    0.00     0.00     0.00     0.00     0.00    0.00    0.00    0.00   0.00   0.00
dm-1       0.00     0.00    0.00    0.00     0.00     0.00     0.00     0.00    0.00    0.00    0.00   0.00   0.00
```

图 10.13

2. iotop

iotop 是一款开源且免费的用来监控磁盘 I/O 使用状况的工具，是用 Python 语言编写的，类似于 Linux 操作系统的 top 命令。使用 iotop 可以监控进程的 I/O 信息。

iostat 是系统级别的 I/O 监控，而 iotop 是进程级别的 I/O 监控。

下面演示如何使用 iotop。

（1）安装 iotop。

```
yum -y install iotop
```

（2）查看 iotop 的帮助信息。

```
[root@mydb ~]# iotop --help
```

iotop 的用法如下。

```
/usr/sbin/iotop [OPTIONS]
```

选项如下。

- --version：显示版本号。
- -h 或--help：显示帮助信息。
- -o 或--only：只显示正在产生 I/O 的进程或线程。
- -b 或--batch：在非交互模式下运行。
- -n NUM 或--iter=NUM：设置监控次数，主要用于非交互模式，默认无限制。
- -d SEC 或--delay=SEC：设置显示的间隔秒数，默认为 1 秒。
- -p PID 或--pid=PID：指定进程/线程 ID，默认所有进程/线程。
- -u USER 或--user=USER：指定用户，默认所有用户。

- -P 或--processes：只显示进程，不显示所有线程。
- -a 或--accumulated：累积的 I/O，显示从 iotop 启动后每个进程累积的 I/O 总数。
- -k 或--kilobytes：显示以千字节为单位。
- -t 或--time：输出的每行加上时间戳。

（3）使用 Linux 操作系统的 dd 命令在磁盘中持续读/写数据。

```
dd if=/dev/sda of=/dev/null
```

（4）使用 iotop 监控磁盘 I/O。

```
[root@mydb ~]# iotop
```

输出结果如下。

```
Total DISK READ :     392.84 M/s | Total DISK WRITE :      0.00 B/s
Actual DISK READ:     392.84 M/s | Actual DISK WRITE:      0.00 B/s
TID  PRIO  USER DISK READ  DISK WRITE SWAPIN   IO>    COMMAND
 2    be/4  root   392.84  M/s   0.00  B/s   0.00  %   0.00  % dd if=/dev/sda
of=/dev/null
 3   be/4 root    0.00 B/s  0.00 B/s  0.00 %  0.00 % [kthreadd]
 4   be/4 root    0.00 B/s  0.00 B/s  0.00 %  0.00 % [ksoftirqd/0]
 5   be/0 root    0.00 B/s  0.00 B/s  0.00 %  0.00 % [kworker/0:0H]
 7   rt/4 root    0.00 B/s  0.00 B/s  0.00 %  0.00 % [migration/0]
 8   be/4 root    0.00 B/s  0.00 B/s  0.00 %  0.00 % [rcu_bh]
 9   be/4 root    0.00 B/s  0.00 B/s  0.00 %  0.00 % [rcu_sched]
    ...
```

> 提示　由上述输出结果可知，在第（3）步中执行的命令正在以 392.84MB/s 的速度读取磁盘。

10.4.2.2　CPU 监控工具

top 和 htop 是两款比较常见的 CPU 监控工具，下面重点介绍 htop 的使用方法。

> 提示　htop 是 Linux 操作系统中的一个互动的进程查看器。与 Linux 操作系统中传统的 top 命令相比，htop 不仅更人性化，还支持鼠标操作。

（1）安装 Linux epel 扩展源和 htop。

```
yum install epel-release -y
yum install -y htop
```

（2）开发一个死循环程序 hello.c，代码如下。

```
int main(void){
  int i = 0;
  for(;;) i++;
```

```
  return 0;
}
```

（3）编译并运行死循环程序 hello.c。

```
gcc hello.c -o hello
./hello
```

（4）启动 htop 监控 CPU 的使用率。

```
htop
```

输出结果如图 10.14 所示。

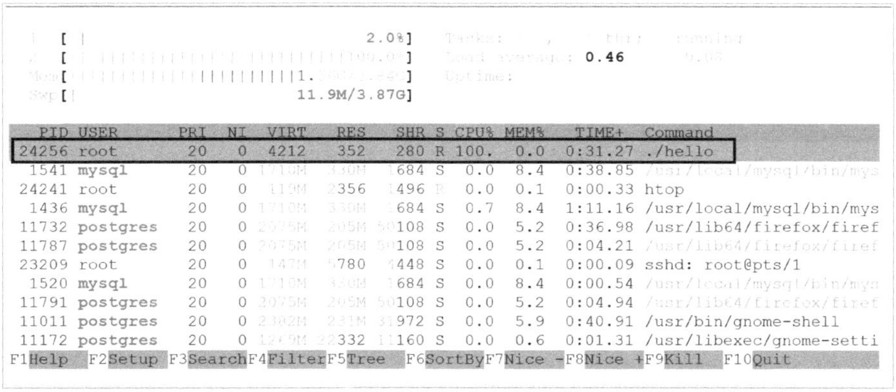

```
  1  [|                          2.0%]   Tasks:
  2  [|||||||||||||||||||||||||100.0%]   Load average: 0.46
  Mem[||||||||||||||||||||||||1.    ]   Uptime:
  Swp[|                  11.9M/3.87G]

  PID USER      PRI  NI  VIRT   RES   SHR S CPU% MEM%   TIME+  Command
24256 root       20   0  4212   352   280 R 100.  0.0  0:31.27 ./hello
 1541 mysql      20   0 1710M  330M  1684 S  0.0  8.4  0:38.85 /usr/local/mysql/bin/mys
24241 root       20   0  119M  2356  1496 R  0.0  0.1  0:00.33 htop
 1436 mysql      20   0 1710M  330M  1684 S  0.7  8.4  1:11.16 /usr/local/mysql/bin/mys
11732 postgres   20   0 2075M  205M 50108 S  0.0  5.2  0:36.98 /usr/lib64/firefox/firef
11787 postgres   20   0 2075M  205M 50108 S  0.0  5.2  0:04.21 /usr/lib64/firefox/firef
23209 root       20   0  147M  5780  4448 S  0.0  0.1  0:00.09 sshd: root@pts/1
 1520 mysql      20   0 1710M  330M  1684 S  0.0  8.4  0:00.54 /usr/local/mysql/bin/mys
11791 postgres   20   0 2075M  205M 50108 S  0.0  5.2  0:04.94 /usr/lib64/firefox/firef
11011 postgres   20   0 2302M  231M 31972 S  0.0  5.9  0:40.91 /usr/bin/gnome-shell
11172 postgres   20   0 1209M 22332 11160 S  0.0  0.6  0:01.31 /usr/libexec/gnome-setti
F1Help  F2Setup F3SearchF4FilterF5Tree  F6SortByF7Nice -F8Nice +F9Kill  F10Quit
```

图 10.14

由输出结果可以看出，开发的死循环程序 hello.c 占用了 100%的 CPU 使用率。

10.4.2.3　内存监控工具

free 是 Linux 操作系统和 UNIX 操作系统中常用的命令，用于显示系统中可用内存的总量、已用内存的总量、空闲内存的总量和缓存的内存量。

下面演示如何使用 free。

（1）查看 free 的帮助信息。

```
[root@mydb ~]# free --help
```

free 的用法如下。

```
 free [Options]
```

选项如下。

- -b 或--bytes：以字节为单位显示内存使用情况。
- -k 或--kilo：以千字节为单位显示内存使用情况。

- -m 或--mega：以兆字节为单位显示内存使用情况。
- -g 或--giga：以吉字节为单位显示内存使用情况。
- -h 或--human：人性化显示内存使用情况。
- -l 或--lohi：显示最低和最高内存统计的详细信息。
- -t 或--total：在汇总行中显示内存总量。
- -s N 或--seconds N：指定间隔秒数。
- -c N 或--count N：指定监控次数。
- -w 或--wide：显示详细信息。

（2）监控内存的使用。

```
[root@mydb ~]# free
```

输出结果如下。

```
       total     used     free  shared  buff/cache   available
Mem:  4030172  1407136   126748   21376     2496288     2284084
Swap: 4063228    12160  4051068
```

- total：物理内存总量。
- used：已经使用的物理内存量。
- free：尚未使用的物理内存量。
- shared：被共享使用的物理内存量
- buff/cache：被缓存的物理内存量。
- available：剩余可用的物理内存量。

10.4.2.4 网络监控工具

iftop 是第三方的 Linux 操作系统实时流量监控工具，可以通过指定网段监控网卡的实时流量、反向解析 IP 地址、显示端口信息等，并按主机显示接口上的带宽使用情况。

下面演示如何使用 iftop。

（1）安装 iftop。

```
yum install iftop -y
```

（2）启动 iftop。

```
iftop
```

（3）打开浏览器随便访问几个网站。

（4）监控 iftop 的输出结果，如图 10.15 所示。

```
                    1.91Mb              3.81Mb              5.72Mb              7.63Mb              9.54Mb
localhost                                    => zalkon.postgresql.org                    724b   6.07Kb  1.52Kb
                                             <=                                          804b    409Kb   102Kb
localhost                                    => 114.250.64.41                              0b   1.20Kb   307b
                                             <=                                            0b   44.1Kb  11.0Kb
localhost                                    => 114.250.64.33                              0b   1.51Kb   386b
                                             <=                                            0b   21.6Kb  5.41Kb
localhost                                    => localhost                              1.30Kb   2.35Kb  1.64Kb
                                             <=                                          184b     245b   309b
localhost                                    => localhost                                  0b   1.04Kb   281b
                                             <=                                            0b   1.80Kb   480b
localhost                                    => a23-46-155-205.deploy.static.akamaitec     0b     488b   122b
                                             <=                                            0b     883b   221b
localhost                                    => 203.208.49.98                              0b     490b   123b
                                             <=                                            0b     666b   167b
localhost                                    => localhost                                  0b       0b    66b
                                             <=                                            0b       0b    66b

TX:             cum:   37.0KB   peak:   30.6Kb                          rates:   2.00Kb   13.1Kb  4.41Kb
RX:                     606KB           1.60Mb                                     988b    478Kb   120Kb
TOTAL:                  643KB           1.62Mb                                   2.97Kb    491Kb   124Kb
```

图 10.15

可以将 iftop 的输出结果分为 3 个区域。

- 界面上方：显示刻度尺的刻度范围，以显示流量图形的长条作为标尺使用。
- 界面中间：网络的监控信息。箭头“<=”和“=>”表示的是流量的方向。
- 界面下方：显示网络的流量信息。
  - TX：发送流量。
  - RX：接收流量。
  - TOTAL：总流量。
  - cum：运行 iftop 到目前时间的总流量。
  - peak：流量峰值。
  - rates：分别表示过去 2 秒、10 秒、40 秒的平均流量。

10.4.3 优化数据库存储性能

数据库系统架构中承受着最大压力且最难以被伸缩的部分就是数据存储，这主要是因为数据存储需要使用硬盘，而硬盘的处理速度比其他几种计算资源（如 CPU、内存等）都慢，所以数据存储通常是数据库应用的性能瓶颈。

在高并发情况下，最容易出现性能问题的就是数据存储。除了加强数据库服务器的硬件配置，目前用来改善数据存储性能的手段主要有两种，分别为数据库的主从复制和数据库分片。

10.4.3.1 数据库的主从复制

PostgreSQL 的主从复制是指将主数据库的数据复制到从数据库中。主从复制的原理如下。

（1）当应用程序客户端将一条更新命令发送到主数据库后，主数据库会把这条更新命令同步记录到预写日志中。

（2）另外一个线程从预写日志中读取信息，并通过远程通信方式将它复制到从数据库上。

（3）从数据库获得更新的日志以后，将其加入自己的预写日志，由另外一个线程从预写日志中读取新的日志，并且在本地数据库中执行一遍新的日志。

这样，当客户端应用程序执行一条 DML 语句时，这条 DML 语句会同时在主数据库和从数据库中执行，从而实现主数据库向从数据库的复制处理，使从数据库与主数据库保持一致。

通过 PostgreSQL 的主从复制，可以实现数据库读/写的分离，写操作访问主数据库，读操作访问从数据库，使数据库具有更强大的访问负载能力，以支撑更多的用户访问。

在实践中，通常采用“一主多从”架构，即可以将一个主数据库的数据复制到多个从数据库中，由多个从数据库承担更多的读操作压力，以及不同的角色。例如，有的从数据库用来做实时数据分析，有的从数据库用来做批任务报表计算，有的从数据库单纯做数据备份。

采用“一主多从”架构，当某个从数据库宕机时，还可以将读操作迁移到其他从数据库上，从而保证读操作的高可用。但如果主数据库宕机，系统就无法使用，因此在生成环境中需要实现主数据库的高可用。

> 提示 PostgreSQL 的主从复制在一定程度上解决了数据读/写压力所带来的性能问题，但无法从根本上提升数据的存储能力：不管增加多少台服务器，这些服务器存储数据的能力都是一样的；如果数据量太大，那么数据库无法保存这么多的数据，通过数据的主从复制是无法解决问题的。

10.4.3.2 数据库分片

数据库的主从复制无法从根本上解决数据库的存储能力问题，但使用数据库分片技术可以解决。也就是说，通过数据库分片技术可以将一个表的数据分成若干片，每片都包含数据表中一部分的行记录，并且每片存储在不同的服务器上。这样，一个表就存储在多台服务器上，由此可以实现数据库的分布式存储。

最简单的数据库分片存储可以采用硬编码方式，在程序代码中直接指定一条数据库记录存储在哪台服务器上。如果将用户信息分成两片分别存储在两台服务器上，那么可以在程序代码中根据用户 ID 进行计算，ID 为偶数的用户记录存储到服务器 1 上，而 ID 为奇数的用户记录存储在服务器 2 上。

> 提示 硬编码方式的缺点比较明显。
>
> - 如果要增加服务器，就必须修改分片逻辑代码，这样程序代码会因为非业务需求产生不必要的变更。

- 分片逻辑耦合在处理业务逻辑的程序代码中，修改分片逻辑或业务逻辑都可能使另一部分代码因为不小心的改动而出现 Bug。

为了使数据能够更好地实现分片存储，可以使用分布式关系型数据库中间件来解决这个问题——将数据的分片逻辑在中间件中完成，这对应用程序来说是透明的。

在实践中最常见的数据分片算法是余数哈希算法，该算法的基本思想如下：根据主键 ID 和数据库服务器的数目进行取模计算，根据余数连接相对应的服务器，从而实现数据库的分布式存储。3.4 节介绍的 Citus 和 3.5 节介绍的 Greenplum 都是 PostgreSQL 分布式存储的实现方式。

10.4.4 优化 PostgreSQL 的配置参数

PostgreSQL 的优化是非常重要的。无论是对系统还是其他的，数据库优化前后的对比非常明显。数据库应该如何优化呢？其实，可以从两个方面来优化数据库：一是 PostgreSQL 的配置参数的优化，二是 SQL 语句的优化。本节主要介绍 PostgreSQL 的配置参数的优化。

下面列举了一些影响 PostgreSQL 的性能比较重要的几个参数及优化的指导建议。

1. 最大连接数 max_connections

max_connections 参数代表 PostgreSQL 的最大连接数。通过以下语句可以查看该参数的默认值。

```
postgres=# show max_connections;
 max_connections
-----------------
 100
(1 row)
```

100 显然不适用于生产环境。一般来说，在生产环境中建议将 max_connections 参数配置为 10 000。如果请求的数目大于默认的连接数，就会出现无法连接数据库的错误，会显示“too many connections”的报错信息。

max_connections 参数的值并不是越大越好。max_connections 参数的值越大，表示 PostgreSQL 服务器需要处理的客户端操作也就越多。因此，max_connections 参数的值设置得太大反而会引起数据库性能的下降。

> 提示　max_connections 是指 PostgreSQL 服务器能够支持的最大客户端连接请求，但它不等于数据库服务器的最大并发数。

2. 数据库缓冲区 shared_buffers

shared_buffers 参数用于指定多少物理内存会被 PostgreSQL 用来作为缓存。通过以下语句可以查看该参数的默认值。

```
postgres=# show shared_buffers;
 shared_buffers
----------------
 128MB
(1 row)
```

可以看出，shared_buffers 参数的默认值非常小。可以通过增加 shared_buffers 参数的值来得到更大的缓存空间，从而获得最优的性能。建议将该参数设置成物理内存的 25%。

3. 磁盘缓存的内存 effective_cache_size

effective_cache_size 参数用于估计可以做磁盘缓存的内存的大小。通过以下语句可以查看该参数的默认值。

```
postgres=# show effective_cache_size;
 effective_cache_size
----------------------
 4GB
(1 row)
```

该参数只是一个指导方针，而不是分配内存的实际大小。因此，使用该参数并不会实际分配内存，而是告诉数据库优化器可用的缓存的大小。如果将这个参数的值设置得太小，那么数据库优化器会决定放弃使用索引。因此，通常将这个参数的值调大，这对提高数据库的性能是有好处的。

4. 维护任务的内存 maintenance_work_mem

maintenance_work_mem 参数用于维护任务的内存设置。通过以下语句可以查看该参数的默认值。

```
postgres=# show maintenance_work_mem;
 maintenance_work_mem
----------------------
 64MB
(1 row)
```

增加该参数的值，对于 vacuum、restore、create index、foreign key 和 alter table 等操作的性能提升具有显著效果。

5. 检查点完成的速度 checkpoint_completion_target

checkpoint_completion_target 参数用于指定检查点完成的速度。通过以下语句可以查看该参数的默认值。

```
postgres=# show checkpoint_completion_target;
 checkpoint_completion_target
------------------------------
 0.5
(1 row)
```

0.5 表示将在 checkpoint_timeout 一半的时间内完成，即在 2.5 分钟内完成。checkpoint_timeout 参数的默认值是 5 分钟，如下所示。

```
postgres=# show checkpoint_timeout;
 checkpoint_timeout
--------------------
 5min
(1 row)
```

checkpoint_completion_target 参数的值越大，意味着检查点进程休眠的时间越长。休眠时间越长，内存数据刷盘的 I/O 操作越平滑，从而提高 I/O 的性能。

6. 列的默认统计目标 default_statistics_target

当没有通过 alter table set statistics 语句设置列的统计目标时，default_statistics_target 参数可以用于设置列的默认统计目标。通过以下语句可以查看该参数的默认值。

```
postgres=# show default_statistics_target;
 default_statistics_target
---------------------------
 100
(1 row)
```

增加该参数的值会增加 SQL 语句分析的时间，但可能会改善数据库优化器的优化质量。

7. 磁盘读/写成本估计 random_page_cost

random_page_cost 参数用于设置数据库优化对一次非顺序读/写获取磁盘页面的成本估计。通过以下语句可以查看该参数的默认值。

```
postgres=# show random_page_cost;
 random_page_cost
------------------
 4
(1 row)
```

通过判断 random_page_cost 参数的值，将决定数据库服务器更倾向于索引扫描，还是更倾向于顺序扫描。减小该参数的值将导致数据库更倾向于索引扫描，而增加该参数的值将让索引扫描看起来相对更昂贵。

8. 磁盘 I/O 操作并发数 effective_io_concurrency

effective_io_concurrency 参数用于设置 PostgreSQL 服务器可以同时被执行的并发磁盘 I/O 操作的数目。通过以下语句可以查看该参数的默认值。

```
postgres=# show effective_io_concurrency;
 effective_io_concurrency
--------------------------
 1
(1 row)
```

增加该参数的值可以增加任何单个 PostgreSQL 会话并行发起的 I/O 操作的数目，这有助于提高 I/O 操作的性能。

9. 查询的最大内存容量 work_mem

work_mem 参数表示数据在写入文件之前每个操作可使用的最大内存容量。通过以下语句可以查看该参数的默认值。

```
postgres=# show work_mem;
 work_mem
----------
 4MB
(1 row)
```

> 提示　对于一个复杂查询，可能会并行运行多个排序或哈希操作，并且每个操作都会被允许使用这个参数指定的内存使用量。因此，实际被使用的总内存可能是 work_mem 参数的值的好几倍。

10. 预写日志缓冲区 wal_buffers

wal_buffers 参数用于指定预写日志缓冲区的大小，即还未写入磁盘的预写日志的共享内存量。通过以下语句可以查看该参数的默认值。

```
postgres=# show wal_buffers;
 wal_buffers
-------------
 4MB
(1 row)
```

该参数一般不建议设置得太大，这有助于在繁忙的数据库服务器上提高数据写的性能。

11. 预写日志的最小维护尺寸 min_wal_size

min_wal_size 参数表示只要预写日志的磁盘用量保持在这个设置之下，在检查点上旧的预写日志文件总是被回收以便未来使用，而不是直接被删除。这样可以确保有足够的预写日志空间被保留下来，以应对预写日志使用的高峰。通过以下语句可以查看该参数的默认值。

```
postgres=# show min_wal_size;
 min_wal_size
--------------
 80MB
(1 row)
```

12. 预写日志的最大维护尺寸 max_wal_size

max_wal_size 参数用于设置两次检查点之间允许保留预写日志文件增加的最大尺寸。需要注意的是，这是一个软限制。也就是说，在特殊的情况下预写日志文件的尺寸可能会超过 max_wal_size 参数的值。增加这个参数的值可能会导致崩溃恢复所需的时间变长。通过以下语句可以查看该参数的默认值。

```
postgres=# show max_wal_size;
 max_wal_size
--------------
 1GB
(1 row)
```

13. 后台进程的最大数目 max_worker_processes

max_worker_processes 参数用来设置数据库服务器能够支持的后台进程的最大数目。通过以下语句可以查看该参数的默认值。

```
postgres=# show max_worker_processes;
 max_worker_processes
----------------------
 8
(1 row)
```

> 提示　max_worker_processes 参数只能在服务器启动时设置。

10.4.5 PostgreSQL 的性能视图

PostgreSQL 中提供了许多与性能有关的视图，通过查询这些性能视图可以为数据库的优化提供相应的依据。

PostgreSQL 中数据字典的命名还是很规范的，所有性能视图的名称基本上以“pg_stat”开头。使用以下语句可以查看 PostgreSQL 中存在哪些与性能有关的视图。

```
postgres=# select relname from pg_class where relname like 'pg_stat_%';
```

表 10.6 中列举了一些常见的性能视图。

表 10.6

性能视图的名称	说　　明
pg_stat_database	显示数据库集群内所有数据库信息的视图
pg_stat_user_tables	与 pg_stat_all_tables 相似，但只记录用户自己创建的表的统计信息
pg_stat_user_indexes	记录当前数据库中所有用户表的索引的使用情况
pg_statio_user_tables	与 pg_statio_all_tables 相似，但只记录用户表的 I/O 信息
pg_stat_bgwriter	视图中只有一行数据，用于显示数据库集群内后台进程写数据的相关情况，包括检查点和缓冲区等信息

第 11 章 PostgreSQL 的高可用架构

PostgreSQL 支持多种高可用架构，以解决主从复制中的单点故障问题。本章主要介绍 PostgreSQL 中几种常见的高可用架构，并且演示如何在实际环境中进行安装与配置。

11.1 基于 Keepalived 的高可用架构

基于 Keepalived 可以实现 PostgreSQL 主从复制集群的高可用。对于小型项目来说，一般推荐使用这样的方式。

Keepalived + PostgreSQL 主从复制集群不但具备高可用的特性，而且部署和维护都非常简单。因此，对于小型项目来说，使用 Keepalived + PostgreSQL 主从复制集群完全能够满足实际生产环境的需要。

11.1.1 基于 Keepalived 的 PostgreSQL 高可用架构

Keepalived 是一款高可用软件，具有一台主服务器（master）和多台备份服务器（backup）。在主服务器和备份服务器上部署相同的服务配置，使用 VIP 地址（虚拟 IP 地址）对外提供服务。当主服务器出现故障时，VIP 地址会自动漂移到备份服务器上。

Keepalived 有 3 项重要的功能。

- 管理负载均衡软件。
- 实现集群节点的健康检查。
- 提供系统网络服务的高可用。

图 11.1 展示了基于 Keepalived 实现 PostgreSQL 主从复制集群的高可用架构。

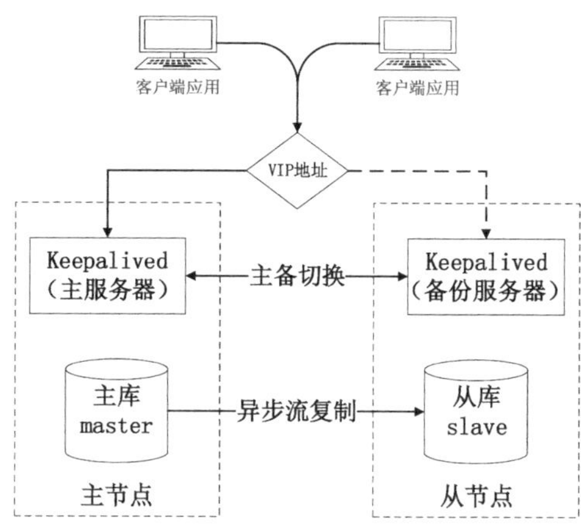

图 11.1

11.1.2 【实战】基于 Keepalived 部署 PostgreSQL 的高可用架构

基于 Keepalived 部署 PostgreSQL 的高可用架构大致分为两步。

(1) 部署 PostgreSQL 的主从复制集群，可以采用“一主一从”或“一主多从”的方式，应根据实际生产环境的需要决定。

(2) 部署 Keepalived，实现 PostgreSQL 的主从复制集群的高可用。

11.1.2.1 部署基于流复制的主从复制集群

下面采用“一主一从”的方式来部署 PostgreSQL 的主从复制集群。表 11.1 中列举了部署主机的基本信息。

表 11.1

主机名	IP 地址	角色	操作系统	数据库目录
master	192.168.79.173	主库	CentOS 7	/home/postgres/training/pgsql/data
slave1	192.168.79.178	从库	CentOS 7	/home/postgres/training/pgsql/data

具体的操作步骤如下。

(1) 使用 root 用户设置每台主机的主机名。

```
--主库
hostnamectl  set-hostname master
--从库
hostnamectl  set-hostname slave1
```

(2) 编辑每台主机的/ctc/hosts 文件，设置主机名和 IP 地址的对应关系。

```
192.168.79.173 master
```

```
192.168.79.178 slave1
```

（3）在主库 master 上修改 postgresql.conf 文件，设置监听地址。

```
listen_addresses = '*'
```

（4）在主库 master 上创建流复制的用户。

```
postgres=# create user replicator replication password 'Welcome_1';
```

（5）在主库 master 上修改 pg_hba.conf 文件，允许从库 slave1 通过复制用户访问数据库。

```
host    replication    replicator    192.168.79.178/24        md5
```

（6）重启主库 master。

（7）在从库 slave1 上删除原有的数据库目录。

```
[postgres@slave1 ~]$ cd training/pgsql/data/
[postgres@slave1 data]$ pwd
/home/postgres/training/pgsql/data
[postgres@slave1 data]$ rm -rf *
```

（8）在从库 slave1 上备份主库 master 的数据。

```
[postgres@slave1 data]$ cd ..
[postgres@slave1 pgsql]$ bin/pg_basebackup -h master -D data/ \
                        -U replicator -P -v -R -X stream -C -S slot1
Password:
```

输出结果如下。

```
pg_basebackup: initiating base backup, waiting for checkpoint to complete
pg_basebackup: checkpoint completed
pg_basebackup: write-ahead log start point: 0/2000028 on timeline 1
pg_basebackup: starting background WAL receiver
pg_basebackup: created replication slot "slot1"
32251/32251 kB (100%), 1/1 tablespace
pg_basebackup: write-ahead log end point: 0/2000138
pg_basebackup: waiting for background process to finish streaming ...
pg_basebackup: syncing data to disk ...
pg_basebackup: renaming backup_manifest.tmp to backup_manifest
pg_basebackup: base backup completed
```

提示　在备份完成后，在从库 slave1 的$PGDATA 环境变量下自动生成 standby.signal 文件和 postgresql.auto.conf 文件。

- standby.signal 文件用于标识当前节点为从库节点。
- postgresql.auto.conf 文件用于保存主库节点的相关连接信息。

（9）查看在从库 slave1 上自动生成的 data/postgresql.auto.conf 文件中的内容。

```
[postgres@slave1 pgsql]$ cat data/postgresql.auto.conf
```

输出结果如下。

```
# Do not edit this file manually!
# It will be overwritten by the ALTER SYSTEM command.
primary_conninfo = 'user=replicator password=Welcome_1 channel_binding=disable host=master port=5432 sslmode=disable sslcompression=0 ssl_min_protocol_version=TLSv1.2 gssencmode=disable krbsrvname=postgres target_session_attrs=any'
primary_slot_name = 'slot1'
```

> 提示　由 postgresql.auto.conf 文件的内容可以看出，在 pg_basebackup 运行成功后自动配置了主库的流复制信息。

（10）启动从库 slave1。

```
[postgres@slave1 pgsql]$ bin/pg_ctl -D data/ -l logfile start
```

（11）使用 psql 登录从库 slave1，验证数据是否同步。

```
[postgres@slave1 pgsql]$ bin/psql
psql (15.3)
Type "help" for help.
--确认数据库信息
postgres=# \l
       List of databases
   Name      |  Owner    | Encoding | ...
-------------+----------+----------+-----
 postgres    | postgres | UTF8     | ...
 scott       | postgres | UTF8     | ...
 template0   | postgres | UTF8     | ...
             |          |          | ...
 template1   | postgres | UTF8     | ...
             |          |          | ...
(4 rows)
--切换到 scott 数据库
postgres=# \c scott
You are now connected to database "scott" as user "postgres".
--确认数据库中的表信息
scott=# \d
       List of relations
 Schema | Name | Type  |  Owner
--------+------+-------+----------
```

```
 public | dept | table | postgres
 public | emp  | table | postgres
(2 rows)
--确定部门表 dept 中的数据
scott=# select * from dept;
 deptno |   dname    |   loc
--------+------------+----------
     10 | ACCOUNTING | NEW YORK
     20 | RESEARCH   | DALLAS
     30 | SALES      | CHICAGO
     40 | OPERATIONS | BOSTON
(4 rows)
```

（12）在主库 master 上插入一条新的数据，确定从库 slave1 上的数据是否自动完成了同步。

```
--主库 master
[postgres@master pgsql]$ bin/psql
psql (15.3)
Type "help" for help.

postgres=# \c scott
You are now connected to database "scott" as user "postgres".
scott=# insert into dept values(50,'Dev','NEW YORK');
INSERT 0 1

--从库 slave1
scott=# select * from dept;
 deptno |   dname    |   loc
--------+------------+----------
     10 | ACCOUNTING | NEW YORK
     20 | RESEARCH   | DALLAS
     30 | SALES      | CHICAGO
     40 | OPERATIONS | BOSTON
     50 | Dev        | NEW YORK
(5 rows)
```

提示　此时可以看到，在从库 slave1 上数据自动进行同步。

（13）在主库 master 上检查从库的相关信息。

```
postgres=# \x
postgres=# select * from pg_stat_replication;
```

输出结果如下。

```
-[ RECORD 1 ]---+-----------------------------
```

```
pid              | 11022
usesysid         | 16400
usename          | replicator
application_name | walreceiver
client_addr      | 192.168.79.178
client_hostname  |
client_port      | 26258
backend_start    | 2023-06-07 18:42:55.975594+08
backend_xmin     |
state            | streaming
sent_lsn         | 0/3000BA8
write_lsn        | 0/3000BA8
flush_lsn        | 0/3000BA8
replay_lsn       | 0/3000BA8
write_lag        |
flush_lag        |
replay_lag       |
sync_priority    | 0
sync_state       | async
reply_time       | 2023-06-07 18:50:47.414776+08
```

（14）检查主库 master 上的进程信息。

```
[postgres@master pgsql]$ ps -ef|grep postgres:
... postgres: checkpointer
... postgres: background writer
... postgres: walwriter
... postgres: autovacuum launcher
... postgres: stats collector
... postgres: logical replication launcher
... postgres: walsender replicator 192.168.79.178(26258)
        streaming 0/3000BA8
```

> 提示　此时在主库 master 上可以看到，后台进程 walsender 正在向 replicator 192.168.79.178(26258) streaming 0/3000BA8 推送日志信息。

（15）检查从库 slave1 上的进程信息。

```
[postgres@slave1 pgsql]$ ps -ef|grep postgres:
... postgres: startup recovering 000000010000000000000003
... postgres: checkpointer
... postgres: background writer
... postgres: stats collector
... postgres: walreceiver streaming 0/3000BA8
```

> 提示　此时在从库 slave1 上可以看到，后台进程 walreceiver 正在从流复制 3000BA8 中接收推送过来的日志信息。

11.1.2.2　手动完成主从复制集群的主从切换

如果因为意外或故障导致主库 master 不可用，就可以直接通过手动方式将从库 slave1 提升为主库对外提供服务。待原主库 master 故障解决之后，可以直接作为新的从库使用，并在新的主库（原来的从库）上同步数据。

下面模拟这个过程。

（1）在主库 master 上停止数据库服务，模拟数据库宕机。

```
[postgres@master pgsql]$ bin/pg_ctl -D data/ -l logfile stop -m fast
```

（2）将从库 slave1 提升为新的主库，并对外提供服务。

```
[postgres@slave1 pgsql]$ bin/pg_ctl -D data/ -l logfile promote
```

输出结果如下。

```
waiting for server to promote.... done
server promoted
```

> 提示　当把从库 slave1 提升为新的主库后，slave1 会发生如下几点变化。
>
> - 后台进程中不再有 startup recovering 进程及 walreceiver streaming 进程。
> - 增加 walwriter 进程。
> - $PGDATA/standby.signal 文件自动消失。
>
> slave1 上的这 3 点变化说明，当前节点已经不再是从库节点，已经被提升为主库节点。

（3）在新的主库（原来的从库）slave1 上修改$PGDATA/pg_hba.conf 文件，以允许新的从库可以通过 replicator 用户访问数据库的条目信息。

```
host    replication    replicator    192.168.79.173/24        md5
```

（4）重启新的主库（原来的从库）slave1，并查看后台进程的信息。

```
[postgres@slave1 pgsql]$ bin/pg_ctl -D data/ -l logfile restart
[postgres@slave1 pgsql]$ ps -ef|grep postgres:
```

输出结果如下。

```
... postgres: checkpointer
... postgres: background writer
... postgres: walwriter
```

```
... postgres: autovacuum launcher
... postgres: stats collector
... postgres: logical replication launcher
... postgres: walsender replicator 192.168.79.173(48555)
          streaming 0/3013B90
```

> 提示 此时需要多等待一段时间才能观察到 walsender 进程。

（5）在新的从库（原来的主库）上新建$PGDATA/standby.signal 文件。

```
[postgres@master pgsql]$ pwd
/home/postgres/training/pgsql
[postgres@master pgsql]$ touch data/standby.signal
[postgres@master pgsql]$ ll data/standby.signal
-rw-rw-r-- 1 postgres postgres 0 Jun  7 19:21 data/standby.signal
```

（6）在新的从库（原来的主库）上修改$PGDATA/postgresql.auto.conf 文件，并增加以下内容。

```
primary_conninfo='user=replicator password=Welcome_1 host=slave1 port=5432'
```

（7）启动新的从库（原来的主库）。

```
[postgres@master pgsql]$ bin/pg_ctl -D data/ -l logfile start
```

（8）在新的从库（原来的主库）上查看 PostgreSQL 的后台进程的信息。

```
[postgres@master pgsql]$ ps -ef|grep postgres:
```

输出结果如下。

```
... postgres: startup recovering 000000020000000000000003
... postgres: checkpointer
... postgres: background writer
... postgres: stats collector
... postgres: walreceiver streaming 0/3013B90
```

（9）在新的主库（原来的从库）上查看从库的相关信息。

```
[postgres@slave1 pgsql]$ bin/psql
psql (15.3)
Type "help" for help.
postgres=# \x
Expanded display is on.
postgres=# select * from pg_stat_replication;
```

输出结果如下。

```
-[ RECORD 1 ]---+-------------------------------
pid              | 13859
```

```
usesysid          | 16400
usename           | replicator
application_name| walreceiver
client_addr      | 192.168.79.173
client_hostname  |
client_port      | 48555
backend_start    | 2023-06-07 19:20:29.226877+08
backend_xmin     |
state            | streaming
sent_lsn         | 0/3013B90
write_lsn        | 0/3013B90
flush_lsn        | 0/3013B90
replay_lsn       | 0/3013B90
write_lag        |
flush_lag        |
replay_lag       |
sync_priority    | 0
sync_state       | async
reply_time       | 2023-06-07 19:23:29.698543+08
```

> 提示　至此，通过手动方式完成了 PostgreSQL 主从复制集群的主从切换。在原来的主库恢复运行后将作为从库运行。此时可以将其重新设置为主库，而把当前的主库重新设置为从库。具体的操作为第（10）步和第（11）步。

（10）在当前从库（原来的主库）上执行以下操作。

- 停止数据库服务。
- 删除$PGDATA/standby.signal 文件。
- 启动数据库服务。

（11）在当前主库（原来的从库）上执行以下操作。

- 停止数据库服务。
- 使用 postgres 用户创建$PGDATA/standby.signal 文件，并在该文件中添加如下内容。

```
standby_mode = 'on'
```

- 启动数据库服务。

（12）再次验证主从复制中的数据是否同步。

11.1.2.3　基于 Keepalived 自动完成主从复制集群的主从切换

当主库发生故障时，尽管可以通过手动方式进行主从复制集群的主从切换，但在实际的生产环境中更好的方式是自动完成这样的工作，并且当主从切换完成后，对于客户端的连接方式应该保持不变。

为了解决这样的问题，可以在实际生产中使用 Keepalived 实现 PostgreSQL 的主从复制集群的自动主从切换，并且通过 Keepalived 提供的 VIP 地址能够保证客户端的连接访问地址不会发生变化。

按照以下步骤可以实现图 11.1 中的高可用架构。

（1）按照 11.1.2.1 节介绍的步骤部署 PostgreSQL 的主从复制集群。

（2）在每个节点上安装 Keepalived。

```
#主库
[root@master ~]# yum install -y keepalived
#从库
[root@slave1 ~]# yum install -y keepalived
```

（3）在主库 master 上创建脚本“/home/postgres/training/pgsql/bin/check_pg.sh”检查 PostgreSQL 的运行状态，并在脚本中输入以下内容。

> 提示 关于完整代码，请参考“脚本与代码\11\check_pg.sh”。

```
#!/bin/bash
counter=$(netstat -na|grep "LISTEN"|grep "5432"|wc -l)
if [ "${counter}" -eq 0 ]; then
   systemctl stop keepalived
fi
```

> 提示 check_pg.sh 脚本会检查 PostgreSQL 的运行状态。如果发现 PostgreSQL 出现故障，即 5432 端口不能正常访问，那么 Keepalived 会选择自动停止。这样就可以由 BACKUP 的 Keepalived 通过心跳检测获知该情况，从而接管 VIP 地址的请求。

（4）在主库 master 上授予 check_pg.sh 脚本可执行的权限。

```
[root@master ~]# chmod +x /home/postgres/training/pgsql/bin/check_pg.sh
```

（5）在主库 master 上清空文件“/etc/keepalived/keepalived.conf”，并输入以下内容配置 Keepalived。

> 提示 关于完整代码，请参考“脚本与代码\11\check_pg.sh”。

```
! Configuration File for keepalived

global_defs {
```

```
  router_id lb01
}

#检测 MySQL 服务是否正在运行
vrrp_script chk_pg_port {
    #这里通过脚本进行检测
    script "/home/postgres/training/pgsql/bin/check_pg.sh"
    #脚本每 2 秒检测 1 次
    interval 2
    #连续 2 次失败才确定是真失败
    fall 2
    #检测 1 次成功就算成功，但不修改优先级
    rise 1
}

vrrp_instance VI_1 {
    state MASTER
    #指定 VIP 地址的网卡接口
    interface ens33
    #路由器标识，MASTER 和 BACKUP 必须是一致的
    virtual_router_id 51
    #定义优先级，数字越大优先级越高
    #MASTER 的优先级必须高于 BACKUP 的优先级
    #这样当 MASTER 的故障解决后，就可以将 VIP 地址资源再次抢回来
    priority 101
    advert_int 1
    authentication {
      auth_type PASS
      auth_pass 1234
    }
    #定义 VIP 地址
    virtual_ipaddress {
        192.168.79.10
    }

   track_script {
     chk_pg_port
   }
}
```

（6）在主库 master 上启动 Keepalived，并查看 Keepalived 的运行状态。

```
[root@master ~]# systemctl start keepalived
[root@master ~]# systemctl status keepalived
```

输出结果如下。

```
● keepalived.service - LVS and VRRP High Availability Monitor
...
... VRRP_Instance(VI_1) Transition to MASTER STATE
... VRRP_Instance(VI_1) Entering MASTER STATE
... VRRP_Instance(VI_1) setting protocol VIPs.
... Sending gratuitous ARP on ens33 for 192.168.79.10
... Sending gratuitous ARP on ens33 for 192.168.79.10
...
```

（7）在主库 master 上查看 VIP 地址的信息。

```
[root@master ~]# ip addr |grep 192.168.79.10
```

输出结果如下。

```
inet 192.168.79.10/32 scope global ens33
```

> 提示 由输出结果可以看出，当前 Keepalived 的 VIP 地址位于主库 master 上。

（8）在从库 slave1 上创建与主库 master 相同的脚本 check_pg.sh，用于检查 PostgreSQL 的运行状态，并授予可执行的权限。

（9）在从库 slave1 上创建脚本“/home/postgres/training/pgsql/bin/failover.sh”，用于完成主从切换，并在脚本中输入以下内容。

> 提示 关于完整代码，请参考“脚本与代码\11\failover.sh”。

```
#!/bin/bash
su postgres<<!

#切换到 PostgreSQL 的安装目录下
cd /home/postgres/training/pgsql

#将从库提升为新的主库
bin/pg_ctl -D data/ -l logfile promote

#修改从库 slave1 上的 pg_hba.conf 文件
#允许新的从库可以通过 replicator 用户访问数据库的条目信息
echo 'host replication replicator 192.168.79.173/24 md5' >> data/pg_hba.
conf

#重启新的主库
bin/pg_ctl -D data/ -l logfile restart
exit
!
```

```
echo "PostgreSQL is switched."
```

> 提示　failover.sh 脚本中第二行的 su 命令用于切换到 postgres 用户。

（10）在从库 slave1 上授予脚本 failover.sh 可执行的权限。

```
[root@slave1 ~]# chmod +x /home/postgres/training/pgsql/bin/failover.sh
```

（11）在从库 slave1 上清空文件“/etc/keepalived/keepalived.conf”，并输入以下内容配置 Keepalived。

> 提示　关于完整代码，请参考“脚本与代码\11\keepalived-slave.conf”。

```
! Configuration File for keepalived

global_defs {
  router_id lb01
}

#检测数据库服务是否正在运行
vrrp_script chk_pg_port {
    #这里通过脚本进行检测
    script "/home/postgres/training/pgsql/bin/check_pg.sh"
    #脚本每 2 秒检测 1 次
    interval 2
    #连续 2 次失败才确定是真失败
    fall 2
    #检测 1 次成功就算成功，但不修改优先级
    rise 1
}

vrrp_instance VI_1 {
    state BACKUP
    #指定 VIP 地址的网卡接口
    interface ens33
    #路由器标识，MASTER 和 BACKUP 必须是一致的
    virtual_router_id 51
    #定义优先级，数字越大优先级越高
    #MASTER 的优先级必须高于 BACKUP 的优先级
    #当 MASTER 的故障解决后，就可以将 VIP 地址资源再次抢回来
    priority 90
    advert_int 1
    authentication {
      auth_type PASS
```

```
        auth_pass 1234
    }
    #定义 VIP 地址
    virtual_ipaddress {
        192.168.79.10
    }

    track_script {
       chk_pg_port
    }

    #在当前节点成为 MASTER 时，通知脚本执行任务
    notify_master /home/postgres/training/pgsql/bin/failover.sh
}
```

> 提示 为了实现 PostgreSQL 的主从节点的自动切换，在 Keepalived 配置文件的最后使用 notify_master 标签是为了在当前节点成为 Keepalived 的主节点时，可以自动运行 failover.sh 脚本把当前节点 slave1 上的数据库提升为新的主库。

（12）在从库 slave1 上启动 Keepalived，并查看 PostgreSQL 的后台进程的信息。

```
[root@slave1 ~]# systemctl start keepalived
[root@slave1 ~]# su - postgres
[postgres@slave1 ~]$ ps -ef|grep postgres:
```

输出结果如下。

```
... postgres: startup recovering 000000010000000000000003
... postgres: checkpointer
... postgres: background writer
... postgres: stats collector
... postgres: walreceiver streaming 0/3001688
```

（13）在从库 slave1 上查看 VIP 地址的信息。

```
[root@slave1 ~]# ip addr |grep 192.168.79.10
```

> 提示 此时从库 slave1 上没有任何 VIP 地址的信息，因为此时 VIP 地址在主库 master 的主机上。

（14）在主库 master 上停止 PostgreSQL 数据库服务。

```
[postgres@master pgsql]$ bin/pg_ctl -D data/ -l logfile stop -m fast
```

（15）在主库 master 上查看 Keepalived 的后台进程的信息。

```
[postgres@master pgsql]$ ps -ef |grep keepalived
```

> 提示　此时没有任何 Keepalived 的进程信息，因为检测到 PostgreSQL 数据库服务出现故障，Keepalived 选择自动停止。

（16）在从库 slave1 上查看 VIP 地址的信息。

```
[root@slave1 ~]# ip addr |grep 192.168.79.10
```

输出结果如下。

```
inet 192.168.79.10/32 scope global ens33
```

> 提示　此时 VIP 地址已经漂移到从库 slave1 上，并且从库 slave1 已经被提升为新的 PostgreSQL 的主库。

（17）在新的主库 slave1 上检查后台进程的信息。

```
[postgres@slave1 ~]$ ps -ef|grep postgres:
```

输出结果如下。

```
... postgres: checkpointer
... postgres: background writer
... postgres: walwriter
... postgres: autovacuum launcher
... postgres: stats collector
... postgres: logical replication launcher
```

> 提示　通过对比第（13）步和第（16）步中从库 slave1 上的 VIP 地址信息可以看出，PostgreSQL 利用 Keepalived 自动完成了主从切换。

11.2　基于 pg_auto_failover 扩展的高可用架构

虽然 PostgreSQL 支持主从复制，但缺乏一项重要的功能——故障的自动转移。11.1 节基于 Keepalived 实现了 PostgreSQL 主从集群的自动切换，而利用 PostgreSQL 的 pg_auto_failover 扩展也可以完成类似的功能。pg_auto_failover 扩展并没有被包含在 PostgreSQL 的核心软件包中，因此需要单独安装与配置。

11.2.1　pg_auto_failover 扩展的体系架构

pg_auto_failover 是 PostgreSQL 支持的一个扩展，可以提供监控和管理集群中故障转移的功能。基于 pg_auto_failover 扩展的 PostgreSQL 的高可用架构主要有 3 种，分别为单备节点架构、双备节点架构和三备节点架构。

除了这 3 种主要的架构，pg_auto_failover 扩展还支持异步节点多备架构。

11.2.1.1 单备节点架构

基于 pg_auto_failover 扩展的单备节点架构如图 11.2 所示。

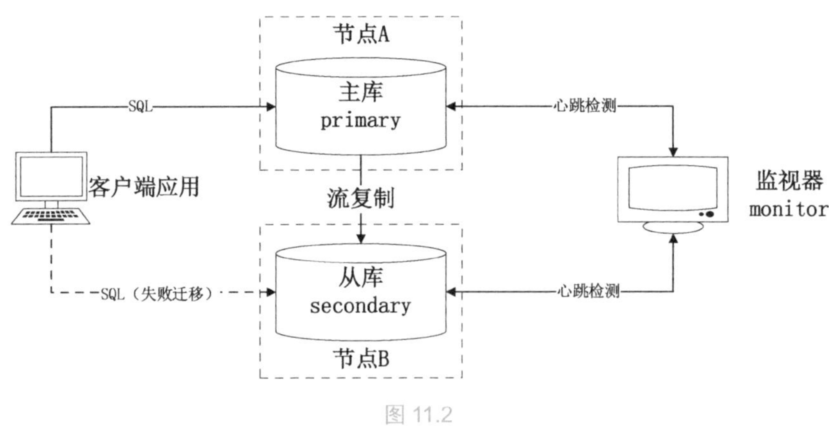

图 11.2

这种架构共需要 3 个节点。

- 主节点：负责接收客户端请求。
- 第二节点：使用流复制同步主节点数据，当主节点发生故障时会自动切换成新的主节点。
- Monitor 节点：pg_auto_failover 扩展的 Coordinator 节点，用于管理集群及高可用的切换。

其中，Monitor 节点用于实现和维护集群的状态机，并依赖 PostgreSQL 内核来管理集群的高可用。例如，在检测到第二节点不可用时，Monitor 节点会从主节点的 synchronous_standby_names 参数中移除第二节点。在第二节点恢复正常运行之前，不允许执行故障转移和切换操作，以防止数据丢失。

11.2.1.2 双备节点架构

基于 pg_auto_failover 扩展的双备节点架构如图 11.3 所示。这种架构与单备节点架构最主要的区别就是多了一个第二节点。主节点上的数据会使用流复制同步到这两个第二节点上。

11.2.1.3 三备节点架构

基于 pg_auto_failover 扩展的三备节点架构如图 11.4 所示。这种架构与双备节点架构最主要的区别就是又多了一个第二节点，因此第二节点的总数为 3 个。主节点上的数据会使用流复制同步到这 3 个第二节点上。

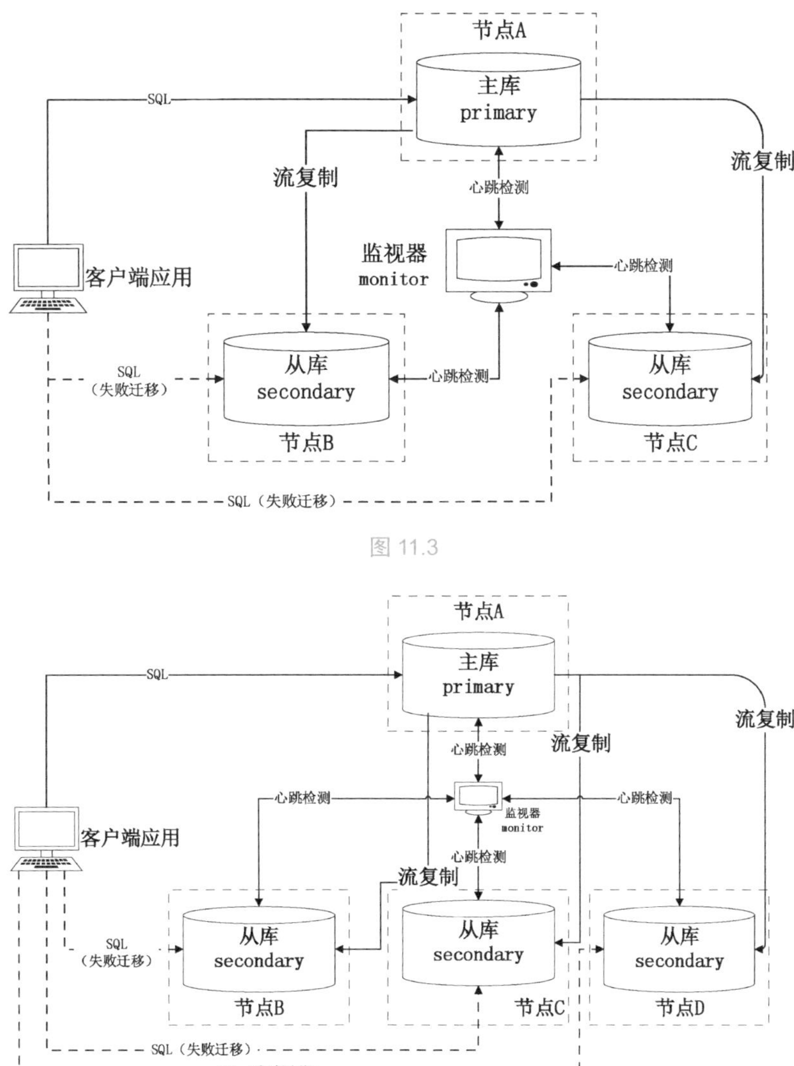

图 11.3

图 11.4

11.2.1.4　异步节点多备架构

前 3 种架构都采用同步方式进行主从节点的数据同步，pg_auto_failover 扩展也支持采用异步方式完成主从节点的数据同步。

图 11.5 所示是在三备节点架构的基础上将“节点 D”改成异步流复制方式，以完成与主节点的数据同步。

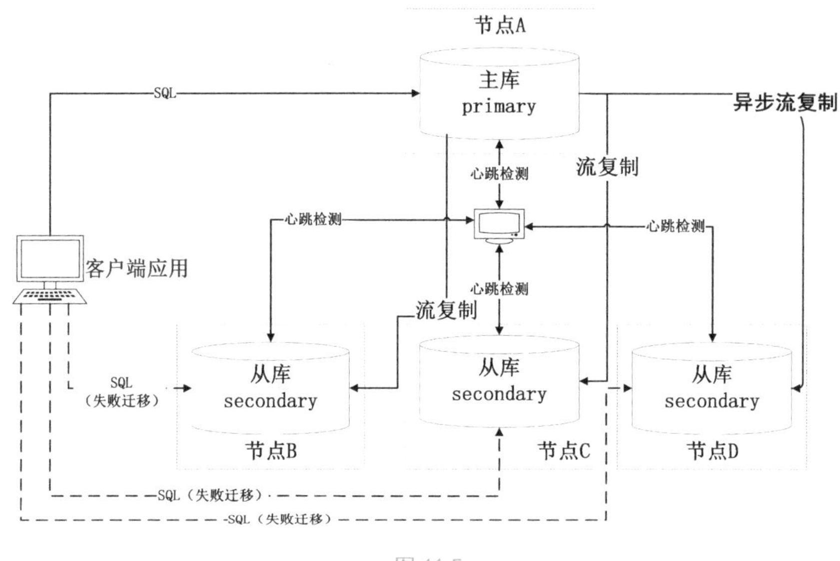

图 11.5

11.2.2 搭建基于 pg_auto_failover 扩展的高可用集群

由于 pg_auto_failover 扩展的安装与配置需要比较多的依赖，因此建议使用官方提供的安装脚本进行配置。在安装完成后，该脚本会自动安装 PostgreSQL 及 pg_auto_failover 扩展。

下面以单备节点架构为例进行演示，表 11.2 中列举了所使用到的主机信息。

表 11.2

主机名	IP 地址	角色	操作系统
monitor	192.168.79.173	Monitor	CentOS 7
primary	192.168.79.178	Primary	CentOS 7
secondary	192.168.79.182	Secondary	CentOS 7

11.2.2.1 安装与配置 pg_auto_failover 扩展

下面演示安装与配置 pg_auto_failover 扩展。

（1）关闭每台主机的防火墙。

```
systemctl stop firewalld.service
systemctl disable firewalld.service
```

（2）设置每台主机的主机名。

```
--monitor
hostnamectl set-hostname monitor
--primary
```

```
hostnamectl set-hostname primary
--secondary
hostnamectl set-hostname secondary
```

（3）在每台主机上编辑/etc/hosts 文件，设置主机名与 IP 地址的对应关系。

```
192.168.79.173 monitor
192.168.79.178 primary
192.168.79.182 secondary
```

（4）在每台主机上编辑/etc/sudoers 文件并增加以下内容。

```
postgres ALL=(ALL)       ALL
```

（5）在每台主机上切换到 postgres 用户并安装相应的 yum 源。

```
su - postgres
curl https://install.citusdata.com/community/rpm.sh | sudo bash
```

这一步需要输入 postgres 用户的密码。

（6）列出 pg-auto-failover 所有版本的信息。

```
sudo yum list all | grep pg-auto-failover
```

输出结果如下。

```
pg-auto-failover10_10.x86_64              ...
pg-auto-failover10_10-debuginfo.x86_64     ...
pg-auto-failover10_11.x86_64              ...
pg-auto-failover10_11-debuginfo.x86_64     ...
pg-auto-failover10_12.x86_64              ...
...
pg-auto-failover15_13.x86_64              ...
...
```

（7）选择一个相对稳定的版本，在每台主机上执行以下语句进行安装。

```
sudo yum install -y pg-auto-failover14_13
```

（8）在每台主机上编辑~/.bash_profile 文件并设置环境变量。

```
export PGDATA=/var/lib/pgsql/13/data
export PGHOME=/usr/pgsql-13
export PATH=/usr/local/sbin:/usr/local/bin:/usr/sbin:/usr/bin:/usr/pgsql-
13/bin
```

（9）使每台主机上设置的环境变量生效。

```
source ~/.bash_profile
```

（10）在 monitor 节点上执行初始化操作。

```
[postgres@monitor ~]$ pg_autoctl create monitor \
     --pgdata /var/lib/pgsql/13/data  \
     --pgport 5432 --hostname monitor \
     --auth trust --ssl-self-signed --run
```

初始化成功后，输出的信息如图 11.6 所示。

```
18:08:38 4320 INFO  Postgres is now serving PGDATA "/var/lib/pgsql/13/data" on port 5432 with pid 4326
18:08:38 4321 WARN  NOTICE:  installing required extension "btree_gist"
18:08:39 4321 INFO  Your pg_auto_failover monitor instance is now ready on port 5432.
18:08:39 4321 INFO  Monitor has been successfully initialized.
18:08:39 4321 INFO   /usr/pgsql-13/bin/pg_autoctl do service listener --pgdata /var/lib/pgsql/13/data -v
18:08:39 4321 INFO  Managing the monitor at postgres://autoctl_node@monitor:5432/pg_auto_failover?sslmode=require
18:08:39 4321 INFO  Reloaded the new configuration from "/home/postgres/.config/pg_autoctl/var/lib/pgsql/13/data/pg
_autoctl.cfg"
18:08:40 4321 INFO  The version of extension "pgautofailover" is "1.4" on the monitor
18:08:40 4321 INFO  Contacting the monitor to LISTEN to its events.
```

图 11.6

> 提示　该初始化操作会在 pg_hba.conf 文件中自动添加以下配置。
>
> ```
> # Auto-generated by pg_auto_failover
> hostssl "pg_auto_failover" "autoctl_node" 192.168.79.0/24 trust
> ```

（11）在 monitor 节点上查看 Monitor 的 URI 信息。

```
[postgres@monitor ~]$ pg_autoctl show uri
```

输出结果如下。

```
     Type |    Name | Connection String
-----------+---------+------------------------------
   monitor | monitor | postgres://autoctl_node@monitor:5432/pg_...
 formation | default |
```

（12）在 monitor 节点上使用 psql 登录 PostgreSQL 服务器，验证初始化成功的相关信息。

```
[postgres@monitor ~]$ psql
psql (13.11)
Type "help" for help.

--查看数据库列表信息
postgres=# \l
              List of databases
       Name        |  Owner   | ...
------------------+----------+-----
 pg_auto_failover | autoctl  | ...
 postgres         | postgres | ...
 template0        | postgres | ...
 template1        | postgres | ...
```

```
(4 rows)

--切换到 pg_auto_failover 数据库
postgres=# \c pg_auto_failover
You are now connected to database "pg_auto_failover" as user "postgres".

--验证自动安装的扩展
pg_auto_failover=# \dx
    List of installed extensions
     Name       | Version |...
----------------+---------+---
 btree_gist     | 1.5     |...
 pgautofailover | 1.4     |...
 plpgsql        | 1.0     |...
(3 rows)

--验证自动创建的角色信息
pg_auto_failover=# \du
             List of roles
  Role name    |   Attributes   | Member of
---------------+----------------+-----------
 autoctl       |                | {}
 autoctl_node  |                | {}
 ...
```

（13）在 primary 节点上执行以下语句创建主节点。

```
[postgres@primary ~]$ pg_autoctl create postgres --hostname primary \
 --auth trust --ssl-self-signed --monitor \
 'postgres://autoctl_node@monitor:5432/pg_auto_failover?sslmode=require' \
 --run
```

创建成功后将输出以下信息。

```
...
... pg_autoctl service is running, current state is "single"
```

此时在 monitor 节点上可以观察到以下信息。

```
...
... Registering node 1 "node_1" (primary:5432) to formation "default"
    with replication quorum true and candidate priority 50 [50]
... Setting goal state of node 1 "node_1" (primary:5432) to single
    as there is no other node.
... New state for node 1 "node_1" (primary:5432): init ➜ single
... Node 1 (primary:5432) is marked as healthy by the monitor
... New state is reported by node 1 "node_1" (primary:5432): "single"
```

```
... New state for node 1 "node_1" (primary:5432): single ➜ single
```

（14）在 monitor 节点上查看集群的状态。

```
[postgres@monitor ~]$ pg_autoctl show state
```

输出结果如下。

```
  Name|Node|   Host:Port |    LSN |Reachable |Current State |Assigned State
------+----+------------+----------+---------+------------+-------------
node_1|   1|primary:5432 |0/165FF10 |      yes |      single |      single
```

（15）在 secondary 节点上执行以下语句创建第二节点。

```
[postgres@secondary ~]$ pg_autoctl create postgres --hostname secondary  \
--auth trust --ssl-self-signed --monitor \
'postgres://autoctl_node@monitor:5432/pg_auto_failover?sslmode=require' \
--run
```

创建成功后将输出以下信息。

```
...
... pg_autoctl service is running, current state is "catchingup"
... Fetched current list of 1 other nodes from the monitor to
    update HBA rules, including 1 changes.
... Ensuring HBA rules for node 1 "node_1" (primary:5432)
... Monitor assigned new state "secondary"
... FSM transition from "catchingup" to "secondary": Convinced the
    monitor that I'm up and running, and eligible for promotion again
... Creating replication slot "pgautofailover_standby_1"
... Transition complete: current state is now "secondary"
... New state for node 1 "node_1" (primary:5432): primary ➜ primary
```

此时在 primary 节点上将输出以下信息。

```
...
... Transition complete: current state is now "primary"
... New state for this node (node 1, "node_1") (primary:5432):
    primary ➜ primary
```

（16）在 monitor 节点上查看集群的状态。

```
[postgres@monitor ~]$ pg_autoctl show state
```

输出结果如下。

```
  Name|Node|   Host:Port|      LSN |Reachable|Current State|Assigned State
------+----+------------+-----------+--------+------------+------------
node_1|   1|  primary:5432|0/3000148|      yes|     primary |      primary
node_2|   2|secondary:5432|0/3000148|      yes|    secondary|    secondary
```

至此，基于 pg_auto_failover 扩展的单备节点架构搭建完成。

11.2.2.2　配置 pg_auto_failover 扩展的开机自启动

在 pg_auto_failover 扩展的单备节点架构搭建完成后，可以使用 systemd 来管理 pg_auto_failover 扩展的运行，从而实现 pg_auto_failover 扩展的开机自启动功能，以防止重启操作系统后需要手动通过 pg_autoctl 命令来启动集群。

（1）在 monitor 节点上生成 pgautofailover.service 自启动服务配置文件。

```
[postgres@monitor ~]$ pg_autoctl -q show systemd \
    --pgdata /var/lib/pgsql/13/data > \
 pgautofailover.service
```

（2）查看生成的 pgautofailover.service 文件的内容。

```
[postgres@monitor ~]$ cat pgautofailover.service
```

输出结果如下。

```
[Unit]
Description = pg_auto_failover

[Service]
WorkingDirectory = /home/postgres
Environment = 'PGDATA=/var/lib/pgsql/13/data'
User = postgres
ExecStart = /usr/pgsql-13/bin/pg_autoctl run
Restart = always
StartLimitBurst = 0

[Install]
WantedBy = multi-user.target
```

（3）切换到 root 用户，将生成的 pgautofailover.service 文件部署到“/usr/lib/systemd/system/”目录下。

```
[root@monitor ~]# mv /home/postgres/pgautofailover.service \
                     /usr/lib/systemd/system/
[root@monitor ~]# systemctl daemon-reload
[root@monitor ~]# setenforce 0
[root@monitor ~]# systemctl enable pgautofailover.service
```

（4）切换到 postgres 用户，停止 monitor 服务。

```
[postgres@monitor ~]$ pg_autoctl stop monitor
```

（5）通过操作系统命令 systemctl 启动 monitor 服务，并查看 monitor 服务的状态。

```
[root@monitor ~]# systemctl start pgautofailover.service
[root@monitor ~]# systemctl status pgautofailover.service
```

输出结果如下。

```
● pgautofailover.service - pg_auto_failover
   Loaded: loaded (/usr/lib/systemd/system/pgautofailover.service;
          enabled; vendor preset: disabled)
   Active: active (running) since Thu 2023-06-08 19:25:35 CST; 1s ago
 Main PID: 13131 (pg_autoctl)
   CGroup: /system.slice/pgautofailover.service
 ...
```

（6）在 primary 节点上执行类似的操作，生成 postgresprimary.service 文件。

```
[postgres@primary ~]$ pg_autoctl -q show systemd \
         --pgdata /var/lib/pgsql/13/data > \
         postgresprimary.service
```

（7）查看生成的 postgresprimary.service 文件。

```
[postgres@primary ~]$ cat postgresprimary.service
```

输出结果如下。

```
[Unit]
Description = pg_auto_failover

[Service]
WorkingDirectory = /home/postgres
Environment = 'PGDATA=/var/lib/pgsql/13/data'
User = postgres
ExecStart = /usr/pgsql-13/bin/pg_autoctl run
Restart = always
StartLimitBurst = 0

[Install]
WantedBy = multi-user.target
```

（8）切换到 root 用户，将 postgresprimary.service 文件部署到“/usr/lib/systemd/system/”目录下。

```
[root@primary ~]# mv /home/postgres/postgresprimary.service \
                     /usr/lib/systemd/system/
[root@primary ~]# systemctl daemon-reload
[root@primary ~]# setenforce 0
[root@primary ~]# systemctl enable postgresprimary.service
```

（9）在 primary 节点上验证是否能够使用操作系统命令 systemctl 启动 primary 服务。

（10）secondary 节点上的操作与 primary 节点上的操作完全相同。

11.2.3　pg_auto_failover 扩展的故障转移

在成功部署 pg_auto_failover 扩展后，就可以完成数据库集群的主从切换，以及客户端的故障转移。

11.2.3.1　集群的主从切换

在安装与配置好 pg_auto_failover 扩展后，就可以实现 PostgreSQL 主从复制集群的主从切换。当主节点发生故障时，pg_auto_failover 扩展能够自动完成切换任务，并将第二节点提升为新的主节点。另外，pg_auto_failover 扩展还支持手动切换方式。

（1）在 monitor 节点上查看集群的状态。

```
[postgres@monitor ~]$ pg_autoctl show state
```

输出结果如下。

```
 Name |Node|   Host:Port |   LSN  |Reachable|Current State|Assigned State
------+----+-------------+---------+---------+------------+-------------
node_1|  1|  primary:5432|0/3012280|     yes |     primary|     primary
node_2|  2|secondary:5432|0/3012280|     yes |   secondary|    secondary
```

（2）在 primary 节点上使用 psql 登录数据库，并创建新的表和数据。

```
[postgres@primary ~]$ psql
psql (13.11)
Type "help" for help.

postgres=# create table testtable(tid int,tname varchar(10));
CREATE TABLE
postgres=# insert into testtable values(1,'tom'),(2,'mary');
INSERT 0 2
postgres=# select * from testtable ;
 tid | tname
-----+-------
   1 | tom
   2 | mary
(2 rows)
```

（3）在 secondary 节点上验证数据是否同步。

```
[postgres@secondary ~]$ psql
psql (13.11)
Type "help" for help.

postgres=# \d
            List of relations
 Schema |       Name        | Type  | Owner
```

```
--------+--------------------+-------+----------
 public | pg_stat_statements | view  | postgres
 public | testtable          | table | postgres
(2 rows)

postgres=# select * from testtable ;
 tid | tname
-----+-------
   1 | tom
   2 | mary
(2 rows)
```

> 提示 可以看出，PostgreSQL 完成了数据的主从复制。在默认情况下，第二节点 secondary 处于只读状态。

（4）在 primary 节点上使用 root 用户执行命令关闭主节点，以模拟数据库宕机。

```
[root@primary ~]# systemctl stop postgresprimary.service
```

（5）在 monitor 节点上多查看几次集群的状态。

```
[postgres@monitor ~]$ pg_autoctl show state
```

输出结果如下。

```
--第一次查看
  Name|Node|    Host:Port |     LSN  |Reachable|Current State| Assigned State
------+----+--------------+---------+---------+-------------+--------------
node_1|   1|  primary:5432|0/305EC48|       no|      primary|    primary
node_2|   2|secondary:5432|0/305EC48|      yes|    secondary|  secondary

--第二次查看
 Name|Node|    Host:Port|     LSN|Reachable|Current State| Assigned State
-----+----+-------------+--------+---------+-------------+---------------
node_1|   1|primary:5432|0/305EC48|      no  |      primary|demote_timeout
node_2|   2|secondary:5432|0/305EE10|     yes |stop_replication|stop_replication

--第三次查看
  Name|Node|    Host:Port|     LSN|Reachable|  Current State|  Assigned State
-----+----+-------------+--------+---------+---------------+---------------
node_1|   1|  primary:5432|0/305EC48|      no|        primary|        demoted
node_2|   2|secondary:5432|0/305EE48|     yes|   wait_primary|   wait_primary
```

（6）在 primary 节点重新启动数据库服务。

```
[root@primary ~]# systemctl start postgresprimary.service
```

（7）在 monitor 节点上再次查看集群的状态。

```
[postgres@monitor ~]$ pg_autoctl show state
```

输出结果如下。

```
  Name|Node|     Host:Port|      LSN|Reachable|Current State|Assigned State
------+----+--------------+---------+---------+-------------+--------------
node_1|   1|  primary:5432|0/30775E8|      yes|    secondary|     secondary
node_2|   2|secondary:5432|0/30775E8|      yes|      primary|       primary
```

> 提示　此时可以看到，node_1 已经由最初的 primary 状态切换成 secondary 状态，node_2 则由最初的 secondary 状态切换成 primary 状态。

（8）在 monitor 节点上执行如下命令完成手动切换。

```
[postgres@monitor ~]$ pg_autoctl perform switchover
```

输出结果如下。

```
   21:47:03 30280 INFO  Listening monitor notifications about state changes
in formation "default" and group 0
   21:47:03 30280 INFO  Following table displays times when notifications are
received
      Time |   Name|Node|    Host:Port |   Current State |  Assigned State
   --------+-------+----+--------------+-----------------+-----------------
   21:47:03| node_2|   2|secondary:5432|         primary |        draining
   21:47:03| node_1|   1|  primary:5432|       secondary |prepare_promotion
   21:47:03| node_1|   1|  primary:5432 |prepare_promotion|prepare_promotion
   21:47:03| node_1|   1|  primary:5432 |prepare_promotion| stop_replication
   21:47:03| node_2|   2|secondary:5432|         primary |   demote_timeout
   21:47:03| node_2|   2|secondary:5432|        draining |   demote_timeout
   21:47:03| node_2|   2|secondary:5432|  demote_timeout |   demote_timeout
   21:47:04| node_1|   1|  primary:5432| stop_replication| stop_replication
   21:47:04| node_1|   1|  primary:5432| stop_replication|     wait_primary
   21:47:04| node_2|   2|secondary:5432|  demote_timeout |          demoted
   21:47:04| node_2|   2|secondary:5432|         demoted |          demoted
   21:47:04| node_1|   1|  primary:5432|    wait_primary |     wait_primary
   21:47:05| node_2|   2|secondary:5432|         demoted |       catchingup
   21:47:06| node_2|   2|secondary:5432|      catchingup |       catchingup
   21:47:06| node_2|   2|secondary:5432|      catchingup |        secondary
   21:47:07| node_2|   2|secondary:5432|       secondary |        secondary
   21:47:07| node_1|   1|  primary:5432|    wait_primary |          primary
   21:47:07| node_1|   1|  primary:5432|         primary |          primary
```

> 提示　由输出结果中“Current State”列和“Assigned State”列的数据的变化可以看出，pg_auto_failover 扩展在故障转移过程中维护了一个状态机。

（9）在 monitor 节点上再次查看集群的状态。

```
[postgres@monitor ~]$ pg_autoctl show state
```

输出结果如下。

```
  Name|Node|     Host:Port|     LSN|Reachable|Current State|Assigned State
------+----+-------------+--------+---------+-------------+-------------
node_1|   1|  primary:5432|0/308EA88|     yes |     primary  |      primary
node_2|   2|secondary:5432|0/308EA88|     yes |   secondary |    secondary
```

11.2.3.2 客户端的故障转移

从 PostgreSQL 10 开始，使用 psql 就可以利用 libpq 驱动实现故障的自动转移，但无法实现负载均衡。换句话说，当使用 psql 连接到由 pg_auto_failover 扩展管理的 PostgreSQL 主从复制集群上时，即使集群的主节点出现问题，也可以保障客户端业务的连续性。

> 提示 libpq 是一组使用 C 语言编写的 PostgreSQL 客户端 API，不仅允许客户端程序将查询传递到 PostgreSQL 后端服务器上，还可以接收这些查询返回的结果。
>
> libpq 提供了多种语言的编程接口，包括 C++、PHP、Perl、Python、Tcl、Swift 和 ECPG。

下面演示客户端的故障转移。

（1）在 monitor 节点上确定集群的状态信息。

```
[postgres@monitor ~]$ pg_autoctl show state
```

输出结果如下。

```
  Name|Node|     Host:Port|     LSN|Reachable|Current State|Assigned State
------+----+-------------+--------+---------+-------------+--------------
node_1|   1|  primary:5432|0/308EA88|      yes|     primary |      primary
node_2|   2|secondary:5432|0/308EA88|      yes|   secondary|    secondary
```

（2）修改 primary 节点和 secondary 节点上的 pg_hba.conf 文件，并增加如下内容。

```
host all all 0.0.0.0/0 trust
```

（3）在 primary 节点和 secondary 节点上重启加载配置信息。

```
pg_ctl reload -D /var/lib/pgsql/13/data
```

（4）使用 psql 连接 PostgreSQL 主从复制集群。

```
psql 'postgres://192.168.79.178:5432,192.168.79.182:5432/postgres?target_
session_attrs=read-write'
```

连接成功后输出的信息如下。

```
psql (13.11)
SSL connection
(protocol: TLSv1.2, cipher: ECDHE-RSA-AES128-GCM-SHA256,
 bits: 128, compression: off)
Type "help" for help.

postgres=#
```

> 提示　连接命令中指定了参数 target_session_attrs，该参数的取值及其含义如下。
>
> - read-write：在连接时只接收可以读/写的数据库。由于在默认情况下 PostgreSQL 主从复制的第二节点处于只读状态，因此该参数实际是指连接到主节点上。
> - any：允许连接到任意数据库，会从所有配置的连接中随机选择一个，如果连接的数据库出现故障导致连接断开，就会尝试连接其他数据库，从而实现故障转移。

（5）确定当前连接的节点的 IP 地址。

```
postgres=# select inet_server_addr();
```

输出结果如下。

```
 inet_server_addr
------------------
 192.168.79.178
(1 row)
```

> 提示　由输出结果可以看出，当前连接的是 primary 节点。

（6）创建一个测试表。

```
postgres=# create table t1(name text);
```

（7）编写一个循环插入的测试脚本 run.sh。

> 提示　关于完整代码，请参考“脚本与代码\11\run.sh”。

```
while true
do
psql 'postgres://192.168.79.178:5432,192.168.79.182:5432/postgres?target_
session_attrs=read-write' <<EOF
select inet_server_addr(),now();
insert into t1(name) values(to_char(now(),'YYYY-MM-DD hh24:mi:ss'));
EOF
sleep 1
done
```

（8）给 run.sh 脚本加上可执行权限，并执行该脚本。

```
chmod +x run.sh
./run.sh
```

输出结果如下。

```
 inet_server_addr |              now
------------------+-------------------------------
 192.168.79.178   | 2023-06-08 23:28:37.915732+08
(1 row)
INSERT 0 1

 inet_server_addr |              now
------------------+-------------------------------
 192.168.79.178   | 2023-06-08 23:28:38.946287+08
(1 row)
INSERT 0 1
```

> 提示　由输出结果可以看出，执行脚本 run.sh，当前操作的节点的 IP 地址是 192.168.79.178，即该节点是 primary 节点。

（9）在 primary 节点上停止数据库服务。

```
[postgres@primary ~]$ pg_ctl stop -D /var/lib/pgsql/13/data
```

（10）再次观察 run.sh 脚本的输出结果，此时会输出以下错误信息。

```
psql: error: could not connect to server: Connection refused
 Is the server running on host "192.168.79.178" and accepting
 TCP/IP connections on port 5432?
```

（11）等待一段时间后 run.sh 脚本又可正常执行，输出结果如下。

```
 inet_server_addr |              now
------------------+-------------------------------
 192.168.79.182   | 2023-06-08 23:28:57.348773+08
(1 row)
INSERT 0 1

 inet_server_addr |              now
------------------+-------------------------------
 192.168.79.182   | 2023-06-08 23:28:58.439972+08
(1 row)
INSERT 0 1
```

提示 由输出结果可以看出，执行脚本 run.sh，当前操作的节点的 IP 地址是 192.168.79.182，即该节点是 secondary 节点，这说明 secondary 节点已经被提升为主节点。

（12）由于 PostgreSQL 客户端基于 libpq，因此可以使用其支持的编程语言开发一段客户端程序来进行测试。下面以 Python 代码为例安装依赖的库。

```
sudo yum install -y python-psycopg2
```

（13）开发 Python 程序 pg_conn.py，并输入以下代码。

提示 关于完整代码，请参考“脚本与代码\11\pg_conn.py”。

```
import psycopg2
import time
i = 1
while i<2:
  conn = psycopg2.connect(database="postgres",
                        host="192.168.79.178,192.168.79.182",
                        user="postgres", port="5432",
                        target_session_attrs="read-write")
  cur = conn.cursor()
  cur.execute("select inet_server_addr(),now()")
  row = cur.fetchone()
  print "server =",row[0]
  print "now =",row[1]
  print "*************"
  time.sleep(3)
```

提示 pg_conn.py 程序中包含一个死循环，每隔 3 秒打印一次从 PostgreSQL 服务器上返回的信息。

（14）运行 pg_conn.py 程序。

```
python pg_conn.py
```

输出结果如下。

```
server = 192.168.79.182
now = 2023-06-08 23:51:08.571747+08:00
*************
server = 192.168.79.182
now = 2023-06-08 23:51:11.599664+08:00
*************
```

11.2.4 pg_auto_failover 扩展故障转移的状态机

基于 pg_auto_failover 扩展的 PostgreSQL 集群高可用架构中最核心的机制就是 monitor 节点的状态机。换句话说，monitor 节点通过状态机获知当前集群中各个节点的状态，从而做出正确的操作。

在集群启动时，各个节点（无论是主节点，还是第二节点）的守护进程会将自己的事件信息发送给 monitor 节点的状态机，monitor 节点的状态机会根据发送过来的事件信息为每个节点分配当前状态和目标状态。而主节点或第二节点的当前状态是其功能的有力保证，目标状态用于通知节点下一步要尝试的转换。

因此，monitor 节点的状态机非常重要，整个集群中只要它全面了解集群的当前信息，就可以根据这些信息做出正确的决策。

11.2.4.1 状态机中状态的转换

GitHub 官网提供了 monitor 节点的状态机的转换关系图，如图 11.7 所示。

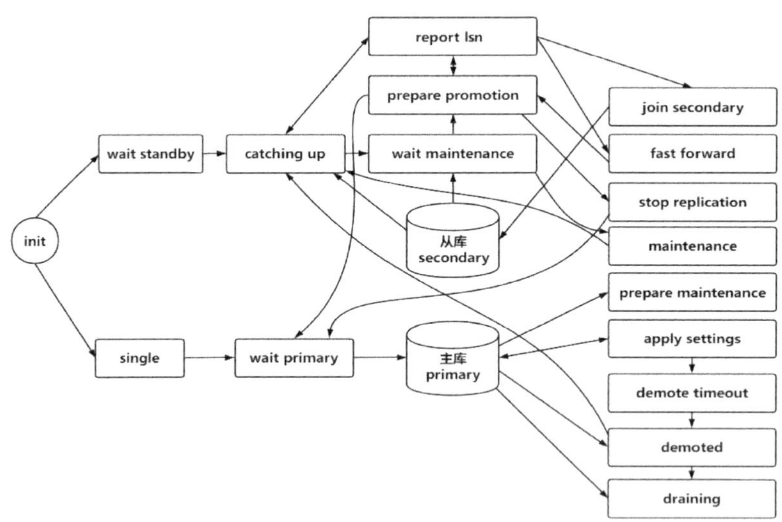

图 11.7

关于图 11.7 中主要状态的说明如表 11.3 所示。

表 11.3

状　态	说　明
init	当节点第一次在 monitor 节点中注册时，为节点分配 init 状态。这种状态意味着 monitor 节点除知道节点存在之外其他什么也不知道。若其他节点不向 monitor 节点注册相同的数字和组 ID，则该节点的目标状态为 single 或 wait_standby

续表

状　态	说　明
wait standby	monitor 节点确定节点是第二节点的备用节点，在主节点进入正常运行之前，该节点必须等待
single	表示集群中只有一个节点
catching up	备用节点守护进程已经成功连接主节点的 IP 地址和端口，准备开始进行数据同步
wait primary	该状态表示节点将成为主节点，pg_auto_failover 扩展已知道备用节点的名称和 IP 地址，并且已经在 pg_hba.conf 文件中授予备用节点热备访问权限
join secondary	当备用节点加入集群时，主节点将对 pg_hba.conf 文件进行修改以授予新加入备用节点的访问权限
primary	该状态表示当前节点是集群的主节点，存在一个正常的备用节点且没有任何延迟
secondary	该状态表示节点是热备用节点，并且节点上的预写日志是最新的
maintenance	通过执行 pg_autoctl enable maintenance 命令就可以开启维护状态。此时主从复制数据仍然是可以同步的。当主节点的状态变成 wait primary 时，可以让当前的备用节点安全地进行离线
prepare maintenance	如果将主节点设置成维护状态让其正常脱机，那么此时主数据库将立即转换为 prepare maintenance 状态，以确保数据库不会丢失任何写入。在 prepare maintenance 状态下主数据库将关闭
wait maintenance	如果将备用节点设置成维护状态使其正常脱机，那么在达到维护状态之前，备用节点需要经历 wait maintenance 状态。在这个状态下的备用节点与主节点之间采用的是异步复制，以避免写入被阻塞。在 wait maintenance 状态下的备用节点将等待，直到主节点处于 wait primary 状态
draining	如果主节点存在问题，但备用节点处于正常状态，就要求主节点转换到 draining 状态。将备用节点转换为 prepare promotion 状态。此时仍然需要将主节点数据复制到缓冲区中，以同步到备用节点中
demoted	降级状态，表示如果主节点和其他节点的某些指标超出特定阈值，就把主节点设置为该状态
demote timeout	在将主节点设置为 demoted 状态时发生超时
stop replication	该状态表示在从节点进入 single 状态并接收写入之前，确保主节点进入 demoted 状态
prepare promotion	该状态用于准备将备用节点升级，并且允许在 monitor 节点上进行同步，以确保主节点上的数据库服务在提升备用节点之前已停止
report lsn	当存在多个备用节点，并且需要协调故障转移时，monitor 节点向所有的备用节点分配 report lsn 状态。处于该状态的备用节点需要向 monitor 节点报告 LSN 的相关信息
fast forward	在失败迁移的转换过程中，该状态会被分配给赢得选举的备用节点
apply settings	该状态表示主节点正在应用相应的配置

11.2.4.2 pg_auto_failover 集群的调度过程

在了解 pg_auto_failover 扩展维护的状态机后，就可以非常容易地理解 pg_auto_failover 集群中各个节点是如何利用状态机的管理进行调度的。

下面描述一个 pg_auto_failover 集群从部署完成到高可用性调度过程中的各种状态。

（1）假定 pg_auto_failover 集群已经部署完成。

（2）当初始化 primary 节点时，monitor 节点会将其当前状态注册为 init，目标状态注册为 single。init 状态代表 monitor 节点只知道当前节点的存在，并不知道其他节点的存在。

（3）在 primary 节点完成初始化操作后，monitor 节点会将其状态设置为 single。也就是说，monitor 认为该节点是一个单机节点，而单机节点是没有故障转移功能的。此时集群中还没有其他节点。

（4）在初始化 secondary 节点时，monitor 节点会将 primary 节点的目标状态设置为 wait primary，并等待 secondary 节点进行同步。此时，primary 节点为了完成从 single 到 wait primary 的状态转换，需要将 secondary 节点的主机名和 IP 地址添加到自己的 pg_hba.conf 文件中对其授权以允许连接。在这个过程中，secondary 节点会转换为 wait standby 状态，并且目标状态也是 wait standby，直到 primary 节点完成对其授权。

（5）一旦被授予连接权限，monitor 节点就会将 secondary 节点的目标状态设置为 catching up。secondary 节点在“从 wait standby 状态到 catching up 状态”的转换过程中会运行 pg_basebackup，从而使 secondary 节点能够完成第一次从 primary 节点的数据同步。

（6）当 secondary 节点连接到 primary 节点时，目标状态会变成 secondary，而 primary 节点的目标状态也会变成 primary。

（7）集群开始从 primary 节点传输预写日志，并且在 secondary 节点上重做它们，从而实现数据同步。

（8）在同步过程中，secondary 节点会向 monitor 节点报告当前同步的相关信息。

11.3 基于数据库中间件 pgpool-II 的高可用架构

在实际的生产环境中，PostgreSQL 还可以与数据库中间件一起使用，从而提高 PostgreSQL 集群的性能。

下面重点介绍 pgpool-II 数据库中间件在 PostgreSQL 集群中的作用，以及如何使用该中间件。

11.3.1 pgpool-II 简介

11.3.1.1 数据库中间件的定义

在使用 PostgreSQL 的过程中，会通过搭建 PostgreSQL 的主从复制集群来提高性能，同时需要采用负载均衡来解决读/写分离的问题。数据库中间件 pgpool-II 的作用是让 PostgreSQL 能够支持这些应用场景。

目前，数据库中间件有很多，如 MySQL 有 ProxySQL、Mycat、Atlas 和 Cobar 等。引入数

据库中间件后，客户端就不直接操作 PostgreSQL 集群，而是通过数据库中间件进行操作。

图 11.8 展示了引入数据库中间件后 PostgreSQL 的主从复制集群。

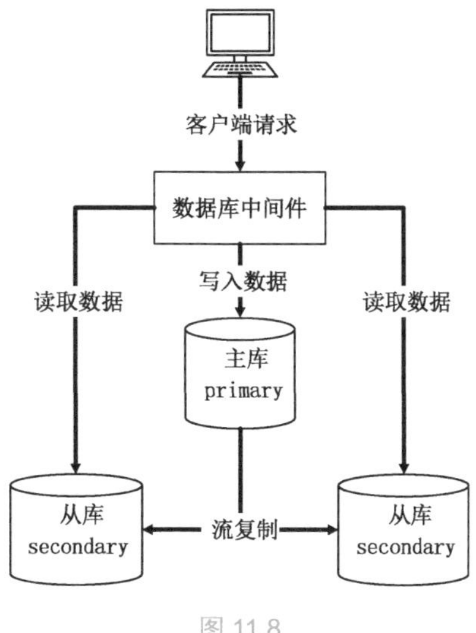

图 11.8

11.3.1.2　pgpool-II 的功能特性

pgpool-II 是一个位于 PostgreSQL 服务器和 PostgreSQL 客户端之间的中间件，可以运行在几乎所有与 UNIX 操作系统兼容的平台上，但不支持 Windows 操作系统。

pgpool-II 使用与 PostgreSQL 相同的协议来传递消息。因此，客户端应用程序会认为 pgpool-II 就是实际的 PostgreSQL 服务器，而后端的 PostgreSQL 服务器则认为 pgpool-II 是一个客户端应用程序。

因为 pgpool-II 对于服务器和客户端来说是透明的，所以现有的数据库应用程序基本上不需要修改就可以使用 pgpool-II。

pgpool-II 具有以下特性。

- 可以基于看门狗实现高可用架构。
- 提供负载均衡的支持。
- 支持连接池的管理。
- 支持数据的在线恢复。
- 限制超过限度的连接。
- 支持数据实时复制与备份。
- 支持数据的并行查询。
- 支持基于内存的查询缓存。

11.3.1.3 基于 pgpool-II 的 PostgreSQL 高可用集群

基于 pgpool-II 的双机架构如图 11.9 所示。

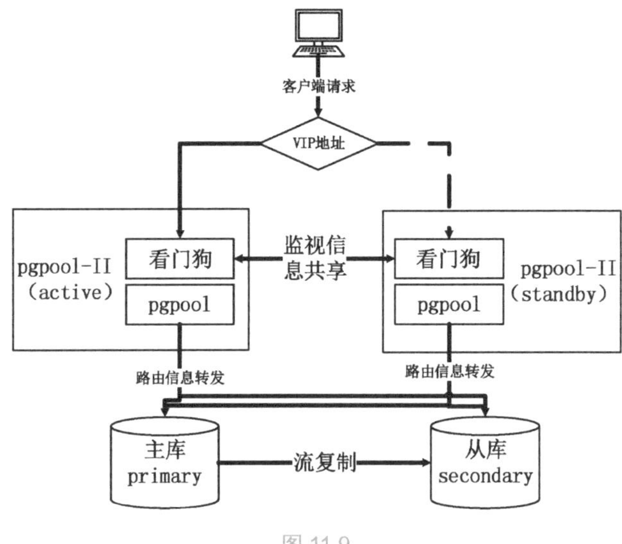

图 11.9

- PostgreSQL Primary 节点和 PostgreSQL Standby 节点组成主从复制集群，通过流复制完成数据的热备份。
- pgpool-II active 节点和 pgpool-II standby 节点组成高可用的数据库中间件管理后端的 PostgreSQL Primary 节点和 PostgreSQL Standby 节点，从而对外提供数据库服务。
- pgpool-II active 节点和 pgpool-II standby 节点可以委托一个 VIP 地址向客户端应用程序暴露访问的地址，而二者之间又通过看门狗进行监控。在 pgpool-II active 节点出现故障发生宕机时，pgpool-II standby 节点会自动接管 VIP 地址以继续对外提供不间断的服务。
- 客户端应用程序通过 pgpool-II 数据库中间件提供的 VIP 地址访问后端的数据库服务，从而实现读/写分离、负载均衡和出现故障时的高可用自动切换。

11.3.2 【实战】配置基于 pgpool-II 的 PostgreSQL 高可用集群

表 11.4 中列举了 PostgreSQL 集群的主机的相关信息。

表 11.4

主机名	IP 地址	角色
primary	192.168.79.173	PostgreSQL Primary、pgpool-II active
secondary	192.168.79.178	PostgreSQL Standby、pgpool-II standby
VIP	192.168.79.170	–

11.3.2.1　准备 pgpool-II 环境

下面部署单节点的 pgpool-II 环境。

（1）按照 11.1.2.1 节介绍的步骤在 primary 节点和 secondary 节点上部署 PostgreSQL 主从复制集群。

（2）选择任意一台主机部署 pgpool-II，这里以 primary 节点为例。

（3）使用 root 用户安装需要的依赖。

```
[root@primary ~]# yum install -y  openssl openssl-devel
```

（4）切换到 postgres 用户下，解压缩安装包 pgpool-II。

```
[postgres@primary ~]$ wget \
      https://www.pgpool.net/mediawiki/images/pgpool-II-4.4.3.tar.gz
[postgres@primary ~]$ tar -zxvf pgpool-II-4.4.3.tar.gz
```

（5）将 pgpool-II 安装到“/home/postgres/training/pgpool”目录下。

```
[postgres@primary ~]$ mkdir training/pgpool
[postgres@primary ~]$ cd pgpool-II-4.4.3/
[postgres@primary pgpool-II-4.4.3]$ ./configure \
          --prefix=/home/postgres/training/pgpool \
          -with-openssl \
          --with-pgsql=/home/postgres/training/pgsql
[postgres@primary pgpool-II-4.4.3]$ make
[postgres@primary pgpool-II-4.4.3]$ make install
```

（6）编辑~/.bash_profile 文件，设置环境变量。

```
export PGHOME=/home/postgres/training/pgsql
export PGDATA=/home/postgres/training/pgsql/data
```

（7）使环境变量生效。

```
[postgres@primary ~]$ source ~/.bash_profile
```

（8）生成 pgpool-II 的配置文件。

```
[postgres@primary ~]$ cd /home/postgres/training/pgpool
[postgres@primary pgpool]$ cp etc/pgpool.conf.sample etc/pgpool.conf
[postgres@primary pgpool]$ cp etc/pool_hba.conf.sample etc/pool_hba.conf
[postgres@primary pgpool]$ cp etc/pcp.conf.sample etc/pcp.conf
```

- pgpool.conf：pgpool-II 的主配置文件。
- pcp.conf：pcp 工具的用户名和密码配置文件。
- pool_hba.conf：pgpool-II 的黑白名单访问控制文件。
- pool_passwd：访问 pgpool-II 的用户名和密码文件（该文件在后续步骤中需要单独生成）。

（9）编辑/etc/sudoers 文件，并加入以下内容。

```
postgres ALL=(ALL)       NOPASSWD:ALL
```

至此，在 primary 节点上已经完成 pgpool-II 的安装。

11.3.2.2 配置基于 pgpool-II 的读/写分离

在安装好 pgpool-II 的主机上，配置基于 pgpool-II 的读/写分离环境。

（1）修改 pgpool-II 安装目录下的 etc/pgpool.conf 文件，并输入以下配置信息。

> 提示　关于完整代码，请参考“脚本与代码\11\pgpool.conf”。

```
# Clustering mode
backend_clustering_mode = 'streaming_replication'

# Connection Settings
listen_addresses = '*'
port = 9999

# 在 pgpool.conf 文件中打开 pool_hba
enable_pool_hba = on
pool_passwd = 'pool_passwd'

# Streaming Replication Check
sr_check_user = 'postgres'
# sr_check_password 留空，pgpool 会去读取 pool_passwd 文件中的条目
sr_check_password = ''

# 启用运行状况检查，以便 pgpool-II 执行故障切换
health_check_period = 5
health_check_timeout = 30
health_check_user = 'pgpool'
health_check_password = ''
health_check_max_retries = 3

# pgpool 管理工具连接设置
pcp_listen_addresses = '*'
pcp_port = 9898

# 日志文件及 PID 存储路径
logdir = '/home/postgres/training/pgpool/logs'
pid_file_name = '/tmp/pgpool.pid'

# 后端 PostgreSQL 服务器的设置
```

```
backend_hostname0 = '192.168.79.173'
backend_port0 = 5432
backend_weight0 = 1
backend_data_directory0 = '/home/postgres/training/pgsql/data'
backend_flag0 = 'ALLOW_TO_FAILOVER'
backend_application_name0 = 'primary'

backend_hostname1 = '192.168.79.178'
backend_port1 = 5432
backend_weight1 = 1
backend_data_directory1 = '/home/postgres/training/pgsql/data'
backend_flag1 = 'ALLOW_TO_FAILOVER'
backend_application_name0 = 'secondary'

# LOAD BALANCING MODE，启用读/写分离
load_balance_mode = on
```

（2）创建 pgpool-II 日志目录。

```
[postgres@primary ~]$ mkdir /home/postgres/training/pgpool/logs
```

（3）按照以下步骤在 pgpool-II 安装目录下生成 etc/pool_passwd 文件。

```
# 随机指定一个密钥
[postgres@primary ~]$ echo '123' > ~/.pgpoolkey
[postgres@primary ~]$ chmod 600 ~/.pgpoolkey

# 为用户 postgres、pgpool 和 replicator 生成密码
# 这里的 db password 自定义一个密码即可
[postgres@primary ~]$ cd training/pgpool/
[postgres@primary pgpool]$ bin/pg_enc -m -k ~/.pgpoolkey -u postgres -p
db password:
trying to read key from file /home/postgres/.pgpoolkey
[postgres@primary pgpool]$ bin/pg_enc -m -k ~/.pgpoolkey -u pgpool -p
db password:
trying to read key from file /home/postgres/.pgpoolkey
[postgres@primary pgpool]$ bin/pg_enc -m -k ~/.pgpoolkey -u replicator -p
db password:
trying to read key from file /home/postgres/.pgpoolkey

# 查看生成的密码文件
[postgres@primary pgpool]$ cat etc/pool_passwd
postgres:AESajFXvCFJoGzrPDLHLG/uyw==
pgpool:AESJl/1UOyja0U5cFk2OqvlFQ==
replicator:AESajFXvCFJoGzrPDLHLG/uyw==
```

> 提示 pool_passwd 是 pgpool-II 的认证文件。由于 pgpool-II 无法获取 PostgreSQL 中的用户密码信息，因此通过检查 pool_passwd 中的用户名及密码，可以校验请求输入的用户名及密码是否正确。
>
> 在请求通过 pgpool-II 认证后，pgpool-II 将利用 pool_passwd 中保存的用户名及密码连接后端 PostgreSQL 进行请求。

（4）编辑 pgpool-II 安装目录下的 etc/pool_hba.conf 文件，并输入以下内容。

```
# "local" is for Unix domain socket connections only
local   all     all                         trust
# IPv4 local connections:
host    all     all     127.0.0.1/32         trust
host    all     all     ::1/128             trust
host    all     all     0.0.0.0/0            scram-sha-256
```

> 提示 etc/pool_hba.conf 是 pgpool-II 的客户端认证配置文件，用于对访问 pgpool-II 中间件的请求实施访问认证控制。另外，因为 pgpool-II 在架构上位于 PostgreSQL 之前，所以请求需要先通过 pgpool-II 的认证控制，再通过 PostgreSQL 的认证控制。

（5）生成 pgpool-II 管理员用户和密码。

```
[postgres@primary pgpool]$ pwd
/home/postgres/training/pgpool
[postgres@primary pgpool]$ bin/pg_md5 -p admin
password:
21232f297a57a5a743894a0e4a801fc3
```

（6）编辑 pgpool-II 安装目录下的 etc/pcp.conf 文件，并输入以下内容。

```
admin:21232f297a57a5a743894a0e4a801fc3
```

（7）为了能够让 pgpool-II 访问后端 PostgreSQL 数据库服务，需要修改每台 PostgreSQL 服务器的 pg_hba.conf 文件，并增加以下内容。

```
host    all         all         0.0.0.0/0           trust
```

（8）使配置信息生效。

```
[postgres@primary pgsql]$ bin/pg_ctl reload
```

（9）启动 pgpool-II。

```
[postgres@primary pgsql]$ cd ~/training/pgpool/
[postgres@primary pgpool]$ bin/pgpool
```

（10）查看后台进程。

```
[postgres@primary ~]$ ps -ef|grep pgpool
```

输出结果如下。

```
... bin/pgpool
... pgpool: wait for connection request
... pgpool: wait for connection request
... pgpool: wait for connection request
... pgpool: wait for connection request
... pgpool: wait for connection request
... pgpool: wait for connection request
...
```

（11）使用 psql 通过 pgpool-II 连接后端 PostgreSQL 服务器。

```
[postgres@primary pgsql]$ pwd
/home/postgres/training/pgsql
[postgres@primary pgsql]$ bin/psql -p 9999
psql (15.3)
Type "help" for help.

postgres=#
```

> 提示　9999 是 pgpool-II 提供给客户端连接的端口。

（12）查看节点的状态信息。

```
postgres=# \x
postgres=# show pool_nodes;
-[ RECORD 1 ]-----------+--------------------
node_id                 | 0
hostname                | 192.168.79.173
port                    | 5432
status                  | up
pg_status               | up
lb_weight               | 0.500000
role                    | primary
pg_role                 | primary
select_cnt              | 0
load_balance_node       | true
replication_delay       | 0
replication_state       |
replication_sync_state  |
last_status_change      | 2023-06-12 09:37:13
-[ RECORD 2 ]-----------+--------------------
node_id                 | 1
hostname                | 192.168.79.178
port                    | 5432
```

```
status                  | up
pg_status               | up
lb_weight               | 0.500000
role                    | standby
pg_role                 | standby
select_cnt              | 0
load_balance_node       | true
replication_delay       | 0
replication_state       |
replication_sync_state  |
last_status_change      | 2023-06-12 09:37:13
```

（13）查看后端 PostgreSQL 数据库信息。

```
postgres=# \x
postgres=# \l
        List of databases
   Name     |  Owner   | Encoding | ...
------------+----------+----------+-----
 postgres   | postgres | UTF8     | ...
 scott      | postgres | UTF8     | ...
 template0  | postgres | UTF8     | ...
 template1  | postgres | UTF8     | ...
            |          |          | ...
(4 rows)
```

（14）查看 pgpool-II 的状态信息。

```
postgres=# show pool_status;
```

输出结果如下。

```
               item      |  value      |                       description
  -----------------------+-------------+----------------------------------
---------------------
   backend_clustering_mode | 1           | clustering mode
   listen_addresses        | *           | host name(s) or IP address(es) to
listen on
   port                    | 9999        | pgpool accepting port number
   unix_socket_directories | /tmp        | pgpool socket directories
   unix_socket_group       |             | owning user of the unix sockets
   unix_socket_permissions | 0777        | access permissions of the unix
sockets.
   pcp_listen_addresses    | *           | host name(s) or IP address(es)
for pcp process to listen on
   pcp_port                | 9898        | PCP port # to bind
   pcp_socket_dir          | /tmp        | PCP socket directory
```

```
    enable_pool_hba           | 1            | if true, use pool_hba.conf for
client authentication
    pool_passwd               | pool_passwd | file name of pool_passwd for md5
authentication
    authentication_timeout | 60            | maximum time in seconds to
complete client authentication
    ...
```

11.3.2.3 配置 pgpool-II 的高可用架构——看门狗

pgpool-II 本身可以实现高可用，即创建 pgpool-II 集群。其中，一个 pgpool-II 是主，其他的 pgpool-II 是从。pgpool-II 的高可用架构是通过看门狗来实现的。为了方便客户端访问，还可以为看门狗配置一个 VIP 地址用于访问后端 PostgreSQL 数据库服务。

在主 pgpool-II 出现问题后，从 pgpool-II 会成为新的主 pgpool-II，VIP 地址也会漂移到新的主 pgpool-II 上，从而实现 pgpool-II 自身的高可用。

下面演示如何配置 pgpool-II 的看门狗。

（1）在 primary 节点上创建 pgpool_node_id。

```
echo "0" > /home/postgres/training/pgpool/etc/pgpool_node_id
```

> 提示 如果要启用看门狗，就需要新建 pgpool_node_id 文件来标识主机的 ID。

（2）在 primary 节点上修改主配置文件 pgpool-1.conf，并加入以下配置信息。

> 提示 关于完整代码，请参考“脚本与代码\11\pgpool-1.conf”。

```
# 启用看门狗功能
use_watchdog = on

# 设置 VIP 地址
delegate_ip = '192.168.79.110'

if_up_cmd = '/usr/bin/sudo /sbin/ip addr add $_IP_$/24 dev ens33 label
ens33:0'
if_down_cmd = '/usr/bin/sudo /sbin/ip addr del $_IP_$/24 dev ens33'
# 当 VIP 地址漂移后，需要运行 arping 命令，否则应用无法连接该 VIP 地址
arping_cmd = '/usr/bin/sudo /usr/sbin/arping -U $_IP_$ -w 1 -I ens33'

# 配置看门狗节点设置
hostname0 = 'primary'
wd_port0 = 9000
pgpool_port0 = 9999
```

```
hostname1 = 'secondary'
wd_port1 = 9000
pgpool_port1 = 9999

# 心跳检查
wd_lifecheck_method = 'heartbeat'
wd_interval = 10

# 设置心跳线，用于主机与从机的通信
heartbeat_hostname0 = 'primary'
heartbeat_port0 = 9694
heartbeat_device0 = ''

heartbeat_hostname1 = 'secondary'
heartbeat_port1 = 9694
heartbeat_device1 = ''

#心跳间隔
wd_heartbeat_keepalive = 2
#检测故障时间
wd_heartbeat_deadtime = 30

#当看门狗进程异常终止时，所有的 pgpool 节点上的 VIP 地址都可能启动
#需要在启用新的活动 pgpool 节点上的 VIP 地址之前，先关闭其他 pgpool 节点上的 VIP 地址
#以下脚本用于防止这种情况的发生
wd_escalation_command = '/home/postgres/training/pgpool/etc/escalation.sh'
```

（3）生成脚本文件 escalation.sh。

```
[postgres@primary pgpool]$ pwd
/home/postgres/training/pgpool
[postgres@primary pgpool]$ cp etc/escalation.sh.sample etc/escalation.sh
[postgres@primary pgpool]$ chmod +x etc/escalation.sh
```

（4）编辑脚本文件 escalation.sh。

```
...
PGPOOLS=(primary secondary)
DEVICE=VIP=192.168.79.110
DEVICE=ens33
...
```

（5）将 primary 节点上安装的 pgpool-II 复制到 secondary 节点上。

```
[postgres@primary training]$ pwd
/home/postgres/training
[postgres@primary training]$ scp -r pgpool/ \
```

```
                     postgres@secondary:/home/postgres/training
```

（6）修改 secondary 节点上的 pgpool_node_id 文件。

```
echo "1" > /home/postgres/training/pgpool/etc/pgpool_node_id
```

（7）在所有节点上启动 pgpool-II，并查看 VIP 地址。

```
-- primary 节点
[postgres@primary pgpool]$ bin/pgpool -D
[postgres@primary pgsql]$ ip a|grep 110
   inet 192.168.79.110/24 scope global primary ens33:0
[postgres@primary pgsql]$

-- secondary 节点
[postgres@secondary pgpool]$ bin/pgpool -D
[postgres@secondary pgpool]$ ip a | grep 110
[postgres@secondary pgpool]$
```

> 提示　由输出结果可以看出，此时 VIP 地址 192.168.79.110 位于 primary 节点上。

（8）在 primary 节点和 secondary 节点上确定后台进程的信息。

```
-- primary 节点
[postgres@primary pgsql]$ ps -ef|grep "pgpool: watchdog"
postgres  29549  29547  0 10:34 ?       00:00:00 pgpool: watchdog

-- secondary 节点
[postgres@secondary pgpool]$ ps -ef|grep "pgpool: watchdog"
postgres  20786  20784  0 10:34 ?       00:00:00 pgpool: watchdog
```

> 提示　此时，在 primary 节点和 secondary 节点上各运行一个 pgpool: watchdog 进程。

（9）查看看门狗集群的信息。

```
[postgres@primary pgpool]$ bin/pcp_watchdog_info -Uadmin
Password:
```

输出结果如下。

```
2 2 YES primary:9999 Linux primary primary

primary:9999 Linux primary primary 9999 9000 4 LEADER 0 MEMBER
secondary:9999 Linux secondary secondary 9999 9000 7 STANDBY 0 MEMBER
```

> 提示　由输出结果可以看出，此时 primary 节点上的看门狗是 LEADER，而 secondary 节点上的看门狗是 STANDBY。

（10）停止 primary 节点上的 pgpool-II 服务，进行看门狗的主从切换。

```
[postgres@primary pgpool]$ bin/pgpool stop
[postgres@primary pgpool]$ bin/pcp_watchdog_info -Uadmin
Password:
ERROR: connection to socket "/tmp/.s.PGSQL.9898" failed with error "No such file or directory"
```

> 提示 此时，primary 节点上的 pgpool-II 也无法连接。

（11）在 secondary 节点上确定 VIP 地址和看门狗集群的信息。

```
-- VIP 地址信息
[postgres@secondary pgsql]$ ip a|grep 110
    inet 192.168.79.110/24 scope global secondary ens33:0

-- 看门狗集群的信息
[postgres@secondary pgpool]$ bin/pcp_watchdog_info -Uadmin
Password:
2 2 NO secondary:9999 Linux secondary secondary

secondary:9999 Linux secondary secondary 9999 9000 4 LEADER 0 MEMBER
primary:9999 Linux primary primary 9999 9000 10 SHUTDOWN 0 MEMBER
```

> 提示 由输出结果可以看出，VIP 地址漂移到 secondary 节点上，并且此时 secondary 节点上的看门狗变成 LEADER，而 primary 节点上的看门狗变成 SHUTDOWN。

第 12 章 从 Oracle 迁移到 PostgreSQL

Oracle 是甲骨文公司的一款关系型数据库管理系统。在实际的应用场景中，往往需要将 Oracle 的数据迁移到 PostgreSQL 中。

12.1 从 Oracle 迁移到 PostgreSQL 基础

要完成从 Oracle 到 PostgreSQL 的数据迁移，需要对 Oracle 的体系架构有一定的了解。下面以此为基础来讨论 Oracle 和 PostgreSQL 的数据库对象的差异，以及相应的数据迁移方案。

12.1.1 Oracle 的体系架构

从整体上看，Oracle 的体系架构与 PostgreSQL 的体系架构类似。Oracle 的体系架构也分为客户端和服务器端，而服务器端又是由逻辑存储结构、物理存储结构、进程结构和内存结构组成的。

12.1.1.1 客户端组件和服务器端组件

从整体上看，Oracle 的组件分为两个部分，分别为客户端组件和服务器端组件。因此，Oracle 采用的是 Client-Server 结构。Oracle 的整体结构如图 12.1 所示。

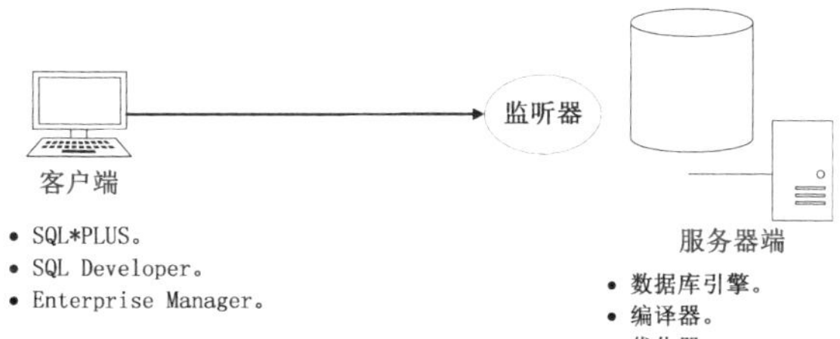

图 12.1

12.1.1.2 Oracle 的逻辑存储结构

从逻辑组成来看，一个 Oracle 数据库由一个或多个表空间组成，一个表空间由一组段组成，一个段由一组区组成，一个区由一批数据块组成，一个数据块对应一个或多个物理块，如图 12.2 所示。

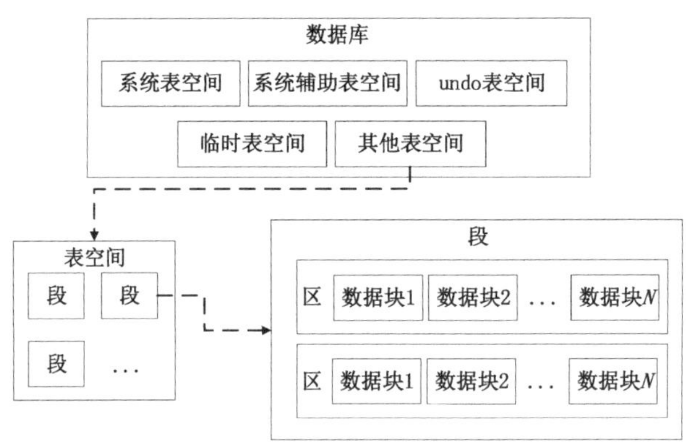

图 12.2

- 数据库：Oracle 中最大的逻辑单元，是按照数据结构来组织、存储和管理数据的仓库。所有的表、索引、存储过程、触发器等都被包含在 Oracle 数据库中。
- 表空间：数据库的逻辑划分，一个表空间只能属于一个数据库。表空间对应一个或多个数据文件，通常由相关的段组成。表空间的大小是它所对应的数据文件大小的总和。所有的数据库对象都存储在指定的表空间中，但主要存储的对象是表，所以称作表空间。

> 提示　Oracle 的系统表空间、系统辅助表空间、undo 表空间和临时表空间必须存在，其他表空间（如用户表空间）可以不存在。

- 段：分配空间时的一个逻辑结构，该逻辑结构可能是表、索引或其他对象存储的一个区域，是数据库对象使用的空间集合。段可以分为表段、索引段、回滚段、临时段和高速缓存段等，最常用的是表段和索引段。
- 区：数据库存储空间分配的一个逻辑单位，由连续数据块组成。每个段由一个或多个区组成。如果一个段中所有的区空间已完全使用，Oracle 就为该段重新分配一个新的范围，即分配一组新的区来存储段中的数据。
- 数据块：数据库管理的最小逻辑存储单位，也是数据库使用的 I/O 最小单位（即一次 I/O 读/写的数据量大小）。

12.1.1.3 Oracle 的物理存储结构

Oracle 的物理存储结构是指数据库在硬盘上存储的各种文件，包括数据文件（Data File）、联机重做日志文件（Online Redo Log File）、控制文件（Control File）、归档日志文件、参数文件和告警日志文件等。

1. 数据文件

一个数据库由多个表空间组成，而表空间可以由多个数据文件组成。数据文件是真正存储数据库数据的文件。

2. 联机重做日志文件

一个数据库可以有多个联机重做日志文件，该文件用来记录数据库的变化。例如，如果数据库产生异常，导致数据的改变没有及时写入数据文件，那么此时数据库会根据联机重做日志文件中的信息来获得数据库的变化信息，并根据变化信息把这些改变写到数据文件中。该日志文件相当于 PostgreSQL 中的预写日志文件。

3. 控制文件

一个数据库至少要有一个控制文件。控制文件中存储了 Oracle 的物理结构信息，这些物理结构信息包括以下几点。

- 数据库的名称。
- 数据文件和联机重做日志文件的名称及位置。
- 创建数据库时的时间戳。
- 备份的元信息。

4. 归档日志文件

归档日志文件是联机重做日志文件的副本，记录了数据库改变的历史。

> 提示　*在默认情况下，Oracle 与 PostgreSQL 都采用非归档模式。*

5. 参数文件

在通常情况下，参数文件指的就是初始化参数文件（Initialization Parameter File)。参数文件中包括初始化参数文件和服务器端参数文件。初始化参数文件相当于 PostgreSQL 的主配置文件 postgresql.conf。

6. 告警日志文件

告警日志文件按照时间的先后顺序，记录了数据库的重大活动和所发生的错误信息，以及警告信息。该文件相当于 PostgreSQL 的运行日志文件 pg_log。

12.1.1.4　Oracle 的进程结构

通过执行 Linux 命令 ps -ef | grep ora_，可以查看 Oracle 所有的后台进程，如下所示。

```
oracle    69415     1  0 13:07 ?        00:00:01 ora_pmon_orcl
oracle    69420     1  0 13:07 ?        00:00:00 ora_clmn_orcl
oracle    69424     1  0 13:07 ?        00:00:05 ora_psp0_orcl
oracle    69428     1  1 13:07 ?        00:05:43 ora_vktm_orcl
oracle    69434     1  0 13:07 ?        00:00:02 ora_gen0_orcl
oracle    69438     1  0 13:07 ?        00:00:01 ora_mman_orcl
oracle    69444     1  0 13:07 ?        00:00:06 ora_gen1_orcl
oracle    69446     1  0 13:07 ?        00:00:00 ora_gen2_orcl
oracle    69449     1  0 13:07 ?        00:00:00 ora_vosd_orcl
oracle    69453     1  0 13:07 ?        00:00:00 ora_diag_orcl
oracle    69457     1  0 13:07 ?        00:00:00 ora_ofsd_orcl
oracle    69459     1  0 13:07 ?        00:00:13 ora_dbrm_orcl
oracle    69462     1  0 13:07 ?        00:00:00 ora_vkrm_orcl
oracle    69466     1  0 13:07 ?        00:00:01 ora_svcb_orcl
oracle    69468     1  0 13:07 ?        00:00:04 ora_pman_orcl
oracle    69470     1  0 13:07 ?        00:00:18 ora_dia0_orcl
oracle    69474     1  0 13:07 ?        00:00:02 ora_dbw0_orcl
oracle    69476     1  0 13:07 ?        00:00:05 ora_lgwr_orcl
oracle    69480     1  0 13:07 ?        00:00:08 ora_ckpt_orcl
oracle    69484     1  0 13:07 ?        00:00:00 ora_smon_orcl
oracle    69490     1  0 13:07 ?        00:00:02 ora_smco_orcl
oracle    69494     1  0 13:07 ?        00:00:00 ora_reco_orcl
oracle    69496     1  0 13:07 ?        00:00:01 ora_lreg_orcl
oracle    69498     1  0 13:07 ?        00:00:00 ora_pxmn_orcl
oracle    69504     1  0 13:07 ?        00:00:12 ora_mmon_orcl
......
```

下面列举了几个主要进程及其作用。

1. 系统监视器进程

系统监视器进程即 ora_smon_orcl 进程。该进程负责 Oracle 的启动，实例启动时执行恢复，以及清除不使用的临时段。

> 提示　系统监视器进程是 Oracle 最核心的进程。

2. 进程监视器进程

进程监视器进程即 ora_pmon_orcl 进程。该进程负责在用户进程失败时执行进程的恢复，以及清除数据库缓冲区中的脏数据和释放该用户进程占用的资源。

3. 数据库写进程

数据库写进程（Database Writer 进程）即 ora_dbw0_orcl 进程，负责将数据库缓冲区的数据写入磁盘。

4. 日志写进程

日志写进程（Log Writer 进程）即 ora_lgwr_orcl 进程。该进程负责管理重做日志缓冲区，即将重做日志缓冲区条目写入磁盘的重做日志文件。

5. 检查点进程

检查点进程是 Oracle 检查点进程，即 ora_ckpt_orcl 进程。该进程负责唤醒检查点进程，并将缓冲区中的脏数据写入数据文件。

12.1.1.5 Oracle 的内存结构

可以将 Oracle 的内存结构看成数据库文件的镜像。每个 Oracle 数据库实例有两个关联的内存结构，分别为系统全局区（System Global Access，SGA）和程序全局区（Program Global Area，PGA）。

图 12.3 展示了 Oracle 数据库实例的内存结构。

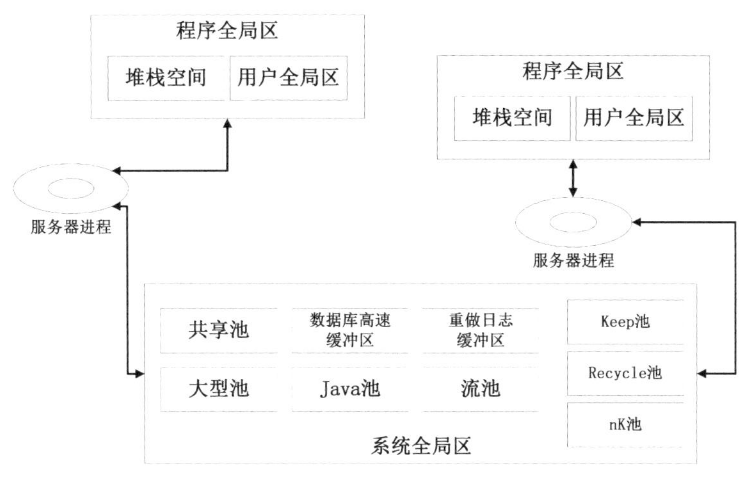

图 12.3

> 提示　系统全局区是由一组共享的内存结构组成的，被 Oracle 中所有的服务器进程共享。
>
> 程序全局区是包含了某个 Oracle 服务器进程的数据和控制信息的内存区域。程序全局区是 Oracle 在启动时创建的非共享内存，因此每个服务器进程对程序全局区都是独占式的。

12.1.2 对比 Oracle 和 PostgreSQL 的数据库对象的差异

在确定数据库迁移方案和选择迁移工具之前，需要先了解 Oracle 和 PostgreSQL 的数据库对象的差异。下面从几个不同的方面进行介绍。

12.1.2.1 数据库和数据库实例的差异

在 Oracle 和 PostgreSQL 中，数据库与数据库实例的概念是一致的。

- 数据库通常指的是硬盘上的各种数据库文件，是一个物理概念。
- 数据库实例是一个逻辑上的概念，由操作系统的内存和操作系统中的进程组成。

客户端应用程序需要通过数据库实例来操作数据库。但在 Oracle 和 PostgreSQL 中，二者又有明显的差别。

- 在 Oracle 中，当不考虑 Oracle 数据库集群时，一般来说一个 Oracle 数据库服务只包括一个 Oracle 数据库和一个 Oracle 数据库实例。一个 Oracle 数据库实例管理一个 Oracle 数据库。
- PostgreSQL 中有“数据库集群”（也叫作数据库集簇）的概念。它是指由单个 PostgreSQL 服务器实例管理的数据库集合，即一个 PostgreSQL 数据库实例可以管理多个 PostgreSQL 数据库。

12.1.2.2 用户、方案与角色的差异

Oracle 中也有“用户”和“方案”的概念，这里的“方案”其实就是 PostgreSQL 中的“模式”。虽然“方案”和“模式”的英文都是 Schema，但是二者在不同的数据库中有很大的差别。

1. 用户与方案

在 Oracle 中，一个“用户”对应一个“方案”。在创建用户时，会自动创建一个同名的方案。

例如，下面的语句将在 Oracle 中创建一个用户 testuser001，同时会自动创建一个名称为 testuser001 的方案。

```
SQL> create user testuser001 identified by password;
```

如果使用用户 testuser001 登录 Oracle 数据库，那么此时创建的所有数据库对象都属于该方案中的对象。

在 PostgreSQL 中，一个数据库包含一个或多个模式。同一个用户可以访问同一个数据库中的不同模式，具体请参考 4.1 节的内容。

2. 用户与角色

在 Oracle 中，“用户”和“角色”是两个完全不同的概念。Oracle 通过“角色”可以实现简单且受控的权限管理，从而提高数据库的安全性。

例如，下面的语句在 Oracle 中创建了一个角色 hrmanager，并且先为其授予 create session 权限和 create table 权限，再把该角色授予用户 testuser001。

```
SQL> create role hrmanager;
SQL> grant create session,create table to hrmanager;
SQL> grant hrmanager to testuser001;
```

PostgreSQL 中不区分“用户”和“角色”的概念。在 PostgreSQL 中，“用户”被看成“角色”的别名，可以将一个数据库的“用户”看成一个数据库的“角色”。

在 PostgreSQL 中，命令 create user 为命令 create role 的别名，这两条命令几乎是完全相同的，唯一的区别在于：使用 create user 命令创建的用户默认具有 LOGIN 属性，而使用 create role 命令创建的用户默认不具有 LOGIN 属性。

12.1.2.3 表空间的差异

表空间在 Oracle 和 PostgreSQL 中的概念是一致的，只是在初始化数据库时，系统自动创建的表空间有所差别。

- 在 Oracle 中初始化时，不仅会自动创建系统表空间、系统辅助表空间、undo 表空间和临时表空间（这 4 种表空间必须存在），还会自动创建用户表空间（该表空间可以不存在）。
- 在 PostgreSQL 中初始化时，会自动创建 pg_global 表空间和 pg_default 表空间。pg_global 表空间用于存储系统表；pg_default 表空间为创建表时的默认表空间，并且该表空间的物理文件存储在数据目录的 base 目录下。

12.1.2.4 表的差异

Oracle 与 PostgreSQL 中的表的差异主要体现在临时表上。

- 在 Oracle 中，临时表有 2 种，分别为基于会话的临时表和基于事务的临时表。
- 在 PostgreSQL 中，临时表只有 1 种，且相当于 Oracle 中的基于会话的临时表。

下面演示如何在 Oracle 中创建基于会话的临时表和基于事务的临时表。

```
-- 创建基于会话的临时表
SQL> create global temporary table temptable01(
   tid number,
   tname varchar2(20)
  )on commit preserve rows;

-- 创建基于事务的临时表
SQL> create global temporary table temptable02(
    tid number,
    tname varchar2(20)
  )on commit delete rows;
```

关于在 PostgreSQL 中创建临时表的方式请参考 4.2.6 节。

12.1.2.5 数据类型的差异

尽管 Oracle 与 PostgreSQL 都支持 SQL 的标准，但二者在支持的数据类型上存在一定的差别。下面对比二者常用数据类型之间的差异。

1. 字符类型

Oracle 中有 4 种字符类型，分别为 char、varchar2、nchar 和 nvarchar2。

PostgreSQL 中只有 2 种字符类型，分别为 character（char）和 character varying（varchar）。

关于 Oracle 和 PostgreSQL 的字符类型的对比如表 12.1 所示。

表 12.1

对比内容	Oracle 的字符类型	PostgreSQL 的字符类型
数据最小单位	char 类型和 varchar2 类型的数据最小单位默认值为 Byte，即字节数。nchar 类型和 nvarchar2 类型是针对特定字符集的，数据最小单位根据字符集的不同而有所不同。如果字符集是 AL16UTF16，数据最小单位就是 2 字节；如果字符集是 UTF8，数据最小单位就是 3 字节	char 类型和 varchar 类型的数据最小单位都是 CHAR，即字符数
数据最大长度	char 类型的最大长度是 2000 字节，varchar2 类型的最大长度是 4000 字节；nchar 类型和 nvarchar2 类型的最大长度根据数据集的不同而有所不同	从理论上来说调度最大数据长度是 1GB
定义数据时的参数	char 类型不带字符数时是 1 个字符，即 char(1)，varchar2 类型必须有字符数；nchar 类型和 nvarchar2 类型分别与 char 类型和 varchar2 类型类似	char 类型不带字符数时默认是 1 个字符，即 char(1)；而 varchar 不带字符数时，长度没有限制
字符数超出最大长度部分的处理	直接报错，即使超出的部分是空格	当超出部分是有效的字符时，就报错；当超出部分是空格时，截断为最大长度但不报错

2. 数值类型

Oracle 的数值类型有 4 种，分别是 number、float、binary_float 和 binary_double，但为了和其他数据库的数据兼容，产生了 smallint、int、integer、decimal 等多种数字类型。PostgreSQL 的数值类型有 3 种，分别是整数类型（包括 smallint、integer 和 bigint）、任意精度类型（包括 numeric 和 decimal）和浮点数类型（包括 real 和 double）。

Oracle 的 number(p,s)类型，根据精度（p）和小数位数（s）的不同对应到 PostgreSQL 中将存在多种不同的情况。浮点数是不精确的、变精度的数值类型，并且有下层处理器、操作系统和编译器对它的支持，所以在很多情况下处理速度会快很多。但是由于只是以近似值存储的，因此如果想得到精确值就不可以使用。Oracle 的 float 类型基本上与 PostgreSQL 的 real 和 double precision 相对应。虽然 PostgreSQL 也提供了 float(p)类型，但是与 real 和 double precision 是基本相同的。

> 提示　Oracle 的数值类型向 PostgreSQL 的数值类型迁移时，只要根据 Oracle 的数据精度在 PostgreSQL 中选择相同或更大精度的类型，数据就能迁移成功。为了保证转换过来后数据库的效率，特别是当为整数时需要选择合适的数据类型，才能够完整、正确并且高效地完成 Oracle 的数值类型向 PostgreSQL 的数值类型的迁移。

3. 时间类型

Oracle 的时间类型有 2 类：一类是日期时间类型，包括 date、timestamp with time zone、timestamp with local time zone；另一类是 interval 类型，包括 interval year to month 和 interval day to second。

PostgreSQL 也有类似的 2 类：一类是日期时间类型，包括 timestamp with time zone、timestamp without time zone、date、time with time zone 和 time without time zone；另一类是 interval 类型，该类型中只有 interval 一种。

4. 大数据类型

Oracle 的大数据类型主要包括 3 类：第一类是存储在数据库内部的类型，其中包括 blob、clob 和 nclob；第二类是存储在数据库外部的类型 bfile；第三类是仅用于特殊环境的类型，主要是指为了兼容旧版本而使用的 long 和为了在不同系统间移动数据而使用的 long raw 类型。

> 提示　Oracle 不推荐使用大数据类型的第三类。

PostgreSQL 的大数据类型只有 2 种，就是存储二进制数据的 bytea 和存储字符类型的 text。

> 提示　PostgreSQL 对应的大数据类型还有一个对象标识符类型。它是一个标识符指向 pg_largeobject 系统表中的一个 bytea 类型的对象。由于该类型是用一个 4 字节的无符号整数实现的，不能提供大数据范围内的唯一性保证，因此 PostgreSQL 不推荐使用对象标识符类型。

5. 其他类型

Oracle 中还有一些其他的数据类型（如 raw、rowid、urowid 等），在数据迁移时 PostgreSQL 中也有与之对应的类型。表 12.2 中列举了这些数据类型在 Oracle 和 PostgreSQL 中的对应关系。

表 12.2

Oracle	PostgreSQL
raw 类型	bytea 类型
rowid 类型	char(18)类型
urowid 类型	varchar 类型

> 提示 Oracle 的 rowid 类型表示一条记录在数据库中的物理地址，urowid 类型表示 Oracle 的物理 rowid 和逻辑 rowid 的组合。

12.1.3 确定数据迁移方案

在从 Oracle 数据库迁移到 PostgreSQL 数据库前，需要确定迁移的方案和步骤，而其中最重要的环节就是选择合适的迁移工具。

12.1.3.1 数据迁移前的准备

对于一个生产系统来说，替换数据库的代价是很大的，因为这将涉及大量的改造和测试工作。

- 确定需要改造的数据库对象。

在不同的数据库系统中，数据库对象（主要包含系统中用到的表、索引、序列、存储过程和触发器等）的定义不一定相同，因此需要对表进行重定义，以及函数或存储过程的代码改造等。

- 确定需要改造的 SQL 语句。

尽管 Oracle 与 PostgreSQL 都是关系型数据库，支持 SQL 的标准，但在 SQL 语法和函数方面存在一些差异，因此 SQL 和应用代码的改写不可避免。

- 进行数据迁移测试。

当数据库对象迁移工作完成后，需要验证迁移数据的准确性。例如，迁移后的数据量是否和 Oracle 中的数据量一致，是否存在乱码，以及中文是否能正常显示等。

- 对新系统进行功能测试。

当数据库迁移完成后，需要整合相应的业务系统进行整体的功能测试，以保证系统功能的正确。功能测试主要由专业的测试人员完成。

- 对新系统进行性能测试。

在保证新系统功能正确的前提下，需要进一步对新系统进行性能测试，主要对业务代码和数据库的性能进行测试。性能测试主要是对系统的最高业务吞吐量进行模拟测试。

在以上工作完成后，基本上就具备了正式割接的条件。

12.1.3.2 迁移数据库对象

Oracle 和 PostgreSQL 支持的数据库对象的类型与定义不同。对于大多数数据库系统来说，常用的数据库对象为表、索引、序列、视图、函数和存储过程等。因此，在进行迁移时，首先，将 Oracle 的这些数据库对象的定义迁移到 PostgreSQL 中；其次，很多应用系统会将部分业务用数据库的存储过程和存储函数实现，尤其是大型数据库系统使用的存储过程可能多达上百个，因此在进行迁移时，需要考虑迁移这些存储过程和存储函数。

12.1.3.3　改造系统代码

改造系统代码主要包括两个方面：一是 SQL 代码的改造，二是应用代码的改造。

这里主要讨论 SQL 代码的改造，包括 SQL 语法和函数两个方面。

> 提示　严格来说，应用代码的改造不属于数据库的组成部分，因为它与业务系统开发时使用的语言相关。

在标准 SQL 方面，Oracle 与 PostgreSQL 的差异并不大，但大多数数据系统不可避免地会使用数据库的其他特性。下面通过一个简单的示例进行说明。

例如，在 Oracle 中，可以使用 rownum 的伪列限制返回的结果集记录数。下面的语句将返回工资最高的前 3 个员工的信息。

```
SQL> select *
  2  from (select * from emp order by sal desc)
  3  where rownum<=3;
```

输出结果如下。

```
EMPNO ENAME  JOB       MGR     HIREDATE    SAL   COMM    DEPTNO
----- ------ --------- -------- ---------  ------- ------ ----------
 7839 KING   PRESIDENT          17-NOV-81   5000           10
 7788 SCOTT  ANALYST    7566     19-APR-87   3000           20
 7902 FORD   ANALYST    7566     03-DEC-81   3000           20
```

在 PostgreSQL 中，可以使用 limit 关键字限制返回的记录数，从而实现与 Oracle 中 rownum 类似的功能。

12.1.3.4　迁移工具的选择

目前，从 Oracle 迁移到 PostgreSQL 的工具主要有 2 个：oracle_fdw 和 Ora2Pg。

3.2.1 节中提到，oracle_fdw 是 PostgreSQL 读取 Oracle 中数据的一个扩展。oracle_fdw 也是一种使用非常方便且常见的 PostgreSQL 与 Oracle 迁移数据的工具，并且通过外部表的形式访问 Oracle 中的数据。

Ora2Pg 是免费的工具，用于将 Oracle 或 MySQL 迁移到 PostgreSQL 兼容模式中。Ora2Pg 可以连接 Oracle，先自动对其进行扫描并提取其结构或数据，再生成可加载到 PostgreSQL 中的 SQL 脚本。

12.1.3.5 功能测试和性能测试

在完成数据库对象的迁移、系统代码的改造和数据迁移的测试后，需要对系统整体进行功能测试和性能测试。

- 功能测试是指对新系统进行整体功能的测试，以保证功能的正确性。
- 性能测试是指对系统进行压力测试。

这两种测试工作主要由专业的测试人员进行，开发人员和数据库管理员需要在必要时进行配合。

在进行功能测试的过程中，当出现 SQL 代码异常时，数据库管理员需要提供支撑；在进行性能测试的过程中，数据库管理员需要做好数据库的性能监控工作，查找系统是否存在慢查询语句，以及是否能优化 SQL 提升系统的业务吞吐量等。

12.1.3.6 生产割接

当基本具备生产割接条件时，建议在开始进行正式割接前至少做两次割接演练，并且在演练过程中应重点记录数据迁移测试时间、停止服务时间，以及验证整个迁移过程是否有问题。

如果数据库服务停止时间太长，就可能导致业务方不接受，此时数据库管理员需要考虑如何减少停止服务期间的数据迁移时间。比较好的办法是，采用最小化数据迁移方案或增量数据迁移方式，以减少数据库服务停止服务的时间。

12.2 【实战】使用 Ora2Pg 完成数据迁移

3.2.1 节已经介绍了如何使用 oracle_fdw 扩展访问 Oracle 中的数据，本节重点介绍如何使用 Ora2Pg 完成从 Oracle 到 PostgreSQL 的数据迁移。

Ora2Pg 是使用 Perl 语言编写的一款免费的数据迁移工具，支持将 Oracle 和 MySQL 的数据迁移到 PostgreSQL 中。它先通过配置文件 ora2pg.conf 指定连接 Oracle 或 MySQL 的相关参数来扫描其中的结构及数据，并通过设置导出选项将转换后的 SQL 语句导出成文件；再手动导入 PostgreSQL，从而实现数据迁移。

Ora2Pg 也支持设置连接 PostgreSQL 的相关参数，直接将 Oracle 或 MySQL 的数据导入 PostgreSQL。

> 提示　虽然 Ora2Pg 可以支持大多数 SQL 的转换和数据库对象的迁移，但在某些情况下仍需要人工干预和修改生成的 SQL 文件，从而达到兼容 PostgreSQL 的目的。

12.2.1　安装 Ora2Pg

由于 Ora2Pg 需要使用 Perl 语言，因此在安装 Ora2Pg 之前需要先安装 Perl 及其相关依赖。为了避免存在权限的问题，建议使用 root 用户进行安装。

下面进行演示。

（1）从 Oracle 的官网上下载 Oracle Instance Client 的安装包。

```
instantclient-basic-linuxx64.zip
instantclient-sdk-linuxx64.zip
instantclient-sqlplus-linuxx64.zip
```

（2）解压缩 3 个安装包。

```
unzip instantclient-basic-linuxx64.zip
unzip instantclient-sdk-linuxx64.zip
unzip instantclient-sqlplus-linuxx64.zip
```

（3）解压缩后会生成 instantclient_21_10 文件夹，将其更名为 instantclient。

```
mv instantclient_21_10 instantclient
```

（4）设置 Oracle 的环境变量。

```
export ORACLE_HOME=/root/instantclient
export OCI_LIB_DIR=$ORACLE_HOME
export OCI_INC_DIR=$ORACLE_HOME/sdk/include
export LD_LIBRARY_PATH=$ORACLE_HOME:$LD_LIBRARY_PATH
```

（5）安装 Perl 环境。

```
yum install -y perl-DBI perl-DBD-Pg perl-ExtUtils-MakeMaker gcc perl-Time-
HiRes perl-CPAN
```

（6）下载并安装 DBI 模块。

```
[root@mydb ~]# wget \
       https://www.cpan.org/modules/by-module/DBI/DBI-1.643.tar.gz
[root@mydb ~]# tar -zxvf DBI-1.643.tar.gz
[root@mydb ~]# cd DBI-1.643/
[root@mydb DBI-1.643]# perl Makefile.PL
[root@mydb DBI-1.643]# make && make install
```

> 提示　DBI（Database Independent Interface）是 Perl 语言连接数据库的接口。

（7）下载并安装 DBD::Oracle 模块。

```
[root@mydb ~]# wget \
 https://www.cpan.org/modules/by-module/DBD/DBD-Oracle-1.83.tar.gz \
```

```
 --no-check-certificate
[root@mydb ~]# tar -zxvf DBD-Oracle-1.83.tar.gz
[root@mydb ~]# cd DBD-Oracle-1.83/
[root@mydb DBD-Oracle-1.83]# perl Makefile.PL
[root@mydb DBD-Oracle-1.83]# make && make install
```

（8）下载并安装 DBD::PG 模块。

```
[root@mydb ~]# wget \
   https://www.cpan.org/modules/by-module/DBD/DBD-Pg-3.9.1.tar.gz \
            --no-check-certificate
[root@mydb ~]# tar -zxvf DBD-Pg-3.9.1.tar.gz
[root@mydb ~]# cd DBD-Pg-3.9.1/
[root@mydb DBD-Pg-3.9.1]# perl Makefile.PL
Configuring DBD::Pg 3.9.1
Path to pg_config? /home/postgres/training/pgsql/bin/pg_config
PostgreSQL version: 130003 (default port: 5432)
...
[root@mydb DBD-Pg-3.9.1]# make && make install
```

（9）从 GitHub 官网上下载 Ora2Pg 并安装。

```
[root@mydb ~]# tar -zxvf ora2pg-23.2.tar.gz
[root@mydb ~]# cd ora2pg-23.2/
[root@mydb ora2pg-23.2]# perl Makefile.PL
[root@mydb ora2pg-23.2]# make && make install
```

（10）开发 Perl 语言的程序 check.pl，以验证安装好的组件。check.pl 程序的内容如下。

```
#!/usr/bin/perl
use strict;
use ExtUtils::Installed;
my $inst=ExtUtils::Installed->new();
my @modules = $inst->modules();
foreach(@modules){
  my $ver = $inst->version($_) || "???";
  printf("%-12s -- %s\n",$_,$ver);
}
```

（11）执行 check.pl 程序。

```
[root@mydb ~]# perl check.pl
```

输出结果如下。

```
DBD::Oracle  -- 1.83
DBD::Pg      -- 3.9.1
DBI          -- 1.643
Ora2Pg       -- 23.2
```

```
Perl        -- 5.16.3
```

（12）查看 Ora2Pg 的帮助信息。

```
[root@mydb ~]# ora2pg --help
```

输出结果如下。

```
Usage: ora2pg [-dhpqv --estimate_cost --dump_as_html] [--option value]

 -a | --allow str  : Comma separated list of objects to allow from export.
                     Can be used with SHOW_COLUMN too.
 -b | --basedir dir: Set the default output directory, where files
                     resulting from exports will be stored.
 -c | --conf file  : Set an alternate configuration file other than the
                     default /etc/ora2pg/ora2pg.conf.
 ...
```

12.2.2　数据迁移过程

在成功安装 Ora2Pg 后，可以使用它来完成从 Oracle 到 PostgreSQL 的迁移。使用 Ora2Pg，需要先编写一个配置文件来描述需要迁移的内容。在默认情况下，Ora2Pg 提供了模板配置文件 /etc/ora2pg/ora2pg.conf.dist 供用户参考。

12.2.2.1　Oracle 表结构的迁移

下面通过生成的 SQL 脚本，完成 Oracle 表结构到 PostgreSQL 的迁移。

（1）开发 ora2pg_table.conf 文件，完成 Oracle 表结构定义的迁移。

> 提示　关于完整代码，请参考“脚本与代码\12\ora2pg_table.conf”。

```
ORACLE_HOME /home/postgres/tools/instantclient
ORACLE_DSN  dbi:Oracle:host=localhost;port=1521;sid=orcl
ORACLE_USER c##scott
ORACLE_PWD  tiger
LOGFILE ora2pg.log
SCHEMA  c##scott
TYPE TABLE
PG_VERSION 13
OUTPUT table.sql
```

> 提示　这里通过参数 PG_VERSION 指定迁移到的 PostgreSQL 的版本。

（2）执行迁移操作。

```
[root@mydb ~]# ora2pg -c ora2pg_table.conf
```

输出结果如下。

```
[========================>] 4/4 tables (100.0%) end of scanning.
[========================>] 4/4 tables (100.0%) end of table export.
```

（3）查看生成的 table.sql 文件中的内容。

```
[root@mydb ~]# cat table.sql
```

输出结果如下。

```
-- Generated by Ora2Pg, the Oracle database Schema converter, version 23.2
-- Copyright 2000-2022 Gilles DAROLD. All rights reserved.
-- DATASOURCE: dbi:Oracle:host=localhost;port=1521;sid=orcl
SET client_encoding TO 'UTF8';
\set ON_ERROR_STOP ON
SET check_function_bodies = false;
CREATE TABLE bonus (
 ename varchar(10),
 job varchar(9),
 sal bigint,
 comm bigint
) ;
CREATE TABLE dept (
 deptno smallint NOT NULL,
 dname varchar(14),
 loc varchar(13)
) ;
ALTER TABLE dept ADD PRIMARY KEY (deptno);

CREATE TABLE emp (
 empno smallint NOT NULL,
 ename varchar(10),
 job varchar(9),
 mgr smallint,
 hiredate timestamp,
 sal decimal(7,2),
 comm decimal(7,2),
 deptno smallint
) ;
ALTER TABLE emp ADD PRIMARY KEY (empno);

CREATE TABLE salgrade (
 grade bigint,
 losal bigint,
```

```
 hisal bigint
) ;
ALTER TABLE emp ADD CONSTRAINT fk_deptno FOREIGN KEY (deptno) REFERENCES
dept(deptno) ON DELETE NO ACTION NOT DEFERRABLE INITIALLY IMMEDIATE;
```

（4）在 PostgreSQL 中执行导入操作。

```
[postgres@mydb pgsql]$ bin/psql postgres postgres -f ~/table.sql
```

输出结果如下。

```
SET
SET
CREATE TABLE
CREATE TABLE
ALTER TABLE
CREATE TABLE
ALTER TABLE
CREATE TABLE
ALTER TABLE
```

（5）登录 PostgreSQL，检查导入的表结构。

```
[postgres@mydb pgsql]$ bin/psql
psql (13.3)
Type "help" for help.

postgres=# \d
        List of relations
 Schema |   Name   | Type  |  Owner
--------+----------+-------+----------
 public | bonus    | table | postgres
 public | dept     | table | postgres
 public | emp      | table | postgres
 public | salgrade | table | postgres
(4 rows)
```

12.2.2.2 Oracle 表中数据的迁移

下面通过生成的 SQL 脚本，完成 Oracle 表结构及表中数据到 PostgreSQL 的迁移。

（1）开发 ora2pg_data.conf 文件，完成 Oracle 表结构及表中数据的迁移。

> 提示　关于完整代码，请参考“脚本与代码\12\ora2pg_data.conf”。

```
ORACLE_HOME /home/postgres/tools/instantclient
ORACLE_DSN  dbi:Oracle:host=localhost;port=1521;sid=orcl
ORACLE_USER c##scott
```

```
ORACLE_PWD  tiger
LOGFILE ora2pg.log
PG_VERSION 13
TYPE COPY
PG_NUMERIC_TYPE    0
PG_INTEGER_TYPE    1
DEFAULT_NUMERIC float
SKIP fkeys pkeys ukeys indexes checks
NLS_LANG AMERICAN_AMERICA.UTF8
OUTPUT data.sql
```

（2）执行迁移操作。

```
[root@mydb ~]# ora2pg -c ora2pg_data.conf
```

输出结果如下。

```
[====>] 4/4 tables (100.0%) end of scanning.
[>    ] 0/1 rows (0.0%) Table BONUS (0 recs/sec)
[>    ] 0/4 total rows (0.0%) - (0 sec., avg: 0 recs/sec).
[====>] 4/1 rows (400.0%) Table DEPT (4 recs/sec)
[====>] 4/4 total rows (100.0%) - (0 sec., avg: 4 recs/sec).
[====>] 14/1 rows (1400.0%) Table EMP (14 recs/sec)
[====>] 18/4 total rows (450.0%) - (1 sec., avg: 18 recs/sec).
[====>] 5/1 rows (500.0%) Table SALGRADE (5 recs/sec)
[====>] 23/4 total rows (575.0%) - (1 sec., avg: 23 recs/sec).
[====>] 4/4 rows (100.0%) on total estimated data (1 sec., avg: 4 recs/sec)
```

（3）查看生成的 data.sql 文件中的内容。

```
[root@mydb ~]# cat data.sql
```

输出结果如下。

```
BEGIN;
SET client_encoding TO 'UTF8';
SET synchronous_commit TO off;
COPY bonus (ename,job,sal,comm) FROM STDIN;
\.
SET client_encoding TO 'UTF8';
SET synchronous_commit TO off;

COPY dept (deptno,dname,loc) FROM STDIN;
10   ACCOUNTING  NEW YORK
20   RESEARCH    DALLAS
30   SALES   CHICAGO
40   OPERATIONS  BOSTON
\.
```

```
SET client_encoding TO 'UTF8';
SET synchronous_commit TO off;
COPY emp (empno,ename,job,mgr,hiredate,sal,comm,deptno) FROM STDIN;
7369 SMITH   CLERK   7902    1980-12-17 00:00:00 800 \N  20
7499 ALLEN   SALESMAN    7698    1981-02-20 00:00:00 1600    300 30
...
7934 MILLER  CLERK   7782    1982-01-23 00:00:00 1300    \N  10
\.

SET client_encoding TO 'UTF8';
SET synchronous_commit TO off;

COPY salgrade (grade,losal,hisal) FROM STDIN;
1    700 1200
2    1201    1400
3    1401    2000
4    2001    3000
5    3001    9999
\.
COMMIT;
```

（4）在 PostgreSQL 中执行导入操作。

12.2.2.3 Oracle 中视图的迁移

下面通过生成的 SQL 脚本，完成 Oracle 中视图到 PostgreSQL 的迁移。

（1）使用 Oracle 的管理员授予用户 c##scott 创建视图的权限，并切换到 c##scott 用户。

```
[oracle@mydb ~]$ sqlplus / as sysdba
SQL*Plus: Release 21.0.0.0.0 - Production on Tue Jun 13 21:55:12 2023
Version 21.3.0.0.0
Copyright (c) 1982, 2021, Oracle.  All rights reserved.

Connected to:
Oracle Database 21c Enterprise Edition Release 21.0.0.0.0 - Production
Version 21.3.0.0.0

SQL> grant create view to c##scott;
Grant succeeded.

SQL> conn c##scott/tiger
Connected.
SQL>
```

（2）在 Oracle 中创建视图 myview。

```
SQL> create view myview
   as
   select emp.ename,dept.dname
   from emp,dept
   where emp.deptno=dept.deptno;
View created.
```

（3）通过视图查询数据。

```
SQL> select * from myview;
```

输出结果如下。

```
ENAME      DNAME
---------- --------------
CLARK      ACCOUNTING
KING   ACCOUNTING
MILLER     ACCOUNTING
JONES      RESEARCH
FORD   RESEARCH
ADAMS      RESEARCH
SMITH      RESEARCH
SCOTT      RESEARCH
WARD   SALES
TURNER     SALES
ALLEN      SALES
JAMES      SALES
BLAKE      SALES
MARTIN     SALES

14 rows selected.
```

（4）开发 ora2pg_view.conf 文件，完成视图的迁移。

> 提示　关于完整代码，请参考“脚本与代码\12\ora2pg_view.conf”。

```
ORACLE_HOME /home/postgres/tools/instantclient
ORACLE_DSN  dbi:Oracle:host=localhost;port=1521;sid=orcl
ORACLE_USER c##scott
ORACLE_PWD  tiger
LOGFILE ora2pg.log
PG_VERSION 13
TYPE VIEW
PG_NUMERIC_TYPE    0
PG_INTEGER_TYPE    1
```

```
DEFAULT_NUMERIC float
SKIP fkeys pkeys ukeys indexes checks
NLS_LANG AMERICAN_AMERICA.UTF8
OUTPUT view.sql
```

（5）执行迁移操作。

```
[root@mydb ~]# ora2pg -c ora2pg_view.conf
```

输出结果如下。

```
[========================>] 1/1 views (100.0%) end of output.
```

（6）查看生成的 view.sql 文件中的内容。

```
[root@mydb ~]# cat view.sql
```

输出结果如下。

```
-- Generated by Ora2Pg, the Oracle database Schema converter, version 23.2
-- Copyright 2000-2022 Gilles DAROLD. All rights reserved.
-- DATASOURCE: dbi:Oracle:host=localhost;port=1521;sid=orcl

SET client_encoding TO 'UTF8';

\set ON_ERROR_STOP ON

SET check_function_bodies = false;

CREATE OR REPLACE VIEW myview (ename, dname) AS select emp.ename,dept.dname
FROM emp,dept
where emp.deptno=dept.deptno;
```

12.2.2.4　Oracle 中存储过程的迁移

下面通过生成的 SQL 脚本，完成 Oracle 中存储过程到 PostgreSQL 的迁移。

（1）在 Oracle 中创建存储过程 raiseSalary，将指定员工的工资涨 100 元，并打印涨前和涨后的工资。

```
SQL> create or replace procedure c##scott.raiseSalary(eno in number)
as
  --定义变量，保存涨前的工资
  psal emp.sal%type;
begin
  --得到涨前的工资
  select sal into psal from c##scott.emp where empno=eno;

  --工资涨 100 元
```

```
  update c##scott.emp set sal=sal+100 where empno=eno;

  --输出查询到的结果
  dbms_output.put_line('Before:'||psal||'  After:'||(psal+100));
end;
/
Procedure created.
```

（2）开发 ora2pg_procedure.conf 文件，完成存储过程的迁移。

> 提示 关于完整代码，请参考“脚本与代码\12\ora2pg_procedure.conf”。

```
ORACLE_HOME /home/postgres/tools/instantclient
ORACLE_DSN  dbi:Oracle:host=localhost;port=1521;sid=orcl
ORACLE_USER c##scott
ORACLE_PWD  tiger
LOGFILE ora2pg.log
PG_VERSION 13
TYPE PROCEDURE
PG_NUMERIC_TYPE    0
PG_INTEGER_TYPE    1
DEFAULT_NUMERIC float
SKIP fkeys pkeys ukeys indexes checks
NLS_LANG AMERICAN_AMERICA.UTF8
OUTPUT procedure.sql
```

（3）执行迁移操作。

```
[root@mydb ~]# ora2pg -c ora2pg_procedure.conf
```

输出结果如下。

```
[==============>] 1/1 procedures (100.0%) end of procedures export.
```

（4）查看生成的 procedure.sql 文件中的内容。

```
[root@mydb ~]# cat procedure.sql
```

输出结果如下。

```
-- Generated by Ora2Pg, the Oracle database Schema converter, version 23.2
-- Copyright 2000-2022 Gilles DAROLD. All rights reserved.
-- DATASOURCE: dbi:Oracle:host=localhost;port=1521;sid=orcl

SET client_encoding TO 'UTF8';
\set ON_ERROR_STOP ON
SET check_function_bodies = false;
```

```
CREATE OR REPLACE PROCEDURE raisesalary (eno double precision) AS $body$
DECLARE
  psal emp.sal%type;
BEGIN
  select sal into STRICT psal from c##scott.emp where empno=eno;
  update c##scott.emp set sal=sal+100 where empno=eno;
  RAISE NOTICE 'Before:%   After:%', psal, (psal+100);
end;
$body$
LANGUAGE PLPGSQL
SECURITY DEFINER
;
-- REVOKE ALL ON PROCEDURE raisesalary (eno double precision) FROM PUBLIC;
```

反侵权盗版声明

举报电话：（010）88254396；（010）88258888

传　　真：（010）88254397

E-mail：dbqq@phei.com.cn

通信地址：北京市万寿路 173 信箱

电子工业出版社总编办公室

邮　　编：100036